Ralf Gutsche

Fahrerlose Transportsysteme

Fortschritte der Robotik

Herausgegeben von Walter Ameling und Manfred Weck

Band 7
Ralph Föhr
Photogrammetrische Erfassung räumlicher Informationen aus Videobildern

Band 8
Bernhard Bundschuh
Laseroptische 3D-Konturerfassung

Band 9
Hans-Georg Lauffs
Bediengeräte zur 3D-Bewegungsführung

Band 10
Meinolf Osterwinter
Steuerungsorientierte Robotersimulation

Band 11
Markus a Campo
Kollisionsvermeidung in einem Robotersimulationssystem

Band 12
Jürgen Cordes
Robuste Regelung eines elastischen Teleskoparmroboters

Band 13
Guido Seeger
Selbsteinstellende, modellgestützte Regelung eines Industrieroboters

Band 14
Ralph Gruber
Handsteuersystem für die Bewegungsführung

Band 15
Wei Li
Grafische Simulation und Kollisionsvermeidung von Robotern

Band 16
Harald Rieseler
Roboterkinematik – Grundlagen, Invertierung und symbolische Berechnung

Band 17
Angelika Höfer
Steuerung der Konfiguration eines redundanten Manipulators

Band 18
Peter Kovács
Rechnergestützte symbolische Roboterkinematik

Band 19
Andreas Zabel
Werkstattorientierte Programmierung von Industrierobotern für automatisiertes Lichtbogenschweißen

Band 20
Matthias Müller
Roboter mit Tastsinn

Band 21
Andreas Meisel
3D-Bildverarbeitung für feste und bewegte Kameras

Band 22
Ralf Gutsche
Fahrerlose Transportsysteme

Band 23
Ralph Sasse
Bestimmung von Entfernungsbildern durch aktive stereoskopische Verfahren

Ralf Gutsche

Fahrerlose Transportsysteme

Automatische Bahnplanung in dynamischen Umgebungen

vieweg

Fortschritte der Robotik
Exposés oder Manuskripte zu dieser Reihe werden zur Beratung erbeten an:
Prof. Dr.-Ing. Walter Ameling, Rogowski-Institut für Elektrotechnik der RWTH Aachen, Schinkelstr. 2, D-52062 Aachen
oder
Prof. Dr.-Ing. Manfred Weck, Laboratorium für Werkzeugmaschinen und Betriebslehre der RWTH Aachen, Steinbachstr. 53, D-52074 Aachen
oder an den
Verlag Vieweg, Postfach 58 29, D-65048 Wiesbaden.

D 84 (Diss. TU Braunschweig)

Softcover reprint of the hardcover 1st edition 1994

Der Verlag Vieweg ist ein Unternehmen der Bertelsmann Fachinformation GmbH.

Gedruckt auf säurefreiem Papier

ISBN-13: 978-3-528-06658-1 e-ISBN-13: 978-3-322-89469-4
DOI: 10.1007/978-3-322-89469-4

Vorwort

Die vorliegende Dissertation ist im Rahmen meiner Tätigkeit als wissenschaftlicher Mitarbeiter am Institut für Robotik und Prozeßinformatik der Technischen Universität Braunschweig entstanden. Bei Herrn Prof. Wahl möchte ich mich für die vertrauensvolle Zusammenarbeit und die großzügige Unterstützung während der Erstellung meiner Arbeit herzlich bedanken. Herrn Prof. Hesselbach danke ich für die Übernahme des Koreferats.

Am Institut für Robotik und Prozeßinformatik wird in Kooperation mit der Firma MIAG Fahrzeugbau GmbH das Forschungsprojekt **MONAMOVE**[1] bearbeitet. Die beiden Säulen von **MONAMOVE** werden von dem globalen Überwachungssystem und dem Navigator gebildet, der in Verbindung mit dem Piloten für die Bahnplanung verantwortlich ist. Im Rahmen der vorliegenden Arbeit werden Konzepte für den Navigator und den Piloten vorgestellt. Bei Herrn Claudio Laloni, der für das globale Überwachungssystem verantwortlich ist, möchte ich mich für die sehr gute Zusammenarbeit und die anregenden Diskussionen bedanken. Der Firma MIAG danke ich für die Unterstützung und die Bereitstellung eines Fahrzeuges.

Mein Dank gilt ebenfalls meinen Kollegen für die wertvollen fachlichen Diskussionen und allen Studenten, die im Rahmen ihrer Studien- und Diplomarbeiten bzw. als studentische Hilfskräfte zum Entstehen meiner Arbeit beigetragen haben. Bei allen Mitarbeitern des Instituts möchte ich mich für die ausgezeichnete Arbeitsatmosphäre bedanken, die ich stets in guter Erinnerung behalten werde.

Meiner Freundin Maren, meiner Cousine Petra Guske und meinem Freund Goy Korn danke ich für das sorgfältige Korrekturlesen meiner Arbeit.

Meinen Eltern, meiner Freundin Maren und allen Freunden möchte ich besonders für ihre persönliche Unterstützung und für ihr Verständnis danken.

Braunschweig, im August 1993 — Ralf Gutsche

[1]**MO**nitoring and **NA**vigation system for **MO**bile **VE**hicles

Inhaltsverzeichnis

Kapitel 1

Einleitung

Für den flexiblen Materialfluß, der eine Schlüsselkomponente innerhalb der flexiblen Fertigung einnimmt, können Roboter und fahrerlose Transportsysteme verwendet werden, die eine variierbare Verbindungsstruktur zwischen den Bearbeitungszentren zur Verfügung stellen [Pao+88]. Derzeit eingesetzte fahrerlose Transportsysteme planen ihre Verbindungen von einer Start- zu einer Zielposition auf einem fest vorgegebenen Streckennetz, so daß während des Betriebs des Systems sichergestellt werden muß, daß die vorgegebenen Strecken kollisionsfrei mit den Fahrzeugen abzufahren sind. Selbst wenn das Fahrzeug auf eine blockierte Teilstrecke reagieren kann, indem z.B. auf dem Streckennetz ein alternativer Weg gesucht wird, kann diese Reaktion bzw. Umplanung erst angestoßen werden, wenn das Fahrzeug die blockierte Teilstrecke erreicht hat. Autonome mobile Roboter können individuelle Wege planen und sind somit nicht auf ein festes Streckennetz angewiesen. Da sie jedoch ausschließlich auf dem Fahrzeug angebrachte Sensoren verwenden, um die Umwelt zu erfassen, kann auf einen blockierten Weg erst dann reagiert werden, wenn die Sensoren diesen Zustand erkennen. Kann keine lokale Ausweichbahn gefunden werden, wie z.B. innerhalb eines langen schmalen Ganges, dessen Ende vollständig durch ein Hindernis blockiert ist, muß u.U. ein Großteil des bereits zurückgelegten Weges in entgegengesetzter Richtung erneut durchfahren werden.

Um eine vorausschauende Bahnplanung in einer dynamischen Welt zu ermöglichen, wurde das Transportsystem **MONAMOVE**[1] konzipiert (s. Kapitel 2). Da **MONAMOVE** ein globales Überwachungssystem verwendet, das auf fest in der Fahrzeugumgebung montierten Sensoren basiert, steht ständig ein aktuelles globales Weltmodell zur Verfügung, in dem die aktuelle Hindernisverteilung und die aktuellen Positionen der computergesteuerten Fahrzeuge eingetragen sind. **MONAMOVE** unterscheidet sich somit deutlich von den autonomen mobilen Robotern und den derzeit eingesetzten fahrerlosen Transportsystemen.

[1]**MO**nitoring and **NA**vigation system for **MO**bile **VE**hicles

1.1 Zielsetzung und Aufbau der Arbeit

Das Ziel dieser Arbeit besteht darin, die Grundidee von **MONAMOVE** aufzuzeigen und ein Konzept für die Bahnplanung zu entwickeln, bei dem die global zur Verfügung stehenden Informationen genutzt werden, um eine gute Integration der Bahnen in die dynamische Umwelt zu erreichen. Der Schwerpunkt dieser Arbeit liegt dabei auf der Vorausplanung, die vor dem Start des Fahrzeuges durchgeführt wird. Für die während der Fahrt der Fahrzeuge durchgeführte Laufzeitplanung werden ebenfalls Verfahren vorgestellt, um eine konsistente Gesamtbahnplanung zu erhalten. Das globale Überwachungssystem ist nicht Gegenstand der vorliegenden Arbeit.

Für die Erfüllung der unterschiedlichen Aufträge müssen Bahnen gefunden werden, die in der dynamischen Welt möglichst schnell und ohne Kollisionen ausführbar sind. Das Überwachungssystem liefert zwar den aktuellen Weltzustand mit einer kurzfristigen Bewegungsschätzung für die dynamischen Hindernisse; die in der Zukunft abzufahrenden, individuellen Bahnen der einzelnen sich bewegenden Objekte sind jedoch unbekannt. Der Bahnplaner kann aus diesem Grund vor dem Start des Fahrzeuges keine optimale, mit einem Geschwindigkeitsprofil versehene Bahn bestimmen, die anschließend nur noch ausgeführt werden muß. Vor dem Start des Fahrzeuges muß jedoch eine ungefähre Bahn zum Ziel bekannt sein, um eine möglichst optimale Verbindung zum Ziel zu finden, die nicht ausschließlich auf lokalen Entscheidungen beruht. Bei **MONAMOVE** wird die Bahnplanung in eine vom Navigator durchgeführte Vorausplanung und eine vom Piloten durchgeführte Laufzeitplanung unterteilt. Dem Piloten wird dabei mindestens die Geschwindigkeitsplanung überlassen, um auf dynamische Hindernisse reagieren zu können. Die geplanten Bahnen sollten zusätzlich einige Forderungen erfüllen, um den angestrebten gemeinsamen Betrieb von personengeführten und computergesteuerten Fahrzeugen zu erleichtern (s. Kapitel 3).

Der Navigator verwendet nur den Teil der vom Weltmodell zur Verfügung gestellten Daten, der zur Ausführungszeit des Auftrages wahrscheinlich noch gültig ist. Dafür werden die im Weltmodell zur Verfügung stehenden Hindernisse in *statische*, *teilweise dynamische* und *vollständig dynamische* Hindernisse unterteilt. *Statische* Hindernisse, wie z.B. Maschinen oder Wände, bleiben immer am gleichen Ort, während *dynamische* Hindernisse, wie z.B. Menschen oder Paletten, sich bewegen können. Die *vollständig dynamischen* Hindernisse befinden sich gerade in Bewegung, während die *teilweise dynamischen* Hindernisse seit einem bestimmten Zeitintervall ortsstabil sind. Diese Klassifizierung erfolgt während der Initialisierungsphase des Gesamtsystems und wird vom Überwachungssystem während der Laufzeit automatisch aktualisiert.

Auf Basis der statischen und teilweise dynamischen Hindernisse könnte mit einem klassischen Bahnplaner ein Weg vom Start- zum Zielpunkt gefunden werden (z.B. [Kuan+85, Lozano-Pérez87]). Diese Verfahren besitzen jedoch den Nachteil, daß bei einer Veränderung innerhalb der Hinderniskonfiguration, die z.B. durch das Hinzufügen eines neuen teilweise dynamischen Hindernisses hervorgerufen werden kann, die interne Weltrepräsentation vollständig neu berechnet werden muß. Außerdem sind die gefundenen Wege in einer dynamischen Welt i.a. nur schwer fahrbar, da die vollständig dynamischen Hindernisse bei der Vorausplanung nicht beachtet wurden. Somit muß der Pilot oft umplanen, falls dies im Rahmen seiner Fähigkeiten überhaupt möglich ist. Aus diesem Grund berücksichtigt der Navigator von **MONAMOVE** nicht nur die statischen und die teilweise dynamischen Hindernisse, sondern zusätzliche Regeln, die wahrscheinlich auch von den anderen vollständig dynamischen Objekten bei ihren Bewegungen beachtet werden. Dadurch kann eine gute Integration der vorausgeplanten Bahnen in die dynamische Umwelt erreicht werden, ohne die individuellen Bahnen der einzelnen Objekte genau zu kennen.

Der in Kapitel 4 vorgestellte Navigator erzeugt rechtsorientierte Bahnen, die keine Kollision mit den aktuellen statischen und teilweise dynamischen Hindernissen aufweisen. Durch die Rechtsorientierung wird z.B. in einem breiten Gang erreicht, daß alle Fahrzeuge, die diesen Gang in gleicher Richtung durchfahren, eine Kolonne bilden, die nicht mit der Kolonne des Gegenverkehrs kollidiert. Halten sich auch die vollständig dynamischen Objekte, wie z.B. Menschen oder Gabelstapler, an diese Regel, wird eine gute Integration der automatisch geplanten Bahnen erreicht. Die vom Navigator geplanten Wege weisen zusätzlich i.a. eine stetige Krümmungsänderung auf und können mit tangentialer Orientierung abgefahren werden.

Die Kernidee des in Kapitel 5 beschriebenen Bahnplanungskonzepts besteht darin, keine expliziten Regeln, wie z.B. die Rechtsorientierung, vorzugeben, sondern das Verhalten der dynamischen Hindernisse zu beobachten, um daraus implizite Regeln abzuleiten. Benutzen z.B. alle dynamischen Objekte einen bestimmten Bereich als Einbahnstraße, sollte der Navigator diese Regel möglichst während der Vorausplanung befolgen, damit potentielle Kollisionen während der Laufzeit vermieden werden können. Um solche impliziten Regeln darzustellen, wird ein gitterförmiges Weltmodell vorgeschlagen, in dem für jedes Gitterelement die relative Belegungshäufigkeit mit einem dynamischen Hindernis eingetragen ist. Für jede gerichtete Gitterkante wird die Bewegungshäufigkeit der dynamischen Hindernisse entlang dieser Kante protokolliert. Dieses interne Modell, das mit Hilfe der vom globalen Überwachungssystem gelieferten Daten aufgebaut werden kann, wird in Verbindung mit der aktuellen Hindernisverteilung benutzt, um Bahnen zu berechnen, die gut in das statistische Bewegungsmuster der dynamischen Objekte passen.

Nachdem das Fahrzeug die Startposition erreicht und der Navigator seine Planungsphase beendet hat, ist der Pilot dafür verantwortlich, den Auftrag in der dynamischen Welt auszuführen. Dazu benutzt er einen lokalen Ausschnitt des vom globalen Überwachungssystem zur Verfügung gestellten aktuellen Weltmodells. In Kapitel 7 wird das Konzept für einen bahntreuen Piloten vorgestellt, der nur den Geschwindigkeitsverlauf entlang der vom Navigator gelieferten Bahn variieren kann. Anschließend wird dieses Konzept um eine Bahnplanungskomponente erweitert, um neu auftretenden dynamischen Hindernissen ausweichen zu können. Dabei wird die vom Navigator geplante Bahn verlassen.

Die Mehrfahrzeugkoordination bei **MONAMOVE** beruht entweder auf geometrischen Kreuzungen, die vom Navigator automatisch berechnet werden (s. Kapitel 6), oder auf einer lokalen Bahnplanung, die während der Laufzeit bei Bedarf vom Piloten durchgeführt wird (s. Kapitel 7). Die Kreuzungsberechnung durch den Navigator ermöglicht eine einfache Kreuzungsverwaltung während der Laufzeit durch den Piloten. Der Pilot muß jedoch die vom Navigator vorberechneten Bahnen, die die Grundlage für die Kreuzungsberechnung bilden, genau einhalten. Folglich darf er keine lokalen Ausweichmanöver planen, sondern kann nur die Geschwindigkeit entlang der vorberechneten Bahn festlegen. Wird die Mehrfahrzeugkoordination auf die Laufzeit verlagert, muß im Piloten ein zusätzlicher Planer realisiert werden (s. Kapitel 6). Dadurch ist eine flexible Reaktion während der Laufzeit möglich.

Kapitel 2

Das Transportsystem MONAMOVE

Das Transportsystem **MONAMOVE**[1] verwendet ein globales Überwachungssystem, um zu jedem Zeitpunkt ein global aktuelles Weltmodell für die Bahnplanung und die Bahnausführung zur Verfügung zu haben (s. Abschnitt 2.1). Auf Basis dieses Weltmodells wird für jeden Transportauftrag ein individueller Weg erzeugt. Dadurch soll ein gleichzeitiger Betrieb von automatisch gesteuerten Fahrzeugen und von personengeführten Fahrzeugen in einer sich verändernden Welt ermöglicht werden.

Durch die individuelle, vom aktuellen Weltzustand abhängende Bahnplanung unterscheidet sich **MONAMOVE** von den bisher eingesetzten fahrerlosen Transportsystemen, die auf einem fest vorgegebenen Streckennetz arbeiten, das nicht automatisch modifiziert werden kann (s. Abschnitt 2.2). Im Unterschied zu autonomen mobilen Robotern verwendet **MONAMOVE** externe globale Sensorik. Dadurch ist der Planungshorizont von **MONAMOVE** nicht auf die Reichweite der lokalen Sensoren beschränkt (s. Abschnitt 2.4).

2.1 Konzept von MONAMOVE

Das in Abbildung 2.1 dargestellte Konzept von **MONAMOVE** besteht darin, mit Hilfe eines globalen Überwachungssystems den gesamten für die Bahnplanung verwendbaren Bereich zu beobachten und die relevanten Informationen in ein Weltmodell einzutragen [Gutsche+92b, Gutsche+92a]. Auf Basis der aktuellen Daten plant der Navigator für einen bestimmten Auftrag eine Bahn, bevor das Fahrzeug mit der Ausführung dieses Auftrages beginnt. Der Pilot führt die vom Navigator vorausberechnete Bahn aus und modifiziert diese bei Bedarf. Dafür greift der Pilot ebenfalls auf das ständig aktuelle Weltmodell zu. Die vom Piloten erzeugten elementaren Fahrbefehle werden mit Hilfe einer Funkschnittstelle zu den Fahrzeugen übertragen.

---

[1] **MO**nitoring and **NA**vigation system for **MO**bile **VE**hicles

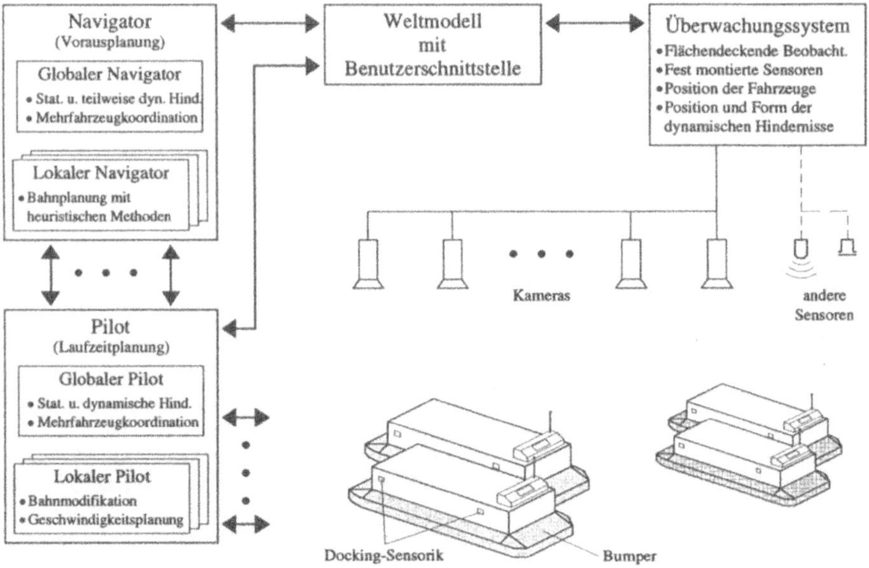

Abbildung 2.1: Konzept des Transportsystems **MONAMOVE**

2.1.1 Überwachungssystem

Die unterste Schicht des globalen Überwachungssystems wird von fest in der Umgebung montierten Sensoren gebildet, die während der Installationsphase des Gesamtsystems kalibriert werden, so daß die gelieferten Informationen in ein globales Referenzsystem umgerechnet werden können. Die auf dieser Sensorschicht aufbauenden höheren Steuerungsebenen des Überwachungssystems ermöglichen eine flächendeckende Überwachung des für die Bahnplanung verwendeten Freiraums. Alle innerhalb des überwachten Bereichs auftretenden Änderungen werden im Weltmodell eingetragen [Laloni+92a, Laloni+92b].

Im derzeitigen Konzept werden als Sensoren ausschließlich an der Decke befestigte Kameras eingesetzt, deren Sichtbereiche sich überlappen, so daß eine flächendeckende Beobachtung möglich ist. Um eine Reduktion der zu bearbeitenden Datenmenge zu erreichen, werden die von den Kameras aufgenommenen Bilder nur in den Bereichen ausgewertet, in denen eine Veränderung des Weltzustandes zu erwarten ist, wie z.B. in der Umgebung von sich bewegenden Hindernissen.

Da die Bildauswertung auf Differenzbildern basiert, können nur Veränderungen innerhalb der Welt bemerkt werden und keine statischen Hindernisse. Ist beim Start des Gesamtsystems der derzeitige Zustand der Welt bekannt, so wird durch eine lückenlose zeitliche Überwachung erreicht, daß auf Grund der beobachteten Veränderungen auf den aktuellen

Zustand der Welt geschlossen werden kann. Dabei erfolgt eine Einteilung in *vollständig dynamische* Hindernisse, die sich ständig in Bewegung befinden, und in *teilweise dynamische* Hindernisse, bei denen es sich um dynamische Hindernisse handelt, die sich längere Zeit nicht bewegt haben (vgl. Abschnitt 3.3.1). Da das Überwachungssystem keine Objekterkennung durchführt, muß ein vom Überwachungssystem geliefertes Hindernis nicht zwangsläufig mit einem realen Hindernis übereinstimmen. Zwei reale, dicht zusammenliegende Hindernisse, können z.B. als ein zusammenhängendes Objekt interpretiert werden.

Das Überwachungssystem liefert in Abhängigkeit von der automatisch bestimmten Objektklasse die folgenden, mit einem Zeitstempel versehenen Daten:

- für *vollständig dynamische* Hindernisse
  - umschreibendes Polygon
  - Schwerpunkt des Hindernisses
  - Geschwindigkeitsvektor
- für *teilweise dynamische* Hindernisse
  - umschreibendes Polygon
  - Schwerpunkt des Hindernisses
- für Fahrzeuge
  - Fahrzeugnummer
  - Position und Orientierung des Fahrzeuges
  - Geschwindigkeitsvektor

Da das Konzept des Überwachungssystems nicht Gegenstand dieser Arbeit ist, wird für nähere Informationen auf [Laloni+92a, Laloni+92b, Gutsche+92a] verwiesen.

2.1.2 Navigator

Im allgemeinen Sprachgebrauch handelt es sich bei einem Navigator (*lat.* Seemann) um ein „Mitglied einer Flugzeugbesatzung, das für die Navigation verantwortlich ist; ... " [Bro91] (Band 15). Die Navigation ist in [Bro91] wie folgt definiert: „i.w.S. das Führen eines Wasser-, Luft- oder Raumfahrzeuges von einem Ausgangsort auf bestimmten Weg zum Zielort, einschließlich der dazu erforderlichen Meß- und Rechenvorgänge zur Bestimmung des augenblicklichen Standortes (Ortung) und des Kurses. I.e.S. ist Navigation die Planung und Überwachung der Fahrzeugbewegung in möglichst optimaler Weise. ... ".

Bei **MONAMOVE** besteht die Aufgabe des Navigators darin, für einen gegebenen Auftrag einen Weg von der Start- zu der Zielkonfiguration zu finden. Die Bestimmung des augenblicklichen Standortes fällt dabei nicht in den Zuständigkeitsbereich des Navigators (vgl. oben), da die aktuelle Position des Fahrzeuges vom globalen Überwachungssystem geliefert wird. Da der Navigator einen vollständigen Weg plant, bevor das entsprechende Fahrzeug mit der Ausführung des Auftrags beginnt, muß eine Bahn bestimmt werden, die bei ihrer Ausführung innerhalb der dynamischen Welt möglichst wenig Probleme bereitet (s. Abschnitt 3.3.2). Um dieses Ziel zu erreichen, werden rechtsorientierte Wege geplant (s. Kapitel 4) oder statistische Informationen verwendet (s. Kapitel 5). Das interne Modell des Navigators wird mit Hilfe der im Weltmodell gespeicherten Daten während der Initialisierungsphase aufgebaut und während der Laufzeit aktualisiert.

Um eine Bahnplanung für mehrere Fahrzeuge zu erreichen, wird der Navigator in einen globalen und mehrere lokale Navigatoren unterteilt (s. Kapitel 6). Der globale Navigator ist für die Verwaltung und die Aktualisierung des internen Modells und die Mehrfahrzeugkoordination verantwortlich, während die lokalen Navigatoren die Feinplanung der Bahn übernehmen. Die Anzahl der lokalen Navigatoren ist dabei unabhängig von der Anzahl der Fahrzeuge, da für einen lokalen Navigator ein Auftrag erledigt ist, sobald dieser von dem Piloten übernommen wurde. Kann der Pilot einen Auftrag nicht erfüllen, schickt er eine Fehlermeldung zum Navigator. Dieser plant einen Weg von der aktuellen Position zur Zielposition, indem er diese Fehlermeldung wie einen neuen Auftrag behandelt.

2.1.3 Pilot

Innerhalb der Luftfahrt handelt es sich bei dem Piloten (*frz.* pilote, von *italien.* pilota, älter: pedotta (Steuermann), zu *griechisch* pēdón (Steuerruder)) um den Flugzeugführer [Bro91] (Band 17).

Beim Transportsystem **MONAMOVE** ist der Pilot für die Auftragsausführung innerhalb der dynamischen Welt verantwortlich und muß somit zumindest Kollisionen mit anderen Objekten vermeiden. Dafür kann ein bahntreuer Pilot verwendet werden, der die vom Navigator vorausberechnete Bahn genau einhält und nur das Geschwindigkeitsprofil entlang dieser Bahn variiert, oder ein Pilot, der die vom Navigator bestimmte Bahn modifiziert, um auf eine Veränderung der Umwelt zu reagieren (s. Kapitel 7). In beiden Fällen benutzt der Pilot die vom globalen Überwachungssystem gelieferten aktuellen Daten.

Damit innerhalb der Welt mehrere Fahrzeuge gleichzeitig fahren können, wird der Pilot in einen globalen Piloten und mehrere lokale Piloten aufgeteilt. Der globale Pilot ist dabei für ein internes Modell und die Mehrfahrzeugkoordination verantwortlich, während ein lokaler Pilot genau ein Fahrzeug steuert. Die Mehrfahrzeugkoordination auf Pilotenebene kann eine Menge von vorausberechneten geometrischen Kreuzungen verwenden oder auf einen lokalen Planer zurückgreifen, der entstehende Kreuzungen während der Laufzeit auflöst (s. Kapitel 7).

2.1.4 Fahrzeuge

Die verwendeten Fahrzeuge besitzen einen omnidirektionalen Antrieb, der auf vier unabhängig angetriebenen Mecanum-Rädern basiert [Muir+90]. Da durch diesen Antrieb beliebige rotatorische und beliebige translatorische Bewegungen des Fahrzeuges unabhängig voneinander überlagert werden können, kann das Fahrzeug auf Grund seiner Kinematik jeder stetigen vorgegebenen Bahn folgen, wobei die Orientierung entlang der Bahn ebenfalls frei gewählt werden kann. In der Praxis ist das Verfolgen einer vorgegebenen Bahn jedoch nur mit begrenzter Genauigkeit möglich, da die Fahrzeugsteuerung nicht unendlich genau arbeiten kann.

Das Fahrzeug kann Elementaroperationen ausführen, die über eine Funkschnittstelle übertragen werden. Die parameterisierten Bewegungsbefehle enthalten für das abzufahrende Wegstück die Bahn des Fahrzeugschwerpunktes, die Orientierung des Fahrzeuges entlang der Bahn und das Geschwindigkeitsprofil. Die Angaben beziehen sich dabei auf die Position, in der sich das Fahrzeug zu Beginn der Bearbeitung des Bewegungsbefehls befindet. Die Ausführung des Bewegungsbefehls wird von der Fahrzeugsteuerung überwacht. Dazu werden die an den Rädern montierten Winkelgeber verwendet.

Die Fahrzeuge können ein eigenständiges Dockingmanöver ausführen, das ebenfalls über die Funkschnittstelle angestoßen wird. Dadurch wird eine genaue Übergabe von Lasten ermöglicht. Zusätzlich sind am Fahrzeug Notstopeinrichtungen angebracht, um das Fahrzeug bei einer Kollision automatisch anzuhalten.

2.1.5 Weltmodell

Das Weltmodell steuert den Informationsfluß zwischen den einzelnen Modulen von **MONAMOVE** und sorgt z.B. dafür, daß die vom Überwachungssystem gelieferten Daten zum Navigator und Piloten weitergeleitet werden. Zusätzlich zum aktuellen Weltzustand sind im Weltmodell folgende Daten enthalten: eine Menge von zu erledigenden Aufträgen, die bei Bedarf zum Navigator geschickt werden; Fahrzeugbeschreibungen, in denen z.B. die Größe eines Fahrzeuges angegeben ist; Punkte, die für die Kalibrierung des Überwachungssystems benötigt werden. Der Benutzer kann mit Hilfe einer Schnittstelle die Daten im Weltmodell verändern und auf Fehlermeldungen reagieren, wenn z.B. ein Auftrag nicht erfüllt werden konnte oder wenn ein Fahrzeug auf Grund eines Notstops angehalten hat.

Da bei der derzeitigen Realisierung des Überwachungssystems ausschließlich Veränderungen innerhalb des beobachteten Weltausschnitts registriert werden, muß das Weltmodell eine zweidimensionale Karte zur Verfügung stellen, in der alle statischen Hindernisse verzeichnet sind. Bei diesen statischen Hindernissen, die als Polygone approximiert werden, kann es sich um reale ortsfeste Hindernisse handeln, wie z.B. um Wände, oder um virtuelle Hindernisse, wie z.B. um Arbeitszonen vor Maschinen, die ausschließlich von Menschen benutzt werden dürfen. Diese Karte, die bei der Installation des Gesamtsystems manuell erzeugt und bei Bedarf mit Hilfe der Benutzerschnittstelle aktualisiert wird, bildet in

Verbindung mit den vom Überwachungssystem gelieferten aktuellen Daten die Planungsgrundlage für den Navigator und den Piloten.

2.1.6 Ergänzende Bemerkungen

Als Einsatzgebiet für das Transportsystem **MONAMOVE** bieten sich vor allem großräumige Fertigungsumgebungen an, in denen die für das globale Überwachungssystem notwendigen Kameras so montiert werden können, daß mit relativ wenig Kameras die gesamte Fläche beobachtet werden kann. Das Transportsystem **MONAMOVE** ist auf die Installation eines globalen Überwachungssystems angewiesen, um ein ständig aktuelles Weltmodell zur Verfügung zu haben.

Da von dem globalen Überwachungssystem alle Positionen bezüglich eines globalen Referenzsystems berechnet werden, können beliebige, im Referenzsystem definierte Bahnen ausgeführt werden. Die Ausführbarkeit der Bahn ist folglich unabhängig von in der Umgebung vorhandenen, regelmäßigen Strukturen, wie z.B. von glatten Wänden. Somit können die berechneten Wege auch in stark unstrukturierten Umgebungen abgefahren werden. Von der Bahnplanung und der Bahnausführung können zusätzlich beliebige, bezüglich des Referenzsystems definierte Hindernisse berücksichtigt werden, auch wenn diese Hindernisse von dem Sensorsystem nicht wahrnehmbar sind. Dies gilt z.B. für eine polygonale Approximation einer Maschine oder auch für ein polygonales virtuelles Hindernis, wie z.B. eine nicht markierte Sperrfläche. Durch die manuelle Eingabe der statischen Hindernisse kann der Benutzer während der Installation des Gesamtsystems eine sinnvolle Abstraktion der komplexen realen Welt vornehmen, die die Bahnplanung vereinfacht.

In die Sensorschicht des Überwachungssystems von **MONAMOVE** können weitere Sensoren, wie z.B. Lichtschranken, integriert werden, um eine Reaktion auf bestimmte Ereignisse auszulösen. Durch den Einsatz von kalibrierten, an der Decke montierten Tiefensensoren an Stelle der Kameras kann der für die Bahnplanung verwendbare Freiraum leicht bestimmt werden, da alle zum Freiraum gehörenden Bereiche in einer Tiefenebene liegen. Da mit Hilfe dieses Verfahrens auch sich nicht bewegende Hindernisse lokalisiert werden können, müssen die realen statischen Hindernisse während einer Initialisierungsphase nicht mehr manuell in das Weltsystem eingetragen werden. Eine manuelle Ergänzung des Weltmodells um virtuelle Hindernisse ist jedoch weiterhin sinnvoll, um z.B. nicht erkennbare Sperrzonen einzutragen.

Bei der in Abbildung 2.1 gezeigten konzeptionellen Aufteilung von **MONAMOVE** in einzelne Module muß beachtet werden, daß bei der Realisierung des Systems ein konzeptionelles Modul u.U. durch eine Anzahl von verschiedenen Prozessen realisiert werden muß. So ist z.B. im realen System eine direkte, schnelle Verbindung zwischen dem Überwachungssystem und dem Piloten notwendig, ohne die Daten vorher in einem separaten Weltmodell abzuspeichern. Nur durch eine direkte Verbindung kann zur Ausführungszeit auf Veränderungen innerhalb der Fahrzeugumgebung schnell reagiert werden.

Endet der Gesamtauftrag an einer Dockingstation, wird von der Bahnplanung nur ein Weg bis zu dem Punkt erzeugt, an dem der Pilot das vom Fahrzeug eigenständig durchgeführte Dockingmanöver anstößt. Das gleiche Prinzip wird verwendet, wenn der Auftrag an einer Dockingstation beginnt. Somit teilt sich die Ausführung eines Auftrages in maximal zwei Dockingmanöver und einen individuell geplanten Weg auf.

2.2 Fahrerlose Transportsysteme

„Fahrerlose Transportsysteme (FTS) sind innerbetriebliche, flurgebundene Fördersysteme mit automatisch geführten Fahrzeugen. Sie bestehen im wesentlichen aus fahrerlosen Transportfahrzeugen, einer Bodenanlage und einer Steuerung“ [VDI90]. „Fahrerlose Transportfahrzeuge (FTF) sind flurgebundene Fördermittel mit eigenem Fahrantrieb, die automatisch geführt und gesteuert zum Ziehen/Schieben, Tragen/Heben/Stapeln/Einlagern von Transportgut mit oder ohne Ladehilfsmittel eingesetzt werden“ [VDI90]. Im englischen Sprachgebrauch werden fahrerlose Transportsysteme mit AGVS (*engl.* Automated Guided Vehicle Systems) abgekürzt und fahrerlose Transportfahrzeuge mit AGV (*engl.* Automated Guided Vehicles) [Rajaram88, Tsumura86].

Fahrerlose Transportsysteme verwenden i.a. ein fest vorgegebenes Streckennetz, um ihre Transportaufträge zu erfüllen. Die Fahrzeuge halten die vorgegebenen Bahnen ein, indem sie ein Orientierungssystem benutzen. Dieses System kann induktive oder optische Leitspuren verwenden, die die Bahn genau festlegen, oder spezielle Marken, um die aktuelle Position zu schätzen und somit die Abweichung von der abzufahrenden Bahn zu berechnen (vgl. [VDI90, Tsumura86]). Innerhalb eines fahrerlosen Transportsystems können auch verschiedene Techniken kombiniert werden. So können z.B. die geraden Streckenabschnitte innerhalb des gesamten Streckennetzes mit Hilfe von Induktionsdrähten definiert werden und die notwendigen Verbindungen zwischen diesen geraden Streckenabschnitten mit Hilfe einer Freiflugtechnik abgefahren werden. Dabei wird der induktive Leitdraht bei Bedarf verlassen und eine im Fahrzeug gespeicherte Bahn ausgeführt bis der nächste Leitdraht gefunden wurde. Um die Genauigkeit der frei gefahrenen Bahn zu erhöhen, werden fahrzeuginterne Sensoren, wie z.B. Winkelgeber an den Fahrzeugrädern, eingesetzt. Bei diesem Freiflugkonzept werden die Bahnen i.a. während der Installationsphase des Systems einmal fest programmiert und anschließend nicht mehr verändert. Folglich liegt auch hier während der Laufzeit des Systems ein starres Streckennetz vor.

Kann eine vorgegebene Bahn auf Grund eines Hindernisses nicht abgefahren werden, wird dieses Problem erst bemerkt, wenn das Fahrzeug mit Hilfe seiner lokalen Sensorik das Hindernis erkannt hat. Anschließend kann auf dem vorgegebenen Streckennetz ein anderer Weg zum Ziel gesucht werden. Die derzeit eingesetzten fahrerlosen Transportsysteme erzeugen jedoch keine Bahnen, die nicht im vorgegebenen Streckennetz enthalten sind. Somit muß das Streckennetz manuell angepaßt werden, wenn auf Grund einer veränderten Hallenumgebung neue Strecken erforderlich werden oder alte nicht mehr ausführbar sind.

2.3 Vergleich: MONAMOVE – Fahrerlose Transportsysteme

Nach der in Abschnitt 2.2 angegebenen Definition für fahrerlose Transportsysteme besteht ein solches System aus fahrerlosen Transportfahrzeugen, einer Bodenanlage und einer Steuerung. Wird das fest in der Halle installierte Sensorsystem von **MONAMOVE** als Bodenanlage interpretiert und wird die Sensorauswertung innerhalb des Überwachungssystems zusammen mit der Bahnplanung als Steuerung aufgefaßt, handelt es sich bei **MONAMOVE** um ein fahrerloses Transportsystem (FTS). Um jedoch eine klare sprachliche Abgrenzung von **MONAMOVE** zu den bisher eingesetzten fahrerlosen Transportsystemen zu erzielen, wird für die bisher eingesetzten fahrerlosen Transportsysteme die Abkürzung FTS* eingeführt.

FTS* planen ihre Wege auf einem fest vorgegebenen Streckennetz, das nicht automatisch an eine veränderte Umgebung angepaßt wird. Auf Grund der lokalen auf den Fahrzeugen montierten Sensoren können blockierte Streckenabschnitte erst festgestellt werden, wenn sich das Fahrzeug in der Nähe des Hindernisses befindet, das die Blockade verursacht hat. Ein Ausweichweg kann ausschließlich auf dem vorgegebenen Streckennetz gefunden werden. Bei **MONAMOVE** kann auf Grund des globalen Weltmodells eine individuelle Bahn erzeugt werden, die sich an der aktuellen Umgebung orientiert. Zusätzlich kann ein blockierter Bereich frühzeitig mit Hilfe des globalen Überwachungssystems erkannt werden, ohne daß sich das Fahrzeug in der Nähe der Blockade befinden muß. Ist z.B. das Ende eines langen Ganges durch das Abstellen einer Palette blockiert worden, fährt ein Fahrzeug, dessen ursprünglich geplanter Weg diesen Bereich benötigte, nicht mehr in den Gang hinein, sondern der Bahnplaner wählt frühzeitig einen anderen Weg.

Ein großer Unterschied zwischen **MONAMOVE** und den FTS* besteht somit darin, daß **MONAMOVE** die Halleninstallation für die Überwachung des gesamten Arbeitsbereiches und für die Positionsschätzungen verwendet, während die Bodenanlage bei FTS* ausschließlich für die Positionsbestimmung verwendet wird und der Benutzer dafür sorgen muß, daß die definierten Bahnen kollisionsfrei in der Welt liegen. Bei einem FTS* erschwert sich somit die Integration unterschiedlicher Fahrzeugtypen, die sich in Größe und Fahreigenschaft unterscheiden. Bei **MONAMOVE** ist diese Integration auf Grund der individuellen fahrzeugabhängigen Bahnplanung gegeben.

Die anzufahrenden Zielpositionen können bei **MONAMOVE** an beliebiger Stelle im zur Verfügung stehenden Freiraum liegen. Bei einem FTS* hingegen müssen sich die Zielpunkte auf dem fest vorgegebenen Streckennetz befinden, so daß keine beliebigen Positionen in der Halle angefahren werden können. **MONAMOVE** und auch FTS* können sensorgeführte Dockingmanöver ausführen, um bei Bedarf eine genaue Lastübergabe zu ermöglichen.

Bei beiden Systemen sind fest installierte Komponenten in der Halle notwendig, so daß sie nicht in vollständig unbekannten Umgebungen arbeiten können. Die potentiell höhere Flexibilität von **MONAMOVE** gegenüber den FTS* kommt aber nur zum Tragen, wenn diese Flexibilität von der aktuellen Einsatzumgebung gefordert wird. So ist z.B. in einem automatischen Lager, in dem sich ausschließlich die gesteuerten Fahrzeuge mit ihrer Ladung bewegen, eine globale Überwachung nicht sinnvoll, da sich die Umwelt fast nicht verändert. Da der Grundriß eines Lagers über einen langen Zeitraum stabil bleibt, reicht ein FTS* aus. Bewegen sich jedoch in einer großräumigen Halle viele dynamische Objekte, wie z.B. Menschen oder Gabelstapler, und wird die Struktur des für die Bahnplanung verwendbaren Bereiches durch das Abstellen von Paletten oder Maschinen oft verändert, ist **MONAMOVE** eindeutig im Vorteil, da eine dem aktuellen Weltzustand angepaßte, vorausschauende Bahnplanung auf Basis der vom globalen Überwachungssystem gelieferten Daten durchgeführt werden kann.

2.4 Autonome mobile Roboter

Bei autonomen mobilen Robotern (*engl.* Autonomous Mobile Robots (AMR)) handelt es sich um mobile Systeme, die in ihrer Umgebung bestimmte Aufgaben erfüllen können, ohne auf die ständige Unterstützung eines Menschen angewiesen zu sein. Alle für die Aufgabenerfüllung notwendigen Komponenten, wie z.B. Sensoren [Drunk88] und Computer, müssen dabei auf dem Fahrzeug untergebracht sein [Hoppen+90, Meystel88]. Autonome Fahrzeuge müssen in der Lage sein, innerhalb ihrer Umgebung zu navigieren. Um diese Aufgabe zu erfüllen, muß das Fahrzeug folgende Fähigkeiten besitzen [Cox+90b]:

- Wahrnehmung seiner Umgebung mit Hilfe von Sensoren,
- Interpretation der Sensorinformation, um sein Wissen über seine aktuelle Position und die Struktur der Umgebung zu verfeinern,
- Planung eines Weges von der Start- zur Zielposition unter Berücksichtigung von bekannten und unbekannten Hindernissen.

Zusätzlich müssen die mobilen Roboter mit großen Ungenauigkeiten innerhalb ihrer unstrukturierten Umgebung fertig werden. Dafür ist die Sensorinterpretation (*engl.* sensory interpretation) und die darauf basierende Planung (*engl.* reasoning) von entscheidender Bedeutung. Das Hauptproblem im Sensorikbereich besteht darin, die Verbindung zwischen den Ausgabesignalen der Sensoren und den Eigenschaften der dreidimensionalen Umgebung herzustellen. Für die *internen Sensoren*, wie z.B. für die Winkelgeber an den Fahrzeugrädern, ist diese Verbindung bekannt und gleichbleibend, während für die *externen Sensoren* diese Verbindung relativ schwach ist [Lozano-Pérez90].

Verwendet der mobile Roboter für die Bahnplanung ein geometrisches Weltmodell, in dem alle Informationen bezüglich eines Referenzkoordinatensystems angegeben sind, und enthält die erzeugte Bahn ausschließlich im Referenzkoordinatensystem angegebene Bewegungsbefehle, muß der Roboter während der Ausführung seine aktuelle Position schätzen. Dafür kann auf kurzen Distanzen die zuverlässige Koppelnavigation verwendet werden, bei der sich jedoch die Fehler auf Grund der durchgeführten Relativmessungen akkumulieren. Eine Positionsschätzung kann ebenfalls durch einen Abgleich zwischen dem internen Modell und den von den externen Sensoren gelieferten Informationen erfolgen [Crowley85, Cox89, Knieriemen91, Badcock⁺93]. Dafür können künstlich angebrachte Landmarken verwendet werden oder statische Strukturen, die in der Umgebung des Roboters vorhanden sind. Die für die Bahnplanung verwendete geometrische Karte muß möglichst automatisch aufgebaut und aktualisiert werden [Knieriemen91, Freyberger⁺90, Elfes91b]. Bewegt sich der Roboter in einer dynamischen Welt und wird der Positionsabgleich mit Hilfe der internen geometrischen Karte ohne künstliche Landmarken durchgeführt, muß automatisch entschieden werden, ob eine Differenz zwischen dem internen Modell und der von den Sensoren gelieferten Werte auf eine Veränderung der Welt oder auf einen Positionierungsfehler des Roboters zurückzuführen ist.

Der abzufahrende Weg kann auch in symbolischer Form beschrieben werden, indem elementare, vom Fahrzeug ausführbare Operationen, wie z.B. *fahre parallel zur Wand*, verwendet werden. Das Fahrzeug führt diese Befehle mit Hilfe seiner Sensorik zur Laufzeit aus [Fröhlich⁺89]. Die Erzeugung solcher Befehle erfordert ein Verfahren, das automatisch der abzufahrenden Bahn die notwendige Sensorinformation zuordnet. Kann der Roboter parallel zu einer Wand fahren, muß er in seinem internen Modell wissen, daß es sich bei einer bestimmten Struktur um eine Wand handelt. Innerhalb einer dynamischen Umwelt muß diese Information automatisch generiert und aktualisiert werden.

Für autonome mobile Roboter, die auf Basis von unterschiedlichen Systemarchitekturen realisiert werden können (z.B. [Brooks86, Elfes91a, Noreils⁺91]), gibt es ein weites Spektrum von Einsatzbereichen [Iyengar⁺91a], wie z.B. Fertigungsautomatisierung, Arbeiten in gefährlichen Umgebungen, Erforschung des Weltraums, Hilfe für Behinderte und Militäranwendungen. Verschiedene Veröffentlichungen, die einen weiten Bereich der Forschung auf dem Gebiet der autonomen mobilen Roboter abdecken, sind in [Cox⁺90a, Iyengar⁺91c, Iyengar⁺91b] zusammengefaßt. Für einen Überblick über verschiedene mobile Roboter wird auf [Meystel91, Meystel88, Klafter88] verwiesen.

2.5 Vergleich: MONAMOVE – Autonome mobile Roboter

Bei einem Vergleich zwischen **MONAMOVE** und autonomen mobilen Robotern (AMR) muß die unterschiedliche Zielsetzung der beiden Ansätze beachtet werden. Während **MONAMOVE** als Transportsystem innerhalb einer Fertigungsumgebung konzipiert wurde und nur mit einem fest installierten Hallensensorsystem arbeitet, besteht eine Zielsetzung bei autonomen mobilen Robotern darin, Aufgaben auch in unbekannten Umgebungen erfüllen zu können. Werden autonome Roboter als Transportsystem in einer Halle eingesetzt, deckt diese Aufgabe somit nur einen Teil ihres potentiellen Einsatzspektrums ab. Um jedoch die Eigenschaften der beiden Ansätze an einer identischen Aufgabe gegenüberzustellen, wird **MONAMOVE** mit autonomen mobilen Robotern verglichen, die

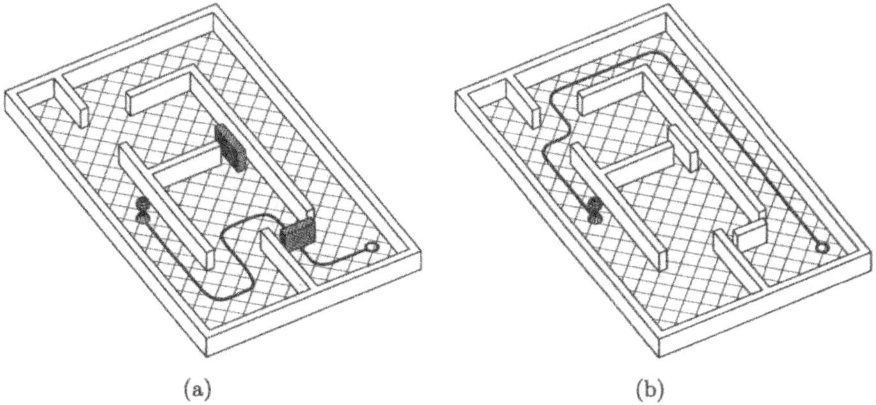

Abbildung 2.2: (a) Bahnplanung auf Basis eines lokal aktuellen Modells, (b) Bahnplanung auf Basis eines global aktuellen Modells

in einer Halle als Transportfahrzeuge eingesetzt werden.

Da autonome mobile Roboter im Unterschied zu **MONAMOVE** ausschließlich auf dem Fahrzeug montierte Sensoren verwenden, steht ihnen immer nur ein lokal aktuelles Weltmodell zur Verfügung. Zusätzlich kann ein iterativ aufgebautes internes Modell benutzt werden, das in einer dynamischen Welt jedoch nie vollständig aktuell ist. Die Aktualität einer bestimmten Region des internen Modells hängt vom Zeitpunkt ab, zu dem diese Region das letzte Mal mit den lokalen Sensoren untersucht wurde.

Plant ein AMR einen Weg auf Basis seines internen Modells und ist dieser Weg an einer Stelle blockiert, wird das Problem erst bemerkt, wenn die lokalen Sensoren die Blockade wahrnehmen können. Nach einer Modifikation des internen Modells wird diese Teilstrecke bei der Wegplanung u.U. nicht mehr benutzt, obwohl das Hindernis nach einer gewissen Zeit wieder verschwunden sein kann. Um dieses nicht mehr vorhandene Hindernis wieder aus dem Weltmodell zu entfernen, muß der AMR somit in gewissen Zeitabständen kontrollieren, ob das Hindernis noch vorhanden ist, d.h. neben der Erfüllung der Transportaufträge sind Bewegungen notwendig, um das Weltmodell zu aktualisieren. Ein ständig aktuelles Weltmodell ist natürlich nicht notwendig, wenn ein initiales statisches Weltmodell vorliegt und garantiert werden kann, daß Probleme bei der Ausführung des initial gegebenen Weges immer durch lokale Manöver gelöst werden können.

Durch das global aktuelle Weltmodell von **MONAMOVE** kann eine weitsichtige Bahnplanung und Bahnausführung erfolgen. Zusätzlich können durch die lückenlose Überwachung statistische Informationen generiert werden, so daß Regionen, die mit hoher Wahrscheinlichkeit mit einem Hindernis belegt sind, gemieden und andere bevorzugt werden (s. Kapitel 5).

In Abbildung 2.2a kennzeichnen die nicht schraffierten Hindernisse den aktuellen Zustand des internen Modells des AMR. Auf Basis dieses Modells wurde der grobe Verlauf des Weges geplant, dessen Ausführung jedoch abgebrochen werden muß, sobald die lokalen Sensoren das neue, schraffiert eingezeichnete Hindernis erkannt haben. Da **MONAMOVE** ein aktuelles Weltmodell besitzt, kann bereits zu Beginn eine andere Bahn geplant werden (s. Abbildung 2.2b).

Der Aufbau einer geometrischen Karte, die für die Bahnplanung verwendet werden kann, ist bei **MONAMOVE** ohne Schwierigkeiten möglich, da von dem globalen, kalibrierten Sensorsystem alle Daten, wie z.B. Hindernis- und Fahrzeugpositionen, bezüglich eines globalen Referenzkoordinatensystems geliefert werden. Verwendet ein AMR für die Bahnplanung eine geometrische Karte, muß diese mit Hilfe der lokalen Sensoren aufgebaut werden.

Bewegt sich der Roboter in einer dynamischen Welt, ist ein Abgleich zwischen dem gespeicherten internen Modell und den aktuell gelieferten Sensordaten schwierig, da sich die aktuell wahrgenommene Umgebung zwischen der letzten und der aktuellen Beobachtung stark verändert haben kann. Um einen Abgleich zu ermöglichen, müssen die statischen Strukturen in der Umgebung gefunden werden oder die Elemente wiedererkannt werden, die sich seit der letzten Beobachtung nicht verändert haben. Für die Selektion der statischen Strukturen kann eine Objekterkennung verwendet werden, die jedoch für den allgemeinen Fall schwer zu realisieren ist, da sie z.B. eine statische Säule von einer bewegbaren Tonne unterscheiden muß. Ein statisches internes Weltmodell kann auch mit Hilfe einer initialen Kartographierungsfahrt durch die statische Welt aufgebaut werden. Diese statischen Strukturen müssen jedoch in der dynamischen Welt wiedererkannt werden.

Es ist nicht ohne Probleme möglich, eine manuell vorgegebene Karte, die die statischen Hindernisse enthält, für die Positionsschätzung eines mobilen Roboters zu verwenden, weil die Hindernisse so modelliert werden müssen, daß sie von den lokalen Sensoren des mobilen Roboters wiedererkannt werden können. Bei **MONAMOVE** hingegen kann die Karte in vereinfachter Form angegeben werden, da für die Positionsschätzung keine Erkennung der statischen Strukturen benötigt wird. Künstlich angebrachte statische Landmarken, die von der lokalen Sensorik erkennbar sind, können für die Positionsschätzung der autonomen mobilen Roboter verwendet werden. Dafür ist jedoch eine Halleninstallation notwendig.

Da die Sensoren eines kalibrierten, sich nicht bewegenden Sensorsystems immer den gleichen Weltausschnitt betrachten, handelt es sich prinzipiell um *interne Sensoren*, bei denen die Verbindung zwischen den Ausgangssignalen und den Eigenschaften der dreidimensionalen Welt bekannt und gleichbleibend ist [Lozano-Pérez90]. Die sich bewegenden Sensoren der mobilen Roboter sind hingegen *externe Sensoren*, bei denen die Interpretation der Daten schwieriger ist.

Während der Bahnausführung steht dem Piloten in **MONAMOVE** ständig die absolute Position des Fahrzeuges zur Verfügung und eine Umgebungssicht, die nicht auf den Sichtbereich lokaler Sensoren eingeschränkt ist. Somit kann während der Annäherung an einen Kreuzungsbereich in den anderen Gang gesehen werden, ob sich dort ein dynamisches Objekt der Kreuzung nähert. Dadurch kann das Geschwindigkeitsprofil vorausschauend geplant werden, obwohl kein lokaler Sensor zu diesem Zeitpunkt in den anderen Gang sehen kann. Bei einem AMR müßte folglich immer die Geschwindigkeit reduziert werden, da ein Hindernis aus dem Gang kommen könnte. Auf Grund der zur Installationszeit fest montierten Sensoren können sich bei **MONAMOVE** zur Laufzeit u.U. Sichtschatten ergeben, die von keinem Sensor aufgelöst werden können, so daß das globale Sensorsystem in gewissen Bereichen blind wird. Für die statischen Elemente der Welt können jedoch die Kameras so positioniert werden, daß keine unbeobachteten Zonen entstehen [Kay+92]. Autonome mobile Roboter können die durch ihre Sensoren bedingten Sichtschatten durch entsprechende Bewegungen des Fahrzeuges ausgleichen, wenn eine Bahn zu einer passenden Beobachtungsposition gefunden werden kann.

Für **MONAMOVE** ist die Installation eines globalen Überwachungssystems notwendig. Der Umfang des Überwachungssystems hängt von der Größe der zu beobachtenden Fläche ab und von der Komplexität der Bewegungsstruktur innerhalb der zu beobachtenden Welt. Bewegen sich z.B. nur wenige Objekte innerhalb einer Fertigungsumgebung, kann das Überwachungssystem kleiner dimensioniert werden als wenn sich viele Objekte auf der gleichen Fläche bewegen. Der Umfang des Überwachungssystem ist jedoch im wesentlichen unabhängig von der Anzahl der eingesetzten Fahrzeuge. Bei autonomen mobilen Robotern müssen auf jedem Fahrzeug alle Sensoren untergebracht werden, so daß die Anzahl der Sensoren mit der Anzahl der Fahrzeuge steigt. Die Anzahl der auf einem AMR montierten Sensoren ist jedoch unabhängig von der Größe der für die Bahnplanung verwendeten Fläche. Fällt bei **MONAMOVE** das globale Überwachungssystem aus, ist das Gesamtsystem nicht mehr einsatzbereit, während bei einem aus vielen autonomen Fahrzeugen bestehenden Gesamtsystem immer nur die fehlerhaften Fahrzeuge nicht betriebsbereit sind.

Damit während der Bahnausführung auf sich unbekannt bewegende Objekte reagiert werden kann, muß eine Schätzung der Bewegungsrichtung dieser Objekte zur Verfügung stehen. Mit einer globalen stationären Sensorik, die die Hindernisse zeitlich lückenlos überwacht, ist eine solche Schätzung einfacher möglich als mit einem lokalen, sich bewegenden Sensorsystem, in dessen Sichtbereich das Objekt plötzlich auftaucht. Die weitsichtige Beobachtung bei **MONAMOVE** mit Hilfe des globalen Überwachungssystems kann dazu genutzt werden, Bewegungsbefehle, die auf einem zentralen Rechner generiert und über eine Funkschnittstelle an das Fahrzeug übertragen werden, vorausschauend zu planen.

Bei **MONAMOVE** muß ähnlich wie bei autonomen mobilen Robotern die Wahrnehmung der Umgebung, die Sensorinterpretation und die Planung gelöst werden (s. Abschnitt 2.4). Mit einem globalen Sensorsystem, das ständig den aktuellen Weltzustand und die aktuelle Position der Fahrzeuge liefert, können diese Aufgaben leichter erfüllt werden. Im Gegenzug ist jedoch eine aufwendigere Halleninstallation notwendig.

2.6 Diskussion

Für ein Transportsystem innerhalb einer Fabrikationsumgebung ist ein globales Überwachungssystem sehr wertvoll, um eine *vorausschauende Bahnplanung* und Bahnausführung zu ermöglichen. Dadurch unterscheidet sich **MONAMOVE** von den derzeit eingesetzten fahrerlosen Transportsystemen und von Transportsystemen, die mit autonomen mobilen Robotern aufgebaut werden. Der Aufwand für die Installation eines Hallensensorsystems ist aber nur sinnvoll, wenn die damit erreichte Flexibilität auf Grund der Aufgabenstellung auch benötigt wird. Sind in einer Halle nur enge Gänge vorhanden, in denen kein Raum zum individuellen Ausweichen existiert oder wird garantiert, daß vorgegebene Bahnen frei oder blockierte Bahnen mit lokalen Ausweichmanövern zu korrigieren sind, lohnt sich der Einsatz von **MONAMOVE** kaum. Das gleiche gilt, wenn nur sehr wenig Aufträge innerhalb eines großen Arbeitsbereichs erledigt werden müssen. Wird hingegen ein Transportsystem für eine große Halle gesucht, in der sich die Hindernisverteilung ständig ändert und kein fest vorgegebenes, statisches Wegenetz benutzbar ist, bietet sich der Einsatz von **MONAMOVE** an.

Kapitel 3

Navigator und Pilot – Grundlegende Betrachtungen

Navigator und Pilot haben gemeinsam die Aufgabe, die übergebenen Aufträge unter Berücksichtigung des zur Verfügung stehenden Weltmodells zu planen und auszuführen. Die Bearbeitung dieser Aufgabe gliedert sich dabei in die *Vorausplanung* und in die *Laufzeitplanung*.

Alle Elemente, die geplant werden, bevor das gewählte Fahrzeug mit der Ausführung eines Auftrages beginnt, gehören zur *Vorausplanung*. Dabei ist es unwichtig, ob das für den Fahrauftrag gewählte Fahrzeug gerade noch einen anderen Auftrag ausführt oder ob es sich bereits in der Startposition für den neuen Auftrag befindet und wartet. Alle Teile, die während der Ausführungszeit des Auftrages geplant werden, gehören zur *Laufzeitplanung*. Der Begriff der Laufzeitplanung ist dabei nicht nur auf traditionelles Planen, wie z.B. das konkrete Planen einer Bahn, beschränkt, sondern kann z.B. auch Teile des Abgleichs zwischen der gefahrenen und der berechneten Bahn enthalten. Der Begriff Planausführung an Stelle des Begriffs Laufzeitplanung wurde vermieden, da der vorausberechnete Plan u.U. erst noch zur Laufzeit verfeinert werden muß, um ausgeführt werden zu können.

3.1 Grenze zwischen Voraus- und Laufzeitplanung

Konzeptionell sind die Voraus- und Laufzeitplanung für die Erfüllung aller aktuell vorliegenden Aufträge für alle Fahrzeuge verantwortlich. Um die Abgrenzung zwischen Voraus- und Laufzeitplanung jedoch klar darzustellen, wird in diesem Abschnitt i.d.R. nur von einem Auftrag gesprochen. Spezielle Betrachtungen, die sich durch die Mehrfahrzeugkoordination ergeben, werden in Kapitel 6 behandelt.

Da die Vorausplanung nach Definition zeitlich vor der Laufzeitplanung stattfindet, bietet sich ein aus mehreren Ebenen bestehendes hierarchisches Planungsmodell an. Wie in Abbildung 3.1 skizziert, kann zwischen zwei benachbarten Schichten eine strikte Hierarchie oder eine überlappende Hierarchie vorliegen (s. Abschnitt 3.1.1 und Abschnitt 3.1.2).

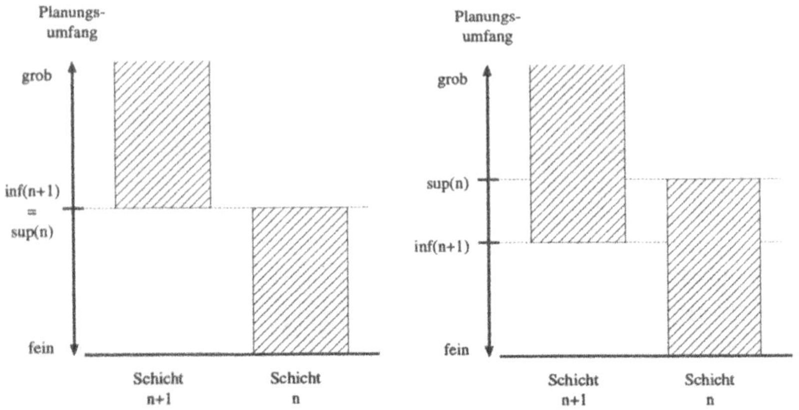

Abbildung 3.1: Gegenüberstellung von strikter hierarchischer Planung (li.) und überlappender hierarchischer Planung (re.); die in Abbildung verwendete Abkürzung *inf(n + 1)* bzw. *sup(n)* steht für *inf(schicht(n + 1))* bzw. für *sup(schicht(n))*

Bei der Abgrenzung zwischen Vorausplanung und Laufzeitplanung muß ebenfalls berücksichtigt werden, daß für die Vorausplanung relativ viel Zeit zur Verfügung steht, während die Laufzeitplanung sehr schnell sein sollte. Deshalb ist es wünschenswert, möglichst viel vorauszuplanen und die Laufzeitplanung einfach und schnell zu halten. Wird jedoch die sich ständig ändernde Welt in die Überlegungen mit einbezogen, so ist eine umfangreiche Laufzeitplanung von Vorteil ist.

Folglich sollte sich die Vorausplanung auf die Elemente in der Modellwelt beschränken, die wahrscheinlich auch zur Ausführungszeit gültig sein werden. Zusätzlich sollte die Vorausplanung einen Freiraum im erzeugten Plan berücksichtigen, damit die Laufzeitplanung auf Situationen reagieren kann, die für die Vorausplanung nicht vorhersehbar sind. Der notwendige Spielraum in dem von der Vorausplanung erzeugten Plan (Planungsgranularität) und die Möglichkeit, sich auf zur Ausführungszeit gültige Modellweltelemente zu beschränken, hängen in starkem Maße von der zu Grunde liegenden Modellwelt ab.

3.1.1 Strikte hierarchische Planung

Bei einer strikten Hierarchie zwischen den Schichten n und $n + 1$ fallen das untere Ende des Planungsumfanges der Schicht $n + 1$ (*inf(schicht(n + 1))*) mit dem oberen Ende des Planungsumfanges der Schicht n (*sup(schicht(n))*) zusammen, d.h. *inf(schicht(n + 1))* = *sup(schicht(n))* (s. Abbildung 3.1).

Der große Vorteil der strikten hierarchischen Planung liegt darin, daß das Gesamtproblem übersichtlich in eine sequentiell bearbeitbare Folge von kleineren Teilproblemen mit genau definierten Schnittstellen gespalten wird. Die Schicht n muß dabei innerhalb der von der übergeordneten Schicht $n+1$ vorgegebenen Schranken planen. Dadurch ist jede Schicht für einen Planungsinhalt verantwortlich, der bei Bedarf ausschließlich von ihr verändert werden kann. Die übergeordnete Schicht muß ungefähr wissen, welche Problemkomplexität die benachbarte tieferliegende Schicht lösen kann, damit nicht zu oft Fehler von den tieferen Schichten gemeldet werden. Für jede einzelne Schicht ist es jedoch unbedeutend, wie ihre Eingabe entstanden ist.

Wird z.B. die Planung einer Trajektorie in eine Bahnplanungsschicht (Schicht $n+1$) und eine Schicht n unterteilt, die den Zeitverlauf entlang der Bahn bestimmt, so kann eine notwendige Veränderung des Verlaufs der Bahn nur in der Bahnplanungsschicht stattfinden und nicht in der Zeitplanungsschicht. Da die Bahnplanungsschicht weiß, daß sie für die Bahn verantwortlich ist und die tieferliegenden Schichten diese Bahn einhalten werden, kann die Bahnplanungsschicht ihre festgelegten Vorgaben z.B dafür nutzen, Sensoren zu programmieren, die die Bahn überwachen.

Wird die strikte Hierarchie auf die Abgrenzung zwischen Voraus- und Laufzeitplanung übertragen, müssen alle Vorgaben, die vor Start des Auftrages geplant wurden, auch während der Fahrt des Fahrzeuges eingehalten werden. Der einzig veränderbare Parameter bei der strikten Hierarchie ist die untere Grenze der Vorausplanung (*inf(Vorausplanung)*). Ist somit eine flexiblere Laufzeitplanung mit der damit verbundenen, höheren oberen Grenze des Planungsumfanges (*sup(Laufzeitplanung)*) gefordert, nimmt der Planungsumfang der Vorausplanung automatisch ab. Dies wiederum erhöht aber den Zeitbedarf der Laufzeitplanung und zwar auch dann, wenn nichts Außergewöhnliches während der Ausführung passiert.

In Abschnitt 3.1 wurde die Granularität der Vorausplanung und die Beschränkung auf zur Laufzeit gültige Modellweltelemente erwähnt, die beide eng vom zur Verfügung stehenden Modellwissen abhängen. Dieser Sachverhalt soll mit Hilfe von zwei degenerierten Fällen verdeutlicht werden. Im ersten Fall sei eine keine Unsicherheiten enthaltende Beschreibung der Modellwelt gegeben, durch die eine Trajektorie geplant und ausgeführt werden soll. Da der zeitliche Verlauf der Modellwelt genau bekannt ist, kann die Trajektorie vollständig von der Vorausplanung berechnet werden und die Laufzeitplanung entfällt; sie gibt nur die berechneten Werte an die Steuerung weiter. Im zweiten Fall sei eine Welt gegeben, die ausschließlich aus sich unbekannt bewegenden Hindernissen besteht. Jegliches Vorausplanen mit Ausnahme einer groben Richtungsvorgabe kann dabei entfallen, da diese Planung auf ungültigen Daten erfolgen würde. Die meisten Anwendungsfälle liegen zwischen diesen beiden Extremen.

3.1.2 Überlappende hierarchische Planung

Bei einer überlappenden Hierarchie zwischen den Schichten n und $n+1$ gilt, daß sich das untere Ende des Planungsumfanges der Schicht $n+1$ ($inf(schicht(n+1))$) und das oberen Ende des Planungsumfanges der Schicht n ($sup(schicht(n))$) überlappen, d.h. $inf(schicht(n+1)) < sup(schicht(n))$ (s. Abbildung 3.1).

Der Vorteil einer überlappenden Hierarchie besteht darin, daß Schicht n eine für Schicht $n+1$ gute Vorgabe bekommt, die jedoch nicht eingehalten werden muß, d.h. Schicht n kann die Planung von Schicht $n+1$ im vorgegebenen Rahmen modifizieren. Daraus ergibt sich jedoch auch sofort der Nachteil, daß ein bestimmter Planungsinhalt von zwei Schichten unabhängig voneinander verändert werden kann, so daß die übergeordnete Schicht $n+1$ für ihre weitere Planung nur davon ausgehen kann, daß *sup(schicht(n))* eingehalten wird und nicht *inf(schicht(n + 1))*.

Wird die überlappende Hierarchie auf das in Abschnitt 3.1.1 erwähnte Beispiel der Trajektorienplanung übertragen, so könnte z.B. die Schicht $n+1$ die in ihrem Modell beste Bahn berechnen (*inf(schicht(n + 1))* und sie mit einem Schlauch umgeben, in dem die endgültige Bahn liegen darf. Schicht n kann den Zeitverlauf entlang der optimalen Bahn aus Schicht $n+1$ bestimmen oder falls nötig, die Bahn im Schlauch (*sup(schicht(n))* modifizieren, ohne die übergeordnete Schicht $n+1$ zu informieren. Für weitere Planungsschritte in der Schicht $n+1$, wie z.B. die oben erwähnte Sensorprogrammierung, kann jedoch nur der vorgegebene Schlauch (*sup(schicht(n))*) verwendet werden und nicht die vorgegebene Idealbahn.

Wird die überlappende Hierarchie auf die Schnittstelle zwischen Voraus- und Laufzeitplanung übertragen, kann während der Vorausplanung eine optimale Bahn berechnet werden, die während der Ausführung abgefahren wird, wenn nichts Ungewöhnliches passiert. Kann die Bahn auf Grund eines veränderten Weltmodells nicht ausgeführt werden, so ist eine Umplanung im vorgegebenen Rahmen möglich. Dabei kann lokal u.U. noch die ursprünglich vorgegebene Bahn verwendet werden, um eine schnelle Laufzeitplanung zu ermöglichen. Der Nachteil, der sich aus der gewonnenen Flexibilität ergibt, besteht darin, daß die Vorausplanung den genauen Verlauf der endgültigen Bahn nicht kennt und somit diesen nicht für weitere Planungen verwenden kann. Zusätzlich muß eine Bahnplanung auf zwei unabhängigen Schichten vorgenommen werden.

Die gleichzeitige Realisierung von gleichen Planungsinhalten auf unterschiedlichen Schichten kann zu dem degenerierten Fall führen, daß der Planungsumfang von Schicht $n+1$ eine Teilmenge des potentiellen Planungsumfanges von Schicht n ist. Die Definition der notwendigen Grenzen sollte dabei, wie in Abschnitt 3.1 erwähnt, eng von der Modellwelt abhängen. Durch die überlappenden Schichten wird erreicht, daß bei der Vorausplanung eine feine Planungsgranularität erlaubt wird, ohne den Spielraum für die Laufzeitplanung stark einzuschränken.

3.2 Forderungen an die Gesamtplanung

Ein Ziel von **MONAMOVE** (s. Kapitel 2) besteht darin, einen Mischbetrieb zwischen fahrerlosen Transportfahrzeugen und personengeführten Fahrzeugen (z.B. Gabelstaplern) in sich ändernden Hallenumgebungen zu realisieren. Daraus ergeben sich einige Forderungen an die aus Voraus- und Laufzeitplanung bestehende Gesamtplanung:

F1 Dynamische zweidimensionale Welt

Die abzufahrende Bahn soll in einer Welt gefunden werden, die sowohl aus statischen Hindernissen, wie z.B. Wänden oder Maschinen, als auch aus dynamischen Hindernissen besteht. Mit dynamischen Hindernissen sind sich bewegende Hindernisse, wie z.B. Paletten oder Gabelstapler, gemeint. Die genaue Bewegung der dynamischen Hindernisse ist dabei nicht im voraus bekannt. Somit steht z.B. die genaue Bahn, die ein Gabelstapler abfahren wird, nicht zur Verfügung.

Für den Planungsprozeß genügt ein zweidimensionales (2d) Weltmodell, da die Fahrzeuge nur auf dem Hallenboden fahren und die Projektion des entsprechenden Höhenintervalls betrachtet wird.

Das in Abschnitt 2.1 beschriebene Weltmodell mit seinen Polygonen spiegelt die relevanten Teile der Welt wider, d.h. wird z.B. parallel zu einer Kante eines Polygons der Modellwelt gefahren, so entspricht dies in der Halle einer parallelen Fahrt zu einem realen Objekt. Feinheiten der Objekte, die für die Bahnplanung keine Bedeutung besitzen, werden sinnvollerweise vereinfacht dargestellt.

F2 Rechteckige Fahrzeuge mit drei Freiheitsgraden

Da die verwendeten Fahrzeuge sehr gut durch ihr umschreibendes Rechteck angenähert werden können, kann sich der Planer auf diese Form beschränken. Wie in Abschnitt 2.1.4 erwähnt, besitzen die Fahrzeuge einen omnidirektionalen Antrieb, so daß das als Modell dienende Rechteck alle drei Freiheitsgrade in der Ebene besitzt, d.h. die beiden Translationen und die Rotation können beliebig zu einer Gesamtbewegung kombiniert werden.

F3 Fahrzeuge unterschiedlicher Größe

Die Fahrzeuge, für die Bahnen geplant werden sollen, können unterschiedliche Größen haben. Dies ist u.a. für die Mehrfahrzeugkoordination wichtig.

F4 Nutzung des gesamten Freiraums

Die Planung sollte den gesamten zur Verfügung stehenden Freiraum nutzen und sich nicht nur auf fest vorgegebene Fahrspuren beschränken, die während einer Initialisierungsphase eingegeben werden. Somit sollten die Verbindungen in Abhängigkeit der sich ändernden Welt generiert werden und nicht auf der Basis eines starren Streckennetzes.

F5 Anpassung der Planung an die Umgebung

Eine an die Umgebung angepaßte Planung bedeutet, daß die für ein Fahrzeug geplante Bahn vom Start s zum Ziel g einen ähnlichen Verlauf haben sollte wie die Bahn, die ein nicht der Fahrzeugplanung unterliegendes Objekt, wie z.B. ein Mensch, wählen würde, um mit einem ähnlichen Fahrzeug vom s nach g zu gelangen. Dieses Ziel kann durch eine geometrische Vorgabe, wie z.B. Rechtsorientierung, oder eine statistische Vorgabe, wie z.B. *benutze häufig verwendete Bahnen*, erreicht werden.

Die **Rechtsorientierung** (s. Kapitel 4) bewirkt, daß, ähnlich wie im Straßenverkehr üblich, rechtsorientierte Wege innerhalb eines Fahrschlauchs gefahren werden. Da Menschen an diese Regel gewöhnt sind und sie wahrscheinlich auch befolgen, wird der oben erwähnte Mischbetrieb erleichtert. Zusätzlich wird die Mehrfahrzeugkoordination vereinfacht, da z.B. Fahrzeuge, die sich in einem breiten Fahrschlauch begegnen und jeweils an der rechten Seite fahren, keine gemeinsame Fläche beanspruchen.

Die Berücksichtigung der **statistischen Belegung** bei der Planung (s. Kapitel 5) bedeutet z.B., daß die Fahrzeuge dem statistischen Bewegungsfluß innerhalb einer Halle folgen. Somit werden implizit bestimmte Regeln erfüllt und eine gute Anpassung erreicht.

F6 Tangentiale Orientierung

Die Orientierung der Fahrzeuge sollte im Normalfall tangential zur Fahrtrichtung liegen, da Personen an eine solche Fahrweise gewöhnt sind. Auch in diesem Bereich soll somit eine an die Umwelt angepaßte Planung erfolgen.

F7 Stetige Krümmungsänderung

Die gesamte Bahn sollte eine stetige Krümmungsänderung aufweisen, damit ihr ein reales Fahrzeug besser folgen kann. Zusätzlich kann eine höhere Geschwindigkeit gefahren werden.

F8 Koordination mehrerer Fahrzeuge

Die Planung soll für mehrere Fahrzeuge unterschiedlicher Größe (vgl. Forderung **F3**) erfolgen, um eine flexible Mehrfahrzeugkoordination zu ermöglichen.

F9 Iteratives Hinzufügen von Aufträgen

Die Planung kann nicht davon ausgehen, daß alle im nächsten größeren Zeitabschnitt zu erfüllenden Aufträge für die verschiedenen Fahrzeuge im voraus bekannt sind. Die jeweils neuen Aufträge werden nacheinander der Planung übergeben und müssen somit iterativ in die laufende Menge der geplanten und der teilweise ausgeführten Aufträge integriert werden.

F10 Weg finden

Die Planung sollte unter Berücksichtigung der oben genannten Forderungen einen Weg finden, falls dies möglich ist. Ausnahmen von den Forderungen **F5**, **F6** und **F7** sind dabei erlaubt, wenn bei Einhaltung dieser Forderungen kein Weg gefunden werden kann.

F11 Schnelle Planung

Die Planung sollte möglichst schnell sein und effiziente Bahnen erzeugen, damit ein hoher Gesamtdurchsatz ohne unnötige Wartezeiten entsteht.

Bei den aufgestellten Forderungen handelt es sich um Maximalforderungen, die sich teilweise widersprechen. Bei den einzelnen vorgestellten Planern werden deshalb unterschiedliche Prioritäten gesetzt.

3.3 Navigator und Pilot in MONAMOVE

Wie bereits in Kapitel 3 erwähnt, haben der Navigator und der Pilot gemeinsam die Aufgabe, die erteilten Aufträge zu planen und auszuführen. In **MONAMOVE** ist der *Navigator* für die *Vorausplanung* und der *Pilot* für die *Laufzeitplanung* verantwortlich. Der Begriff des Navigators steht dabei für die Planung aller Aufträge, die sich gerade in der Vorausplanung befinden, und nicht nur für einen. Um diesen Sachverhalt zu verdeutlichen, wird manchmal der Begriff Mehrfahrzeugnavigator an Stelle des Begriffs Navigator verwendet. Dabei bleibt jedoch offen, ob in einer konkreten Realisierung der Navigator aus einem oder mehreren Prozessen besteht. Im übertragenen Sinne gilt das gleiche für den Begriff Mehrfahrzeugpilot.

3.3.1 Grundlegende Betrachtung zur Einsatzumgebung

Das Transportsystem **MONAMOVE** ist für den Einsatz in Fabrikationsumgebungen während der normalen Produktion konzipiert. Bei Betrachtung dieses Umfeldes fällt sofort eine Zweiteilung der gesamten realen Hindernisse in *statische* und *dynamische* auf (vgl. Abschnitt 2.1). Mit *statischen* Hindernissen sind dabei Objekte gemeint, die während des gesamten Zeitverlaufs an einem festen Ort befinden, wie z.B. Wände und Maschinen. Die *dynamischen* Hindernisse lassen sich weiter in *teilweise dynamische* Hindernisse und *vollständig dynamische* Hindernisse unterteilen, wobei *teilweise dynamische* Hindernisse eine bestimmte Zeit ortsstabil bleiben und *vollständig dynamische* Hindernisse sich ständig bewegen.

Der Mensch kann mit Hilfe seiner Objekterkennung eine solche Klassifizierung vornehmen und somit z.B. Paletten den teilweise dynamischen Hindernissen zuordnen und z.B.

Menschen den vollständig dynamischen. Eine solche auf Objekterkennung basierende Klassifizierung ist mit dem Überwachungssystem von **MONAMOVE** nicht möglich. Das globale Überwachungssystem kann jedoch die dynamischen Hindernisse lückenlos beobachten und dadurch die Klassifikation erzeugen, indem vollständig dynamische Hindernisse zu teilweise dynamischen werden, wenn sie sich eine bestimmte Zeit *time(dym)* nicht bewegt haben. Sobald sich teilweise dynamische Hindernisse bewegen, gehören sie wieder zu den vollständig dynamischen. Ein Mensch kann bei der so durchgeführten Klassifikation zu einem teilweise dynamischen Hindernis werden, wenn er sich längere Zeit nicht bewegt hat. Eine Palette wird dagegen bei Bewegung zu einem vollständig dynamischen Hindernis.

Teilweise dynamische Hindernisse sind somit, bedingt durch das Überwachungssystem, dynamische Hindernisse, die mindestens ein Zeitintervall der Länge *time(dym)* ortsstabil geblieben sind. Die zusätzliche Annahme für den Navigator besteht darin, daß sich teilweise dynamische Hindernisse mit hoher Wahrscheinlichkeit auch nicht in nächster Zukunft bewegen werden, während vollständig dynamische Hindernisse wahrscheinlich in Bewegung bleiben. Die Zeitspanne *time(dym)* muß empirisch festgelegt werden und hängt von der konkreten Umgebung ab.

Neben diesen realen Hindernissen können auch noch virtuelle vorkommen, die nicht leicht zu erkennen sind, wie z.B. eine durch ein Schild markierte Sperrzone, die prinzipiell befahrbar wäre. Diese virtuellen Hindernisse müssen, falls sie keinesfalls überfahren werden dürfen, manuell eingegeben werden. Die statische Initialwelt ist ebenfalls aus dem Weltmodell bekannt (s. Abschnitt 2.1.5).

Werden nur die statischen Hindernisse berücksichtigt, ist für die Erfüllung eines einzelnen Auftrages i.a. viel Freiraum vorhanden, da es sich um eine gut strukturierte Umgebung handelt, die für einen Produktionsprozeß entworfen wurde. Die Situation ändert sich jedoch durch die dynamischen Hindernisse und den notwendigen Mehrfahrzeugbetrieb.

3.3.2 Konzepte für Navigatoren

Wie in Abschnitt 3.1 erwähnt, sollte eine Vorausplanung nur auf solchen Modellweltobjekten erfolgen, die wahrscheinlich auch während der Laufzeit gültig sind. Deshalb ist es nicht sinnvoll, daß der Navigator eine momentan aktuelle Umweltkarte mit Informationen über alle Objekte benutzt. Der momentane Standort eines sich schnell und unbekannt bewegenden Objektes nützt der Vorausplanung wenig, da diese Information nur für einen kurzen Zeitabschnitt Gültigkeit besitzt.

Aus diesem Grund wird ein Ansatz vorgestellt, der die statischen und die teilweise dynamischen Hindernisse für die Vorausplanung verwendet (s. Kapitel 4). Die zusätzlich angestrebte Rechtsorientierung soll dazu beitragen, eine gute Integration der Bahnen in das dynamische Bewegungsmuster aller Objekte zu erreichen.

Bei dem in Kapitel 5 vorgestellten Ansatz werden ebenfalls die aktuell gültigen statischen und teilweise dynamischen Hindernisse als vorhandene Hindernisse angesehen. Zusätzlich wird jedoch die Belegungswahrscheinlichkeit von Regionen mit dynamischen Hindernissen berücksichtigt, um einen wahrscheinlich freien Weg zu finden. Der statistische Fluß der vollständig dynamischen Hindernissen wird verwendet, um die potentiellen Kollisionen mit diesen zu reduzieren.

Um die Lösungsansätze klarer darzustellen, wird in den Kapiteln 4 und 5 vereinfachend angenommen, daß es nur ein Fahrzeug gibt. Die Erweiterungen für die Mehrfahrzeugnavigation werden in Kapitel 6 behandelt.

Auf Basis ihres jeweiligen Modells planen die Navigatoren einen konkreten, ausführbaren Weg mit einem maximal möglichen Geschwindigkeitsprofil, das nicht eingehalten werden muß. Es hängt von der Schnittstelle zwischen Navigator und Pilot ab, ob die vom Navigator vorausgeplante Bahn eingehalten werden muß oder nicht (s. Abschnitt 3.3.4).

3.3.3 Informationsfluß im Navigator

Abbildung 3.2 zeigt den prinzipiellen internen Informationsfluß im Navigator, um einen übergebenen Auftrag *auftrag(i)* zu planen und das Ergebnis an den Piloten weiterzuleiten. Die einzelnen Schritte haben dabei folgende Bedeutung:

- **Planung**

  Der Auftrag *auftrag(i)* wird iterativ zu den anderen Aufträgen hinzugefügt und geplant.

- **Lösung gefunden?**

  Falls der Planungsalgorithmus in der aktuell zur Verfügung stehenden Welt keine Lösung gefunden hat, wird eine Fehlermeldung zur Auftragsschicht weitergeleitet.

- **Pilot bereit?**

  Ist der Pilot bereit, mit der Ausführung von *auftrag(i)* zu beginnen? Falls der Pilot z.B. noch einen anderen Auftrag ausführt, ist die Übernahme eines weiteren Auftrages unmöglich.

- **Lösung noch gültig?**

  Da der Navigator auf einer sich ändernden Welt arbeitet, muß geprüft werden, ob die bereits berechnete Lösung noch gültig ist. Falls nicht, wird erneut eine Planung für *auftrag(i)* angestoßen, die dann auf der modifizierten Welt erfolgt. Der Navigator kann die Ausführbarkeit des bereits geplanten Weges nur deshalb prüfen, weil es ein fahrzeugunabhängiges globales Überwachungssystem gibt.

- **Übergabe an Piloten, warten auf Ergebnis**

  Nachdem der Pilot den um die Vorgaben des Navigators ergänzten Auftrag übernommen hat, wird vom Navigator die Ausführbarkeit der Bahn nicht mehr geprüft,

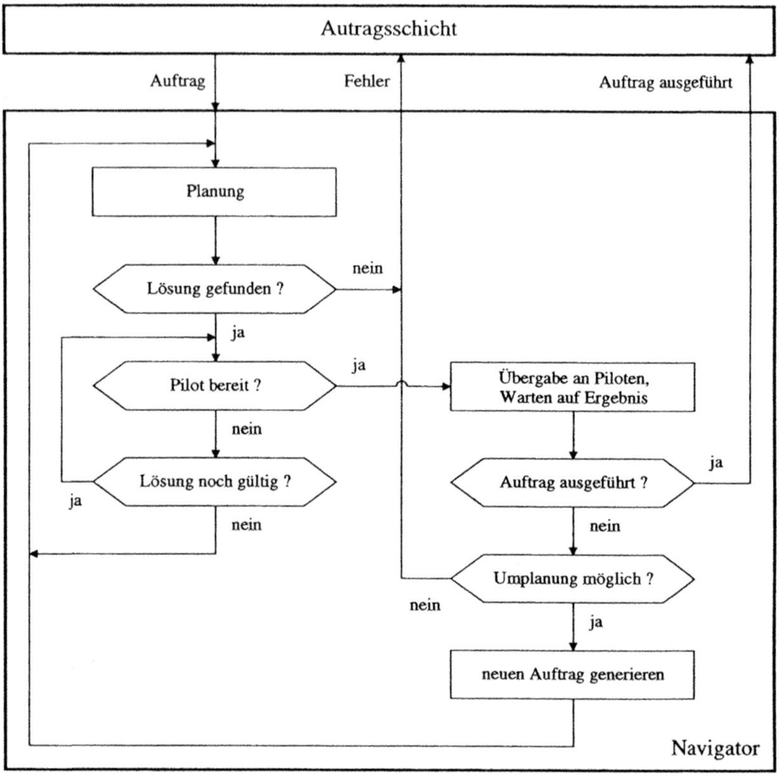

Abbildung 3.2: Informationsfluß im Navigator

da es jetzt von den Fähigkeiten des Piloten abhängt, ob er den Auftrag in der sich ändernden Welt erfüllen kann.

- **Auftrag ausgeführt?**

  Falls der Pilot den Auftrag erfüllen konnte, wird eine entsprechende Meldung zur Auftragsschicht geliefert.

- **Umplanen möglich?**

  Falls der Pilot einen nicht durch den Navigator behebbaren Fehler meldet, wie z.B. einen am Fahrzeug gedrückten Notausschalter, wird eine Fehlermeldung gesendet.

- **Auftrag generieren**

  Falls der Pilot den Auftrag nicht erfüllen konnte und eine Umplanung möglich ist, wird ein neuer Auftrag von der aktuellen Position zum alten Ziel *ziel(auftrag(i))* generiert und der Planung übergeben. Falls diese erfolgreich ist, wird der neue Plan an den Piloten weitergeleitet.

Die Schleife, die aus **Pilot bereit?** und **Lösung noch gültig?** besteht, kann entfallen, wenn die Auftragsschicht erst dann einen neuen Auftrag *auftrag(i)* für ein Fahrzeug an den Navigator übergibt, wenn das Fahrzeug sich bereits an der Startposition *start(auftrag(i))* befindet und somit den vorhergehenden Auftrag erfüllt hat. Dadurch vergrößert sich jedoch die Wartezeit für das Fahrzeug.

3.3.4 Konzepte für Piloten

Der Pilot hat die Aufgabe, den Plan im Rahmen der vom Navigator getroffenen Vorgaben zu konkretisieren und auszuführen. Dabei muß er mindestens alle Objekte beachten, die vom Navigator nicht berücksichtigt wurden. In Kapitel 7 werden verschiedene Piloten vorgestellt, die für den Einfahrzeugbetrieb oder für den Mehrfahrzeugbetrieb geeignet sind.

Im einfachsten Fall liegt zwischen Navigator und Pilot eine strikte Hierarchie vor, so daß der Pilot ausschließlich das Geschwindigkeitsprofil entlang der Bahn beeinflussen und einen Positionsabgleich ausführen kann. Folglich kann auf dynamische Hindernisse nur reagiert werden, indem das Geschwindigkeitsprofil variiert bzw. angehalten wird. Mit weiteren Planungsstufen des Piloten kann ein lokales Ausweichen bei teilweise dynamischen und vollständig dynamischen Hindernissen erreicht werden.

3.3.5 Informationsfluß im Piloten

In Abbildung 3.3 ist der Informationsfluß im Piloten zu sehen, um den vom Navigator vorgeplanten Auftrag *auftrag(i)* zu konkretisieren und auszuführen. Die einzelnen Schritte bedeuten dabei:

- **Initialisierung**

  Übernahme des vom Navigator vorgeplanten Auftrages.

- **Planung & Ausführung**

  Der Pilot versucht von der aktuellen Position aus, den nächsten Schritt zu planen und sofort auszuführen.

  Der Umfang der Planung hängt dabei vom Piloten ab. Soll dieser z.B. nur eine fest vorgegebene Bahn abfahren, wird mit Hilfe der aktuellen Position und der sich

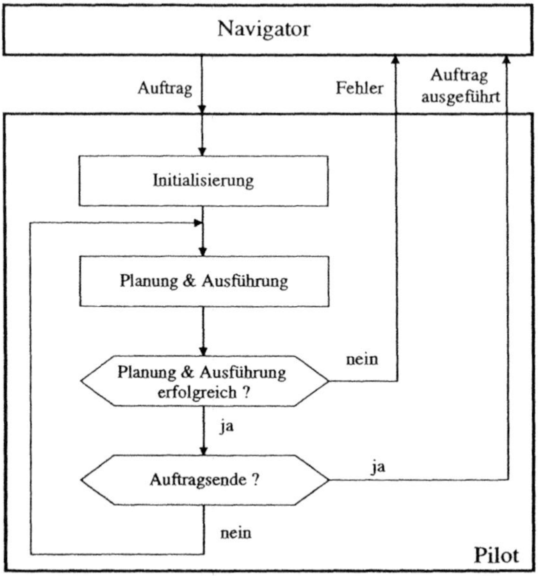

Abbildung 3.3: Informationsfluß im Piloten

daraus ergebenden Abweichung zwischen berechneter und tatsächlich gefahrener Bahn die neue Bewegungsrichtung bestimmt. Ist dies nicht möglich, da die Abweichung z.B. zu groß ist und nicht von diesem Piloten korrigiert werden kann, wird bei **Planung & Ausführung?** abgebrochen.

- **Planung & Ausführung erfolgreich?**

  Falls die **Planung & Ausführung** im Rahmen ihrer Möglichkeiten keine Lösung findet, um in der aktuellen Umgebung zum Ziel zu gelangen, wird eine Fehlermeldung zum Navigator gemeldet. Dieser Fehler kann z.B. auf mangelnde Fähigkeiten des Piloten zurückzuführen sein oder auf einen Fahrzeugfehler (betätigter Notausschalter).

- **Auftragsende?**

  Falls das Fahrzeug das Ziel erreicht und somit den Auftrag vollständig erfüllt hat, wird eine Erfolgsmeldung zum Navigator zurückgegeben.

Kapitel 4

Bahnplanung des Navigators auf Basis eines geometrischen Modells

In diesem Kapitel wird ein Navigator für ein Fahrzeug vorgestellt, der auf einer globalen Karte arbeitet, die die bekannten statischen Hindernisse und die vom Überwachungssystem gemeldeten teilweise dynamischen Hindernisse enthält. Die sinnvolle Einschränkung auf diese beiden Hindernisklassen wurde in Abschnitt 3.3.2 erläutert. Eine Erweiterung des Navigators auf mehrere Fahrzeuge wird in Kapitel 6 beschrieben.

Die in Abschnitt 3.2 aufgestellten Forderungen betreffen sowohl den Navigator als auch den Piloten. Da der Navigator für die Vorausplanung verantwortlich ist und zunächst nur Bahnen für ein Fahrzeug geplant werden (s. oben), muß der in diesem Kapitel vorgestellte Navigator die aufgestellten Forderungen **F1** bis **F11** nicht in ihrem vollen Umfang erfüllen. Zu den einzelnen Forderungen ergeben sich somit folgende Anmerkungen:

zu F1 Dynamische zweidimensionale Welt

Der Navigator beschränkt sich auf die *statischen* und die *teilweise dynamischen* Hindernisse, da die aktuelle Lage der *vollständig dynamischen* Hindernisse nur kurzfristig Gültigkeit besitzt und somit für eine Vorausplanung ungeeignet ist.

Da sich auch das aus statischen und teilweise dynamischen Hindernissen bestehende, vereinfachte Weltmodell ändert, sollten die teilweise dynamischen Hindernisse effizient gelöscht und hinzugefügt werden können. Die statischen Hindernisse sind dabei als Polygone modelliert (s. Abschnitt 3.3.1) und die teilweise dynamischen Hindernisse werden als umschreibende Polygone vom Sensorsystem geliefert. Folglich wird ein zweidimensionales Weltmodell benutzt werden, das ausschließlich aus polygonalen Hindernissen und dem komplementären Freiraum besteht.

zu F2 Rechteckige Fahrzeuge mit drei Freiheitsgraden

Diese Forderung bleibt unverändert.

zu F3 Fahrzeuge unterschiedlicher Größe

Diese Forderung könnte auf Grund des Einfahrzeugbetriebs entfallen. Sie soll jedoch erhalten bleiben, um eine einfachere Erweiterung auf den Mehrfahrzeugbetrieb mit unterschiedlichen Fahrzeugen zu ermöglichen.

zu F4 Nutzung des gesamten Freiraums

Diese Forderung bleibt unverändert.

zu F5 Anpassung der Planung an die Umgebung

Eine *Rechtsorientierung* wird gefordert, so daß, ähnlich wie im Straßenverkehr üblich, rechtsorientierte Wege innerhalb eines Fahrschlauchs gefahren werden. Das bedeutet z.B.: Wurde ein teilweise durch Hindernisse begrenzter Fahrschlauch gefunden, der den Start s mit dem Ziel g verbindet, ist innerhalb dieses Schlauches ein rechtsorientierter Weg zu fahren. Somit unterscheidet sich der Weg von s nach g i.a. von dem von g nach s, selbst wenn die Fahrschläuche identisch sind. Diese Forderung sollte nur beachtet werden, wenn der dadurch entstehende Umweg nicht zu groß wird.

zu F6 Tangentiale Orientierung

Diese Forderung bleibt unverändert.

zu F7 Stetige Krümmungsänderung

Diese Forderung bleibt unverändert.

zu F8 Koordination mehrerer Fahrzeuge

Diese Forderung entfällt, da in diesem Kapitel ein Einfahrzeugnavigator vorgestellt wird.

zu F9 Iteratives Hinzufügen von Aufträgen

Diese Forderung entfällt, da sie beim Einfahrzeugbetrieb keine größere Bedeutung hat.

zu F10 Weg finden

Die Forderung bleibt bestehen. Werden nur die statischen Strukturen betrachtet, steht für die Wegsuche relativ viel Platz zur Verfügung, da es sich um eine Fertigungsumgebung handelt, die für den Transport ausgelegt wurde (s. Abschnitt 3.3.1). Diese Situation ändert sich jedoch durch Hinzunahme der teilweise dynamischen Hindernisse.

zu F11 Schnelle Planung

Die vom Navigator vorgenommene Vorausplanung muß nicht unbedingt realzeitfähig sein, da sie prinzipiell erledigt werden kann, während das Fahrzeug einen anderen Auftrag erfüllt. Sie sollte jedoch nicht zu lange dauern, da sich die Welt auf Grund der teilweise dynamischen Hindernisse ändert und diese bei der Planung berücksichtigt werden sollten.

4.1 Literaturüberblick

Die Bahnplanung ist seit Jahren eines der dominierenden Themen innerhalb der Robotik. Eine detaillierte Darstellung aller verschiedenen Ansätze und Varianten würde deshalb den Rahmen dieser Arbeit sprengen. Dafür sei auf das gute und ausführliche Buch *Robot Motion Planning* von *Latombe* [Latombe91] verwiesen oder auf einen Übersichtsartikel von *Hwang* und *Ahuja* [Hwang^{+}92a]. Ein wegweisendes Werk, das sich mit der Komplexität der Bahnplanung beschäftigt, ist die Dissertation von *Canny* [Canny87].

Im Unterschied zu einem Bahnplanungsproblem, bei dem für ein beliebiges Objekt innerhalb einer statischen Modellwelt ein Weg gesucht wird, schränkt Forderung **F2** (**Rechteckige Fahrzeuge mit drei Freiheitsgraden**) die Form des zu bewegenden Objektes ein. Auf Grund von Forderung **F1** (**Dynamische zweidimensionale Welt**) müssen bei der Bahnplanung neben den statischen Hindernissen auch die teilweise dynamischen Hindernisse berücksichtigt werden. Andere entscheidende Erweiterungen sind die zusätzlichen Forderungen **F5** (**Anpassung der Planung an die Umgebung**), **F6** (**Tangentiale Orientierung**) und **F7** (**Stetige Krümmungsänderung**), die, falls möglich, erfüllt werden sollten.

4.1.1 Grundlegende Betrachtungen

Um die verschiedenen Bahnplanungstechniken aufzuzeigen, wird das allgemeine Bahnplanungsproblem, das z.B. sich zeitlich verändernde Umgebungen und die Koordination mehrerer Roboter beinhalten kann (s. Kapitel 6), zunächst auf ein einfacheres Problem reduziert, bei dem die Bahn eines einzelnen nicht verformbaren Körpers durch eine statische Umgebung bestimmt werden muß. Dabei sei zusätzlich angenommen, daß es sich um ein rein geometrisches Problem handelt, bei dem die Dynamik des zu bewegenden Körpers und die Modellierungsungenauigkeiten vernachlässigt werden. Ein so vereinfachtes Bahnplanungsproblem ist durch folgende Punkte charakterisiert [Latombe91]:

- Gegeben sei ein einzelnes starres (nicht verformbares) Objekt $\mathcal{A}$, das sich im euklidischen Raum $\mathcal{W}$ bewegt. $\mathcal{W}$ wird als Arbeitsraum oder $\mathcal{W}$-Raum (*engl.* $\mathcal{W}$-space (working space)) bezeichnet und als $\mathbb{R}^N$ mit $N = 2$ oder 3 dargestellt.
- $\mathcal{B}_1, \ldots, \mathcal{B}_q$ sind unbewegliche starre Objekte, die in $\mathcal{W}$ verteilt sind und als Hindernisse bezeichnet werden.
- Es wird angenommen, daß die Form von $\mathcal{A}, \mathcal{B}_1, \ldots, \mathcal{B}_q$ und die Position der $\mathcal{B}_1, \ldots, \mathcal{B}_q$ genau bekannt sind und daß $\mathcal{A}$ keinen kinematischen Einschränkungen unterliegt, d.h. $\mathcal{A}$ ist ein frei bewegbarer Körper (*engl.* free-flying object).
- Das vereinfachte Bahnplanungsproblem lautet dann: Für den Körper $\mathcal{A}$ seien zwei aus Position und Orientierung bestehende Konfigurationen *start* und *ziel* gegeben, die jeweils im $\mathcal{W}$-Raum definiert sind. Bestimme für das Objekt $\mathcal{A}$ einen aus einer

kontinuierlichen Folge von Positionen und Orientierungen bestehenden Weg τ, der *start* und *ziel* miteinander verbindet, ohne dabei mit den Hindernissen zu kollidieren.

Das oben definierte Problem ist im realen Arbeitsraum $\mathcal{W}$ gegeben und auch später in diesem auszuführen. Um verschiedene Probleme der Bahnplanung zu verdeutlichen, wird der Konfigurationsraum eingeführt.

4.1.2 Der Konfigurationsraum

Die Kernidee des Konfigurationsraums besteht darin, den aus einer Menge von Punkten aus $\mathcal{W}$ bestehenden Körper $\mathcal{A}$ in einen Raum $\mathcal{C}$ zu transformieren, in dem jede Position und Orientierung von $\mathcal{A}$ als ein einzelner dimensionsloser Punkt dargestellt werden kann. $\mathcal{C}$ wird als Konfigurationsraum oder auch als $\mathcal{C}$-Raum (*engl.* $\mathcal{C}$-space (configuration space)) bezeichnet.

Werden die in $\mathcal{W}$ definierten Hindernisse $\mathcal{B}_1, \ldots, \mathcal{B}_q$ in den $\mathcal{C}$-Raum transformiert, so reduziert sich das Bahnplanungsproblem für einen frei bewegbaren Körper $\mathcal{A}$ auf die Suche nach einer stetigen Bahn im Konfigurationsraum $\mathcal{C}$, die die Start- mit der Zielkonfiguration verbindet, ohne mit den transformierten Hindernissen zu kollidieren. Da der Körper $\mathcal{A}$ im $\mathcal{C}$-Raum einem Punkt entspricht, reicht eine für einen Punkt kollisionsfreie Bahn aus, um im $\mathcal{W}$-Raum eine kollisionsfreie Bahn für den Körper $\mathcal{A}$ zu erhalten. Die Idee, einen solchen speziellen Raum für die Bahnplanung einzusetzen, wurde in [Lozano-Pérez+79] veröffentlicht, wobei der Begriff des Konfigurationsraums in [Lozano-Pérez81] eingeführt wurde.

Im folgenden wird zunächst eine genauere Notation eingeführt. $\mathcal{A}$ sei eine kompakte (zusammenhängende und abgeschlossene) Teilmenge von $\mathcal{W}$ ($\mathcal{W} = \mathbb{R}^N$, $N = 2$ oder 3) und $\mathcal{F}_\mathcal{A}$ ein bezüglich $\mathcal{A}$ festes Koordinatensystem. Jedes Hindernis $\mathcal{B}_i$ sei ebenfalls eine kompakte Teilmenge von $\mathcal{W}$ und alle $\mathcal{B}_i$ seien bezüglich des in $\mathcal{W}$ festen Koordinatensystems $\mathcal{F}_\mathcal{W}$ definiert.

Da $\mathcal{F}_\mathcal{A}$ ein bezüglich des starren Körpers $\mathcal{A}$ festes Koordinatensystem und $\mathcal{F}_\mathcal{W}$ ein bezüglich $\mathcal{W}$ festes System ist, kann jede Position und Orientierung von $\mathcal{A}$ durch die Transformation zwischen den beiden Systemen beschrieben werden. Die Position und Orientierung von $\mathcal{F}_\mathcal{A}$ bezüglich $\mathcal{F}_\mathcal{W}$ wird als Konfiguration $\mathbf{q}$ von $\mathcal{A}$ bezeichnet und die von $\mathcal{A}$ in Konfiguration $\mathbf{q}$ belegte Teilmenge von $\mathcal{W}$ als $\mathcal{A}(\mathbf{q})$.

Der Konfigurationsraum $\mathcal{C}$ umfaßt alle Konfigurationen von $\mathcal{A}$ in $\mathcal{W}$. Somit ergibt sich die Dimension des $\mathcal{C}$-Raums aus der Anzahl der Freiheitsgrade zwischen $\mathcal{F}_\mathcal{A}$ und $\mathcal{F}_\mathcal{W}$. Für einen frei bewegbaren Körper in $\mathcal{W} = \mathbb{R}^2$ mit seinen drei Freiheitsgraden (zwei translatorische und ein rotatorischer) ist der $\mathcal{C}$-Raum somit dreidimensional. Bewegt sich der Körper $\mathcal{A}$ frei in einem dreidimensionalen (3d) Arbeitsraum, so ist der entsprechende $\mathcal{C}$-Raum sechsdimensional (drei translatorische und drei rotatorische Freiheitsgrade). Handelt es sich bei $\mathcal{A}$ nur um einen Punkt, so ist $\mathcal{C} = \mathcal{W}$, da die Rotation eines Punktes um sich selbst keine Änderung im $\mathcal{W}$-Raum bewirkt.

Die Idee des Konfigurationsraums hilft bei der Veranschaulichung vieler Bahnplanungsprobleme. Der Raum selbst kann auch als Grundlage für Bahnplanungsalgorithmen benutzt werden (s. Abschnitt 4.1.4.2).

4.1.3 Verschiedene Planungsansätze

In diesem Abschnitt werden verschiedene Bahnplanungsansätze vorgestellt, wobei die grundlegenden Ideen unabhängig davon sind, ob sie im Arbeits- oder im Konfigurationsraum angewendet werden. Auf Besonderheiten, die die Planung im $\mathcal{C}$- oder $\mathcal{W}$-Raum betreffen, wird in den Abschnitten 4.1.4.1 und 4.1.4.2 eingegangen. Die Schwierigkeit der vorgestellten Verfahren hängt jedoch u.a. von der Dimension des betrachteten Raums $\mathcal{R}$ ab. Der Freiraum $\mathcal{R}_{free}$ bezeichnet die Teilmenge von $\mathcal{R}$, die nicht mit Hindernissen belegt ist.

4.1.3.1 Wegenetz

Die Kernidee dieses Verfahrens besteht darin, die Verbindungsstruktur des n-dimensionalen, mit Hindernissen durchsetzten Raums auf ein *Wegenetz* (*engl.* roadmap) abzubilden, das aus Knoten und aus eindimensionalen Verbindungen zwischen diesen Knoten besteht. Nachdem die Start- und die Zielkonfiguration mit ihren entsprechenden Verbindungen in das Wegenetz integriert wurden, wird auf dem zu diesem Netz korrespondierenden Graphen eine Suche vom Start zum Ziel durchgeführt.

Einer der bekanntesten Vertreter dieser Gruppe von Bahnplanungsverfahren ist der *Sichtbarkeitsgraph* (*engl.* visibility graph) [Lozano-Pérez$^+$79, Oommen$^+$91, Rao$^+$87, Welzl85]. In einer zweidimensionalen Welt mit einem punktförmigen Roboter und polygonalen Hindernissen werden die Knoten des Graphen von den Ecken der Polygone sowie dem Start- und dem Zielpunkt gebildet. Zwei Knoten sind durch eine Kante verbunden, wenn die direkte Verbindung zwischen den zu den Knoten gehörenden Punkten kein Hindernis schneidet. In einem solchen zweidimensionalen Raum findet dieses Verfahren den kürzesten Weg. Erweiterungen auf höherdimensionale Räume sind möglich, ohne jedoch immer den kürzesten Weg zu finden.

Bei dem *Retraktionsansatz* (*engl.* retraction) wird im n-dimensionalen Raum $\mathcal{R}$ eine stetige Funktion definiert, die den Freiraum von $\mathcal{R}$ auf ein Wegenetz abbildet, das im Freiraum von $\mathcal{R}$ liegt. Mit diesem Wegenetz, das aus Kurven und Schnittpunkten zwischen diesen Kurven besteht, kann ein Graph aufgebaut werden. Ein im zweidimensionalen Raum $\mathcal{R}$ oft verwendeter Retraktionsansatz sind die *Voronoi Diagramme* (*engl.* voronoi diagrams) [Aurenhammer91]. Sei $\mathbf{p} \in \mathcal{R}_{free}$ und $abstand(\mathbf{p})$ der minimale Abstand von $\mathbf{p}$ zu allen Hindernissen in $\mathcal{R}$. Dann gehören alle Punkte $\mathbf{p}_i \in \mathcal{R}_{free}$ zu dem Voronoi Diagramm, deren minimaler Abstand $abstand(\mathbf{p}_i)$ zu mindestens zwei unterschiedlichen Hindernispunkten auftritt. Wird diese Definition für den dreidimensionalen Raum übernommen, ergibt sich nicht unmittelbar eine aus Kurven und Schnittpunkte bestehende

Struktur, da z.B. alle Punkte zu dem Voronoi Diagramm gehören, die auf einer Ebene zwischen zwei parallelen Hindernisflächen liegen. Da die Definition des Voronoi Diagramms nur von der Struktur von $\mathcal{R}_{free}$ abhängt, müssen die Start- und die Zielkonfiguration noch integriert werden, indem eine kollisionsfreie Verbindung von der jeweiligen Konfiguration zum eigentlichen Voronoi Diagramm gefunden wird.

Zu der Klasse der Wegenetze gehört auch das in [Canny87] vorgestellte Verfahren, auf das hier jedoch nicht näher eingegangen wird, da es im Rahmen dieser Arbeit nicht verwendet wird.

4.1.3.2 Zerlegung

Die Zerlegungsverfahren beruhen auf dem Gedanken, den Freiraum $\mathcal{R}_{free}$ in kleinere Zellen zu unterteilen und diese Zellstruktur in einen Graphen abzubilden, wobei z.B. die Knoten durch die Zellen definiert sind und eine Kante zwischen zwei Knoten besteht, wenn die Zellen benachbart sind. Um eine Verbindung vom Start zum Ziel zu finden, wird zunächst eine Folge von benachbarten Zellen gesucht, die die zum Start gehörende Startzelle mit der entsprechenden Zielzelle verbindet. In einem abschließenden Schritt wird in dieser Zellenfolge ein Weg geplant.

Genaue Zerlegung

Bei der genauen Zerlegung wird der Freiraum $\mathcal{R}_{free}$ in eine Menge von Zellen zerlegt, die bei ihrer Vereinigung wieder genau dem Freiraum entsprechen, d.h. die Form der Zellen wird durch den Rand des Freiraums bestimmt.

Handelt es sich bei dem betrachteten Raum $\mathcal{R}$ um den $I\!R^2$ und sind ausschließlich polygonale Hindernisse gegeben, kann der Freiraum $\mathcal{R}_{free}$ z.B. in konvexe Polygone [Kuan$^+$85, Arkin89c], Dreiecke [Kampmann$^+$89] oder Trapezoide [Fournier$^+$84] zerlegt werden, wobei die einzelnen Zellen überlappungsfrei sind. Der anschließend aufgebaute Graph beschreibt im Prinzip ein eindimensionales Wegenetz, das in $\mathcal{R}_{free}$ liegt (vgl. Abschnitt 4.1.3.1). Eine genaue Zerlegung des dreidimensionalen Raums in Polyeder ist prinzipiell möglich, wenn es sich bei den Hindernissen in diesem Raum um Polyeder handelt.

Approximative Zerlegung

Bei der approximativen Zerlegung wird in der Regel die Struktur der Zellen vorgegeben, durch die der Freiraum angenähert werden soll. Werden die den Freiraum darstellenden Zellen wieder vereinigt, so entspricht der entstehende Raum i.a. nicht dem tatsächlichen Freiraum, sondern nur einer Teilmenge von diesem.

Ein Ansatz besteht darin, den n-dimensionalen Raum $\mathcal{R}$ in gleich große n-dimensionale Quader Q_i, die nach den Koordinatenachsen von $\mathcal{R}$ ausgerichtet sind, zu unterteilen. Jeder Quader, der vollständig in $\mathcal{R}_{free}$ liegt, wird als frei bezeichnet und gehört zu der

Approximation $appr(\mathcal{R}_{free})$ des Freiraums. Alle anderen Quader werden als belegt markiert und repräsentieren die vergrößerten Hindernisse. Die Bahnplanung besteht nun darin, eine Folge von freien Quadern zu finden, die den Startquader mit dem Zielquader verbindet. Der gesamte Raum kann zusätzlich in verschiedenen Granularitätsstufen, die einer unterschiedlichen Kantenlänge der Quader entsprechen, gespeichert werden, um während des Bahnplanungsprozesses bei Mißerfolg in einer groben Granularität auf eine feinere umschalten zu können [Barraquand+91].

Die oben erwähnte Klassifizierung der Quader in freie und belegte kann auf freie, gemischte und belegte Quader erweitert werden. Freie Quader liegen dabei vollständig in $\mathcal{R}_{free}$, belegte liegen vollständig in $\mathcal{R} \setminus \mathcal{R}_{free}$ und gemischte liegen teilweise im Freiraum und teilweise in den Hindernissen. Die gemischten Quader können nun in einer rekursiven Verfeinerungsphase wieder in freie, gemischte und belegte Quader zerlegt werden. Die Rekursion bricht ab, falls es nur noch freie und belegte Quader gibt oder falls eine bestimmte Granularitätsstufe erreicht wurde. Diese Zerlegung entspricht im zweidimensionalen Raum dem Quadtree [Preparata85, Noborio+89] und im dreidimensionalen dem Octree [Mäntylä88].

Die Form der vorgegebenen Zellen kann sich auch teilweise an der zu Grunde liegenden Hindernisstruktur orientieren, um eine effizientere Approximation von $\mathcal{R}_{free}$ zu erreichen. Bei [Brooks83] wird der Freiraum in sich überlappende, allgemeine Kegel zerlegt, die mit Hilfe der Hinderniskanten aufgebaut werden. [Zhu+91] unterteilt die Ebene in gleich breite Streifen, die wiederum in maximal große belegte und freie Teilstreifen und die verbleibenden minimalen gemischten Teilstreifen unterteilt werden.

Ein weiterer Ansatz besteht darin, sich überlappende Zellen zuzulassen (z.B. [Brooks83, Tokuta+90, Singh+87, Rueb+87]. In [Singh+87] werden die im zweidimensionalen Raum gegebenen Hindernisse durch eine Menge von Rechtecken approximiert. Der verbleibende Freiraum wird durch maximal große sich überlappende Rechtecke dargestellt. In [Rueb+87] wird der Arbeitsraum so in unterschiedliche Zellen zerlegt, daß mit Hilfe von Sensoren verifiziert werden kann, ob sich $\mathcal{A}$ in einer bestimmten Zelle befindet.

4.1.3.3 Potentialfeld

Der anschauliche Kerngedanke der Potentialfeldmethode besteht darin, ein künstliches Potentialfeld über den Raum $\mathcal{R}$ zu legen, wobei jedes Hindernis ein abstoßendes Potentialfeld (*engl.* repulsive potential) und die Zielkonfiguration ein anziehendes Feld (*engl.* attractive potential) erzeugt. Während der eigentlichen Wegsuche wird in jeder Konfiguration dem maximalen negativen Gradienten des aus der Überlagerung von allen Teilfeldern gebildeten Gesamtpotentialfeldes gefolgt. In [Khatib86] wurde der Potentialfeldansatz vorgestellt, um eine Kollisionsvermeidung zu realisieren, die während der Laufzeit eingesetzt werden kann.

Ist die Potentialfunktion analytisch bekannt und differenzierbar, kann an jeder Stelle dem maximalen negativen Gradienten gefolgt werden. Die nachfolgende Konfiguration wird dadurch erzeugt, daß ausgehend von der aktuellen Konfiguration dem lokalen, maximal negativen Gradienten ein Stück der Länge δ gefolgt wird und somit die Nachfolgekonfiguration entsteht, auf die das gleiche Verfahren angewendet wird [Khatib86].

Eine Variante des Potentialfeldansatzes besteht darin, ein reguläres Gitter in den n-dimensionalen Raum $\mathcal{R}$ zu legen und für jeden Gitterpunkt $\mathbf{q} \in \mathcal{R}_{free}$ ein Verfahren anzugeben, wie sein *bester* Nachbar $\mathbf{q}' \in \mathcal{R}$ gefunden werden kann [Barraquand+92, Barraquand+91]. Bei dieser Nachfolgersuche kann unter allen Nachbarn, die ein geringeres Potential als $\mathbf{q}$ haben, der mit dem geringsten Potential gewählt werden. Um den Nachfolger für eine bestimmte Konfiguration zu finden, müssen nicht unbedingt alle Nachbarn betrachtet werden. Aus einer zufällig ausgewählte Teilmenge aller Nachbarn kann als Nachfolger der mit dem geringsten Potential verwendet werden. Dadurch wird i.a. nicht der Nachbar mit dem geringsten Potential gefunden. Diese zufällige Beschränkung der potentiellen Nachfolger bietet sich jedoch vor allem bei hochdimensionalen Räumen $\mathcal{R}$ an, um Rechenzeit zu sparen.

Die Berechnung des jeweiligen Potentials kann entweder lokal oder global erfolgen. Bei lokalen Verfahren kann die direkte Entfernung zum Ziel und die Entfernung zu den in der näheren Umgebung liegenden Hindernissen berücksichtigt werden [Khatib86]. Bei globalen Methoden kann z.B. für jeden Punkt in $\mathcal{R}$ mit Hilfe einer vom Ziel ausgesendeten Welle ein Abstand zum Ziel bestimmt werden, der dem Potential entspricht. Die ausgesendete Welle wird dabei von Hindernissen absorbiert, d.h. die Welle kann keine Hindernisse durchdringen und wird nicht von Hindernissen reflektiert.

Bei *numerischen Potentialfeldern* (*engl.* numerical potential fields) wird das Potential in einem Punkt nicht mit Hilfe einer analytischen Funktion berechnet, sondern auf Basis eines numerischen Verfahrens. Dazu kann z.B. eine Wellenausbreitung in einer rasterisierten Welt durchgeführt werden, wobei jedem Rasterelement in Abhängigkeit seiner Nachbarn ein Potential zugeordnet wird [Barraquand+92, Barraquand+91]. Wird das n-dimensionale Raster mit seinen kollisionsfreien Rasterelementen als eine Zerlegung von $\mathcal{R}$ in n-dimensionale Quader aufgefaßt und das globale Potential für die Graphsuche in diesem so zerlegten Raum verwendet, ergibt sich eine Parallele zu dem im vorigen Abschnitt beschriebenen approximativen Zerlegungsansatz von $\mathcal{R}$ in freie und belegte Quader.

Ein großer Vorteil der lokal bestimmten Potentialfelder besteht darin, daß keine Vorausberechnung erforderlich ist, in der die Verbindungsstruktur von $\mathcal{R}$ bestimmt werden muß. Andererseits entstehen in so bestimmten Potentialfeldern i.a. *lokale Minima*, für die bestimmte Verfahren entwickelt werden müssen, um aus ihnen zu entkommen [Barraquand+90]. Lokale Minima können auch vermieden werden, indem globale Potentialfelder konstruiert werden, bei denen das Ziel das einzige lokale Minima ist [Khosla+88, Koditschek87]. Durch diese Zielsetzung wird aber eine Berechnung vor der eigentlichen Suche notwendig oder die Form der möglichen Hindernisse ist eingeschränkt.

4.1.4 Bahnplanung im $\mathcal{W}$- und im $\mathcal{C}$-Raum

Unter der Annahme, daß für einen nicht punktförmigen frei bewegbaren Körper $\mathcal{A}$ im Arbeitsraum $\mathcal{W}$ ($\mathcal{W} = \mathbb{R}^2$ oder $\mathbb{R}^3$) eine Bahn gesucht wird, ist der Konfigurationsraum $\mathcal{C}$ für $\mathcal{W} = \mathbb{R}^2$ dreidimensional ($dim(\mathcal{C}) = 3$) und für $\mathcal{W} = \mathbb{R}^3$ sechsdimensional ($dim(\mathcal{C}) = 6$). Ein rotationssymmetrisches $\mathcal{A}$ sei ebenfalls ausgeschlossen, da eine Variation im entsprechenden Rotationsparameter keine Veränderung in $\mathcal{C}$ hervorruft und somit die Dimension von $\mathcal{C}$ entsprechend verringert werden kann.

Werden die in den Abschnitten 4.1.3.1 bis 4.1.3.3 vorgestellten Planungsansätze auf das oben erwähnte Problem angewendet, müssen diese Verfahren entweder für einen nicht punktförmigen Körper $\mathcal{A}$ einen Weg im $\mathcal{W}$-Raum finden oder für einen Punkt einen Weg im höherdimensionalen $\mathcal{C}$-Raum.

4.1.4.1 Planen im $\mathcal{W}$-Raum

Beim Planen im Arbeitsraum $\mathcal{W}$ muß die gefundene Bahn nicht nur für einen einzigen Punkt von $\mathcal{A}$, wie z.B. den Ursprung von $\mathcal{F}_\mathcal{A}$ kollisionsfrei sein, sondern für alle Punkte $\mathbf{p}_i \in \mathcal{A}$, d.h. die von $\mathcal{A}$ überstrichene Fläche ($\mathcal{W} = \mathbb{R}^2$) bzw. das überstrichene Volumen ($\mathcal{W} = \mathbb{R}^3$) muß kollisionsfrei sein. Ein großer Vorteil liegt jedoch darin, daß die Hindernisse $\mathcal{B}_i$ im Arbeitsraum $\mathcal{W}$ gegeben sind und somit nicht in einen anderen Raum transformiert werden müssen.

Bei dem klassischen *Piano Movers Problem* muß für ein beliebiges Polygon $\mathcal{A}$ ein Weg durch einen teilweise mit polygonalen Hindernissen belegten Arbeitsraum $\mathcal{W}$ ($= \mathbb{R}^2$) gefunden werden. In [Schwartz+83] wurde dieses Problem gelöst, indem eine exakte Zerlegung von $\mathcal{W}$ in Zellen vorgenommen wurde, wobei diese Zerlegung vom gewählten $\mathcal{A}$ abhängt. Die so aufgebaute Zellstruktur wird in einen Graphen transformiert, in dem eine Verbindung von der Start- zur Zielkonfiguration gesucht wird. Das in [Schwartz+83] vorgestellte Verfahren ist *exakt*, d.h. es existiert genau dann ein Weg für $\mathcal{A}$ in $\mathcal{W}$, wenn dieses Verfahren einen Weg findet. In [Feinberg89] wird eine Methode beschrieben, um mit der in [Schwartz+83] vorgestellten Zerlegung den kürzesten Weg zu finden.

Neben diesem *exakten* Bahnplanungsverfahren gibt es eine Reihe von *empirischen* Methoden, die ein besseres Laufzeitverhalten haben, jedoch nicht immer einen Weg finden, wenn einer existiert [Brooks83, Kampmann+89, Noborio+89]. Nachdem der $\mathcal{W}$-Raum ohne Berücksichtigung der Form des zu bewegenden Körpers $\mathcal{A}$ in verallgemeinerte Kegel [Brooks83], Dreiecke [Kampmann+89] oder in einen Quadtree [Noborio+89] zerlegt wurde, wird ein initialer Weg in Form eines Schlauchs oder als Folge von Zwischenpunkten generiert. Die anschließende Feinplanung sucht entlang dieses vorgegebenen Weges die endgültige Bahn für $\mathcal{A}$. Gelingt dies der Feinplanung nicht, wird die Gesamtsuche erfolglos beendet.

Die Potentialfeldmethode kann ebenfalls für einen nicht punktförmigen Körper $\mathcal{A}$ im $\mathcal{W}$-Raum eingesetzt werden [Hague+90, Hwang+92b, Hirukawa+90]. In [Hague+90] wird dabei der minimale Abstand des polygonalen Körpers $\mathcal{A}$ zu den Hindernissen ermittelt, um das abstoßende Feld zu berechnen. Zusätzlich werden Kontrollpunkte auf dem Rand von $\mathcal{A}$ benutzt, um spezielle Momente zu berechnen, mit denen die Orientierung von $\mathcal{A}$ eingestellt wird. Die Flucht aus einem lokalen Minimum gelingt mit einer Monte-Carlo Methode oder mit dem Auffüllen des Minimums mit hohem Potential. In [Hwang+92b] wird in einem ersten Schritt ein Netz aus Potentialtälern aufgebaut (*engl.* minimum potential valleys), das in seiner Struktur den Voronoi Diagrammen ähnelt. Die Grobplanung sucht Wege in diesem Netz, wobei der minimale und maximale Abstand zu den Hindernissen berücksichtigt wird. Die anschließende Feinplanung sucht entlang dieses Weges einen genauen Weg für $\mathcal{A}$. Findet sie keinen, schlägt die Grobplanung einen anderen vor.

Wird ein für einen Punkt kollisionsfreies Wegenetz als Planungsgrundlage verwendet, ist in diesem Netz i.a. keine Information darüber gespeichert, wie der umliegende Freiraum aussieht. Deshalb kann für einen nicht punktförmigen Körper $\mathcal{A}$ mit diesem Netz allein kein kompletter Weg gefunden werden. Ein Wegenetz im $\mathcal{W}$-Raum kann jedoch verwendet werden, um eine erste Wegvorgabe zu bestimmen. Voronoi Diagramme eignen sich dafür besonders, da diese Wege einen maximalen Abstand zu den Hindernissen haben. Sie könnten ähnlich eingesetzt werden wie in [Hwang+92a] die Potentialtäler. Sichtbarkeitsgraphen hingegen können dafür kaum verwendet werden, da jede Ecke in einem gefundenen Weg einer Polygonecke entspricht und somit für ein nicht punktförmiges $\mathcal{A}$ zur Kollision führt.

4.1.4.2 Planen im $\mathcal{C}$-Raum

Beim Planen im Konfigurationsraum $\mathcal{C}$ muß nur für einen einzelnen Punkt eine kollisionsfreie Bahn von der Start- zur Zielkonfiguration gefunden werden, um den Körper $\mathcal{A}$ im $\mathcal{W}$-Raum kollisionsfrei zu bewegen, da jeder Punkt in $\mathcal{C}$ einer bestimmten Konfiguration des gesamten Körpers $\mathcal{A}$ im Arbeitsraum entspricht. Jedoch ist i.a. die Dimension des $\mathcal{C}$-Raums höher (s. Abschnitt 4.1.4).

Eine Möglichkeit, im $\mathcal{C}$-Raum zu planen, besteht darin, den $\mathcal{C}$-Raum mit seinen Konfigurationsraumhindernissen $\mathcal{CB}$ explizit zu berechnen. Bereits für einen zweidimensionalen polygonalen Arbeitsraum mit einem polygonalen frei beweglichen Körper $\mathcal{A}$ lassen sich die $\mathcal{CB}$ im dreidimensionalen Konfigurationsraum nicht mehr einfach als Polyeder darstellen. Aus diesem Grund wird der $\mathcal{C}$-Raum mit seinen Hindernissen meistens nicht exakt berechnet, sondern approximiert [Lozano-Pérez81, Lozano-Pérez87, Branicky+90, Newmann+91].

In [Lozano-Pérez81] wird der dreidimensionale und mit den Variablen x, y und θ parameterisierte $\mathcal{C}$-Raum entlang der θ-Achse in Scheiben unterteilt, wobei die θ-Achse den rotatorischen Freiheitsgrad von $\mathcal{A}$ beschreibt. Nachdem für jede Scheibe, die einem bestimmten Winkelbereich der Rotation von $\mathcal{A}$ entspricht, eine polygonale Approximation der in diesem Winkelbereich von $\mathcal{A}$ überstrichenen Fläche berechnet wurde, kann mit Hilfe der Hindernisse $\mathcal{B}$ für jede Scheibe ein zweidimensionaler $\mathcal{C}$-Raum berechnet werden. Zwischen zwei benachbarten Scheiben ist ein Übergang zulässig, wenn die gleiche (x, y)-Konfiguration in beiden zu den Scheiben gehörenden Konfigurationsräumen kollisionsfrei ist.

Ist der $\mathcal{C}$-Raum explizit berechnet, können alle in Abschnitt 4.1.3 erwähnten Planungsansätze verwendet werden, nachdem sie auf die Dimension des $\mathcal{C}$-Raums angepaßt wurden [Lozano-Pérez81, Lozano-Pérez87, Ilari+90, Gupta90].

Der $\mathcal{C}$-Raum mit seinen Hindernissen kann vor der eigentlichen Suche komplett berechnet oder iterativ aufgebaut werden, wobei sich der inkrementelle Aufbau des Raums mit der inkrementellen Suche des Weges abwechselt.

Eine andere Idee, den $\mathcal{C}$-Raum zum Planen zu benutzen, besteht darin, im $\mathcal{C}$-Raum eine Folge von Konfigurationen zu bestimmen, ohne die Hindernisse $\mathcal{B}$ in den $\mathcal{C}$-Raum zu transformieren, d.h. ohne die $\mathcal{CB}$ explizit zu berechnen. In [Barraquand+91, Barraquand+92] werden dazu der $\mathcal{W}$-Raum und der $\mathcal{C}$-Raum als regelmäßiges Gitter mit der entsprechenden Dimension modelliert. Soll im Gitter des $\mathcal{C}$-Raums für eine Konfiguration $\mathbf{q}$ eine Nachfolgekonfiguration gefunden werden, so werden Potentiale für alle oder für einen Teil der Konfigurationen berechnet, die Nachbarn zu $\mathbf{q}$ innerhalb des Gitters sind. Anschließend wird der Gitterpunkt mit dem geringsten Potential als Nachfolger ausgewählt. Für die Potentialberechnung im $\mathcal{C}$-Raum werden mehrere Potentiale im $\mathcal{W}$-Raum kombiniert, die auf dem Rand von $\mathcal{A}$ liegenden Kontrollpunkten zugeordnet sind. Jeder dieser Kontrollpunkte definiert auf dem Arbeitsraumraster ein globales Potentialfeld, wobei Hindernisse und die Start- und Zielposition des Kontrollpunktes berücksichtigt werden. Für jede Konfiguration im $\mathcal{C}$-Raum kann die Lage der Kontrollpunkte im $\mathcal{W}$-Raum bestimmt werden und somit auch ihr Potential im $\mathcal{W}$-Raum.

4.1.5 Integration der zusätzlichen Forderungen in die Bahnplanung

In Abschnitt 3.2 wurden Forderungen an Gesamtplanung von **MONAMOVE** aufgestellt, die in Kapitel 4 durch Anmerkungen ergänzt wurden, die für den Navigator relevant sind. Aus den Forderungen **F1** (**Dynamische zweidimensionale Welt**), **F2** (**Rechteckige Fahrzeuge mit drei Freiheitsgraden**) und **F3** (**Fahrzeuge unterschiedlicher Größe**) geht hervor, daß es sich um eine polygonale Welt mit einem rechteckigen Fahrzeug unterschiedlicher Größe handelt, d.h. $dim(\mathcal{W}) = 2$ und $dim(\mathcal{C}) = 3$. Da der Navigator auf Grund der teilweise dynamischen Hindernisse seine interne Welt aktualisieren muß und der Aufwand für diese Aktualisierung mit der Dimension des Raums ansteigt, ist ein internes zweidimensionales Modell von Vorteil. Nachdem in den vorigen Abschnitt prinzipielle Ansätze beschrieben wurden, um diese drei Forderungen zu erfüllen, müssen zusätzlich die anderen Forderungen in diese Planungsmethoden integriert werden.

Die geforderte Rechtsorientierung (Forderung **F5**: **Anpassung der Planung an die Umgebung**) hängt nicht nur von der Hindernisverteilung im $\mathcal{W}$-Raum und der Start- und Zielkonfiguration ab, sondern auch von einer groben Wegvorgabe. Folglich muß zunächst ein Initialweg vorgegeben werden, bevor eine Rechtsorientierung bestimmt werden kann, d.h. ein zweistufiges Verfahren ist notwendig. Bei dem Initialweg kann es sich entweder

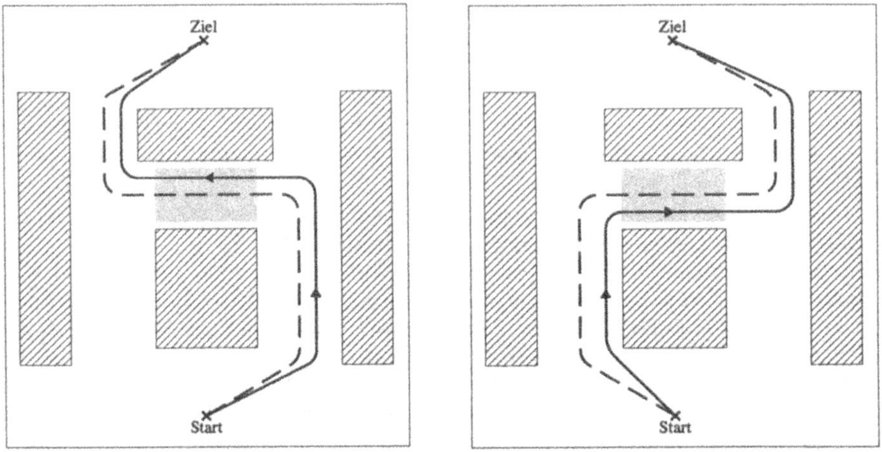

Abbildung 4.1: Abhängigkeit des rechtsorientierten Weges vom gewählten Initialweg

um einen konkreten Weg oder um einen Schlauch handeln. Durch Erfüllung der Rechtsorientierung wird i.a. von Konfiguration A nach B ein anderer Weg generiert als von Konfiguration B nach A.

In Abbildung 4.1 sind zwei identische Hinderniswelten skizziert, wobei die Hindernisse schraffiert markiert sind, der gefundene Initialweg als gestrichelte Linie eingezeichnet ist und ein sich daraus ergebender rechtsorientierter Weg als durchgezogene Linie. In dem gepunkteten Bereich ist eindeutig zu erkennen, daß der endgültige rechtsorientierte Weg nicht nur von der Hindernisstruktur beeinflußt wird, sondern auch von der Richtung des Weges durch diese Struktur.

Da im ersten Schritt der Wegsuche bei der Verwendung eines Zerlegungsverfahrens nicht sofort ein konkreter Weg geliefert wird, sondern ein Schlauch, in dem anschließend ein rechtsorientierter Weg gesucht werden kann, bietet sich ein solches Verfahren an, um diese Forderung (**F5**: **Anpassung der Planung an die Umgebung**) zu erfüllen. Besonders geeignet sind Schläuche, deren Grenzen möglichst durch Hinderniselemente gebildet werden und nicht durch künstliche Kanten, da Hinderniskanten ausschließlich von der gegebenen Welt abhängen und nicht von einer internen Darstellung. Folglich sind exakte Zerlegungsverfahren vorteilhaft, wobei diese im $\mathcal{C}$-Raum schwerer zu realisieren sind.

Eine andere Form der Rechtsorientierung kann durch Fahren rechts von einer genau vorgegebenen Initialbahn erreicht werden. Diese Initialbahn kann in einem ersten Schritt mit einem beliebigen Planungsansatz erzeugt werden, wobei jedoch eine anschließende Rechtsverschiebung möglich sein muß. In Abbildung 4.2a deutet die gestrichelte Linie einen Ausschnitt aus einem Voronoi Diagramm an, der als Initialbahn verwendet wird. Die daraus erzeugte rechtsorientierte Linie orientiert sich jedoch i.a. nicht an den Hinder-

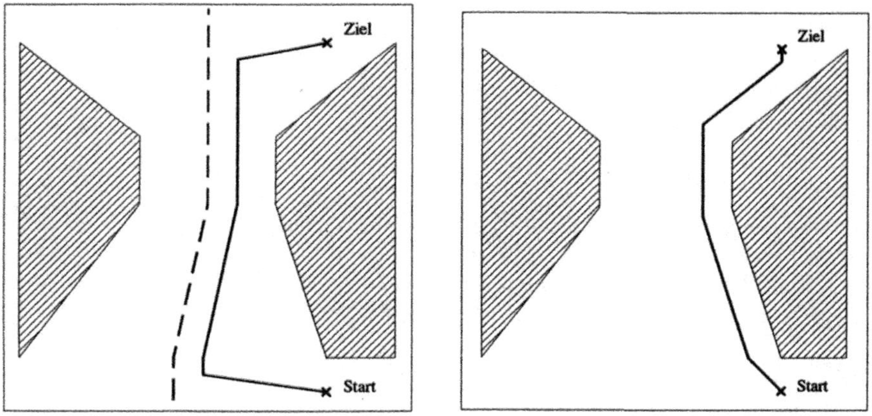

Abbildung 4.2: (a) Rechtsorientierung auf Basis eines nach rechts verschobenen Initialweges, (b) Rechtsorientierung auf Basis von gegebenen Hinderniskanten

niskanten. In Abbildung 4.2b ist ein Vergleich mit einer rechtsorientierten Bahn zu sehen, die durch Verfolgen der gegebenen Hinderniskanten entstanden ist. Dadurch orientiert sich der Weg an gegebenen Hindernisstrukturen.

Die Bahn τ soll in $\mathcal{W}$ zusätzlich eine stetige Krümmungsänderung aufweisen (Forderung **F7**: **Stetige Krümmungsänderung**), d.h. $\tau \in C^2$. Im dreidimensionalen Konfigurationsraum mit dem Parametersatz (x, y, θ) ist somit nicht jede stetige kollisionsfreie Bahn τ erlaubt, sondern nur eine, die in den Variablen x und y zweimal stetig differenzierbar ist. Folglich muß eine solche Bahn τ ($\in C^2$) entweder in den zweidimensionalen $\mathcal{W}$- oder in den dreidimensionalen $\mathcal{C}$-Raum eingepaßt werden. Das Einpassen dieser Kurve in den höherdimensionalen Raum ist schwieriger, jedoch wird damit automatisch eine kollisionsfreie Bahn des Gesamtkörpers $\mathcal{A}$ garantiert.

Forderung **F7** (**Stetige Krümmungsänderung**) bedeutet im $\mathcal{C}$-Raum mit dem Parametersatz (x, y, θ), daß die differentielle Bewegung von der Konfiguration $\mathbf{q} \in \mathcal{C}_{free}$ zur Nachfolgekonfiguration $\mathbf{q}'$ nicht beliebig aussehen darf, sondern nur einen Teilraum des gesamten von $\mathbf{q}$ erreichbaren Freiraums umfassen darf. Die nicht-holonome Bahnplanung (*engl.* non-holonomic motion planning) beschäftigt sich mit solchen Problemen [Li+92]. Die erzeugten Bahnen halten immer bestimmte Nebenbedingungen ein, wie z.B. den begrenzten Lenkradeinschlag bei einem Dreirad [Laumond+89], und erzeugen deshalb u.U. lange Bahnen mit vielen Kurven, die z.B. beim Einparken eines solchen Dreirades notwendig sind. Das in **MONAMOVE** verwendete Fahrzeug hat jedoch einen omnidirektionalen Antrieb und die geplante Bahn muß somit die Forderung **F7** (**Stetige Krümmungsänderung**) nicht immer einhalten.

In [Jacobs+92] wird ein exaktes Verfahren vorgeschlagen, um für einen Punkt den kürzesten aus Geraden und Kreisbögen mit festem Radius r bestehenden Weg vom Start zum Ziel zu finden. Die Kernidee besteht darin, die Gesamtbahn aus einer Folge von einfachen Bahnen aufzubauen, die maximal aus zwei Kreisbögen und einer Gerade bestehen und einer bestimmten Klasse angehören. Eine einfache Bahn einer bestimmten Klasse läßt sich genau durch vier Parameter beschreiben, nämlich durch Start- und Zielpunkt und durch Start- und Zielorientierung. Da bei der Konstruktion der Gesamtbahn für die einfachen Bahnen immer nur zwei Parameter frei bleiben, lassen sich diese in einen zweidimensionalen Konfigurationsraum transformieren, der exakt in Zellen zerlegt werden kann. Da sich dieser Ansatz jedoch auf ein punktförmiges Hindernis beschränkt und die gefahrenen Bahnen nur aus Geraden und aus Kreisbögen mit einem festen Radius bestehen, wurde diese Verfahren nicht weiter betrachtet.

Ist ein aus verschiedenen Fahrspuren bestehendes initiales Wegenetz gegeben, wird in [Wilfong88, Wilfong89] ein Weg mit beschränkter Krümmung bestimmt, indem Kreisbögen in die Übergänge zwischen den Spuren eingepaßt werden. Dazu wird die Menge der Kreisbögen berechnet, die für ein nicht punktförmiges Fahrzeug kollisionsfrei sind. Dafür muß allerdings ein aus Spuren bestehendes Streckennetz vorgegeben werden.

Im Arbeitsraum bedeutet die Forderung **F6** (**Tangentiale Orientierung**), daß bei einer in $\mathcal{W}$ gegebenen Bahn, die z.B. den Verlauf des Fahrzeugschwerpunktes beschreibt, die Bewegung des Gesamtkörpers $\mathcal{A}$ genau festgelegt ist. Im Konfigurationsraum $\mathcal{C}$ hängt somit der Wert θ eindeutig von der ersten Ableitung der beiden anderen Parameter ab, d.h. die differentielle Bewegung von einer Konfiguration zur nächsten wird weiter eingeschränkt.

Auf Grund der unterschiedlichen Forderungen wird für den auf geometrischen Daten basierenden Navigator von **MONAMOVE** ein heuristischer Ansatz verwendet, der in vielen Fällen möglichst schnell einen Weg liefert (Forderung **F11**: **Schnelle Planung**). Auf Grund der heuristischen Vorgehensweise findet er jedoch nicht immer einen Weg, wenn einer existiert (Forderung **F10**: **Weg finden**). Da viele der Forderungen (**F5**: **Anpassung der Planung an die Umgebung**, **F6**: **Tangentiale Orientierung**, **F7**: **Stetige Krümmungsänderung**) im Arbeitsraum anschaulicher sind und da eine diesen Forderungen genügende Bahn τ im zweidimensionalen Arbeitsraum einfacher zu konstruieren ist als im dreidimensionalen Konfigurationsraum, wurde für diesen umfassenden Ansatz der Arbeitsraum als Planungsraum gewählt. Durch die heuristische Planung im Arbeitsraum wird die Wegsuche in engen Umgebungen, bei denen die Forderungen **F5**, **F6** und **F7** fallen gelassen werden könnten, schwierig bzw. unmöglich. Da es sich jedoch um eine relativ einfache Fahrzeugform handelt und die Umgebung für die Durchführung von Transportaufträgen konzipiert wurde (s. Abschnitt 3.3.1), treten schwierige Fälle i.a. selten auf. Eine mögliche Erweiterung besteht darin, einen Engpaß in der Welt während der Planung mit dem heuristischen Planer im Arbeitsraum zu lokalisieren und diesen Engpaß lokal in den $\mathcal{C}$-Raum zu transformieren, in dem lokal ein stetiger Weg geplant wird, bei dem die Forderungen **F5**, **F6** und **F7** nicht eingehalten werden.

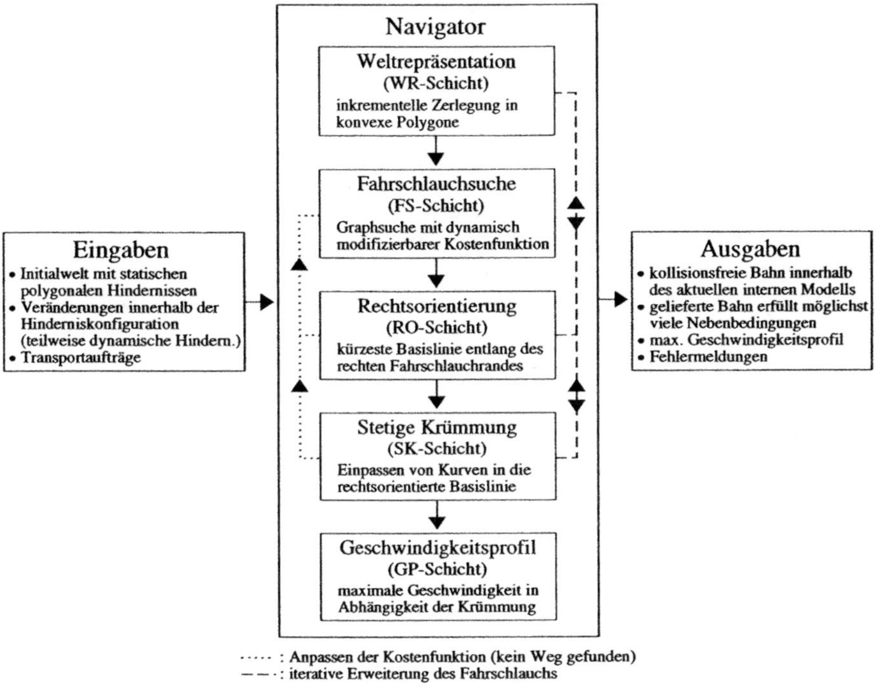

Abbildung 4.3: Das Konzept des aus mehreren Schichten bestehenden Navigators

4.2 Konzept des Navigators

Um möglichst viele der weit gefächerten Forderungen an den Navigator zu erfüllen, wird, wie im vorigen Abschnitt erläutert, ein heuristisches, im Arbeitsraum $\mathcal{W}$ des Fahrzeuges $\mathcal{A}$ arbeitendes Verfahren verwendet. Der grobe Aufbau des hierarchischen, aus mehreren Schichten bestehenden Navigators mit seinen Schnittstellen ist in Abbildung 4.3 skizziert. Diese gesamte Einheit entspricht dabei dem Block **PLANUNG** in Abbildung 3.2 (s. Abschnitt 3.3.2).

Im internen Weltmodell des Navigators (*WR-Schicht*), das die Basis für die nachfolgenden Bahnplanungsschichten bildet, wird der zur Verfügung stehende Freiraum als Menge konvexer Polygone dargestellt. Basierend auf dieser Struktur wird in der nächsten Schicht ein aus einer Folge von benachbarten konvexen Polygonen bestehender Fahrschlauch gesucht (*FS-Schicht*). In der nächsten Hierarchieebene wird eine aus einer Folge von Strecken bestehende rechtsorientierte Basislinie im Fahrschlauch berechnet (*RO-Schicht*). Anschließend werden in die Ecken dieser Basislinie bestimmte Kurven eingepaßt, so daß ein Weg mit stetiger Krümmungsänderung entsteht (*SK-Schicht*). In der abschließenden Schicht wird ein Geschwindigkeitsprofil berechnet, das die maximal mögliche Geschwindigkeit entlang der Bahn angibt (*GP-Schicht*).

Ein Vorteil dieses hierarchischen Navigators besteht darin, daß tieferliegende Schichten (*RO-Schicht* und *SK-Schicht*) bei Problemen den Fahrschlauch iterativ erweitern können (s. Abschnitt 4.5 und Abschnitt 4.6). Zusätzlich wird bei der Fahrschlauchgenerierung die Suchfunktion auf Grund von Fehlermeldungen angepaßt, so daß für den gleichen Auftrag ein anderer Fahrschlauch geliefert wird, obwohl die zu Grunde liegende Zerlegung der Hinderniswelt unverändert geblieben ist (s. Abschnitt 4.4).

Der Navigator verarbeitet folgende Eingaben und bestimmt daraus die folgenden Ausgaben:

- Eingaben
  - Initialwelt
    Während der Initialisierung des Navigators kann eine zweidimensionale Initialwelt angegeben werden, die die statischen polygonalen Hindernisse enthält.
  - Änderungen in der Welt
    Während der Laufzeit können teilweise dynamische Hindernisse zur aktuell bestehenden Welt hinzugefügt oder aus dieser gelöscht werden.
  - Transportaufträge
    Der Navigator kann jeweils einen Transportauftrag annehmen und diesen in der aktuell zur Verfügung stehenden Welt planen.
- Ausgaben
  - Kollisionsfreie Bahn, die möglichst viele der Forderungen erfüllt
    Eine in dem zur Verfügung stehenden Weltmodell kollisionsfreie Bahn, die möglichst viele der Forderungen erfüllt, wird geliefert, falls der Navigator eine solche Bahn finden konnte.
  - Maximales Geschwindigkeitsprofil
    Für die geplante Bahn wird ein Geschwindigkeitsprofil berechnet, das den maximal möglichen Geschwindigkeitsverlauf zeigt, der jedoch vom Piloten nicht eingehalten werden muß.
  - Fehlermeldungen
    Falls der Navigator im Rahmen seiner Fähigkeiten keine den Auftrag erfüllende Bahn bestimmen kann, wird eine Fehlermeldung zurückgeliefert.

In den nachfolgenden Abschnitten 4.3 bis 4.7 werden die einzelnen Planungsebenen genauer behandelt, wobei mit Hilfe einer hierarchischen Vorgehensweise die einzelnen Forderungen erfüllt werden.

4.3 Weltmodell

Für das interne Weltmodell des Navigators (*WR-Schicht* in Abbildung 4.3) wird der für die Bahnplanung zur Verfügung stehende Freiraum $\mathcal{W}_{free}$ ($\mathcal{W}_{free} \subseteq \mathcal{W} \subset I\!R^2$) in konvexe überlappungsfreie Polygone CP_i (*engl.* convex colygon) zerlegt. In der betrachteten Literatur (z.B. [Brooks83, Kuan+85, Kampmann+89, Arkin89c]) werden ausschließlich Verfahren vorgestellt, die eine statische Welt einmal zerlegen und somit bei jeder Änderung innerhalb der Welt eine Neuzerlegung verlangen. In dieser Arbeit wird ein Verfahren vorgestellt, bei dem das Hinzufügen oder Löschen von teilweise dynamischen Hindernissen durch eine i.a. lokale Modifikation der bisherigen Zerlegung erreicht wird (Forderung **F1: Dynamische zweidimensionale Welt**).

Um die Vorgehensweise zu verdeutlichen, wird zunächst ein Spezialfall mit nur einem Hindernis betrachtet und anschließend der allgemeine Fall. Bei dem vorgestellten Zerlegungsverfahren werden für die Konstruktion der CP_i ausschließlich die Eckpunkte der Hindernisse und der umgebenen Freiraumbegrenzung benutzt, so daß keine zusätzlichen künstlichen Punkte generiert werden müssen.

4.3.1 Zerlegung mit einem Hindernis

Es sei ein *einfaches Polygon* Q gegeben, das den aktuell zur Verfügung stehenden Freiraum darstellt, und ein *einfaches Polygon* P, das als Hindernis in diesen Freiraum Q eingefügt werden soll ($P \subseteq Q$). Ein *einfaches Polygon* (*engl.* simple polygon) darf laut Definition beliebige Innenwinkel aufweisen, aber sich nicht selbst überlappen [Preparata85]. P ist durch eine sortierte Folge von Ecken $\mathbf{p}_i$ definiert, wobei jeweils links vom Vektor $\mathbf{p}_{i+1} - \mathbf{p}_i$ das Hindernis liegt. Q ist ebenfalls durch eine solche Folge von $\mathbf{q}_i$ gegeben. Links von $\mathbf{q}_{i+1} - \mathbf{q}_i$ liegt der initiale Freiraum. Gesucht ist eine exakte Zerlegung des neu entstandenen Freiraums in konvexe Polygone CP_i.

Für den einfachen Fall, daß sich P und Q nicht berühren ($P \cap Q = \emptyset$), besteht die Kernidee darin, eine *gute* Verbindungslinie $\overline{\mathbf{p}_i\mathbf{q}_j}$ zwischen P und Q zu finden und das dadurch entstehende Polygon RP in konvexe Polygone CP_i zu zerlegen. RP ist durch die Eckensequenz $\mathbf{p}_i, \mathbf{q}_j, \mathbf{q}_{j+1}, \ldots, \mathbf{q}_j, \mathbf{p}_i, \mathbf{p}_{i-1}, \ldots, \mathbf{p}_i$ definiert, aus der noch die doppelten Punkte entfernt werden müssen. Bei der Indizierung wird für jedes Polygon modulo-n-Arithmetik verwendet, wobei n der Anzahl der Ecken entspricht. Eine *gute* Verbindungslinie kann z.B. die kürzest mögliche zwischen P und Q sein, eine beliebige oder eine, die ein $\mathbf{q}_j$ mit konkavem Innenwinkel (Winkel $\geq$ 180 Grad) mit einem $\mathbf{p}_i$ mit konvexem Innenwinkel (Winkel $\leq$ 180 Grad) verbindet. Für alle potentiellen Verbindungslinien muß gelten, daß sie P und Q weder schneiden noch berühren mit Ausnahme in den Punkten $\mathbf{q}_j$ und $\mathbf{p}_i$.

Die Zerlegung von RP in konvexe Polygone kann bei dem Verfahren beliebig aussehen (s. z.B. Abschnitt A.1). Folglich müssen keine Nebenbedingungen erfüllt werden, wie z.B. erzeuge eine minimale Anzahl von Polygonen. Als Grenzfall wäre eine Zerlegung in Dreiecke möglich, die jedoch auf Grund der hohen Anzahl entstehender Dreiecke vermieden wurde.

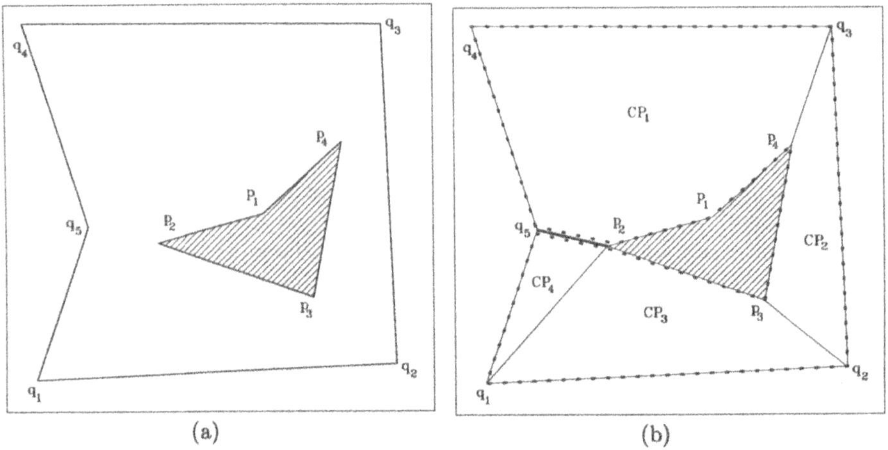

Abbildung 4.4: (a) Weltmodell mit einem Hindernis, (b) Zerlegung dieser Welt in konvexe Polygone

Das in Abbildung 4.4a gezeigte Weltmodell ($P \cap Q = \emptyset$) umfaßt die beiden einfachen Polygone P und Q mit $P = (\mathbf{p}_1, \ldots, \mathbf{p}_4)$ und $Q = (\mathbf{q}_1, \ldots, \mathbf{q}_5)$. Wird die kürzest mögliche Verbindungslinie, die die oben angegebenen Bedingungen erfüllt, ausgewählt, ergibt sich die in Abbildung 4.4b als breite Linie markierte Verbindung $\overline{\mathbf{p}_2\mathbf{q}_5}$. Das durch den gepunkteten Linienzug angedeutete Polygon RP ist durch die Eckensequenz $(\mathbf{p}_2, \mathbf{q}_5, \mathbf{q}_1, \mathbf{q}_2, \mathbf{q}_3, \mathbf{q}_4, \mathbf{q}_5, \mathbf{p}_2, \mathbf{p}_1, \mathbf{p}_4, \mathbf{p}_3)$ festgelegt. Die anschließend erzeugten konvexen Polygone sind durch dünne Linien und die Abkürzungen $CP_1, \ldots, CP_4$ angedeutet.

Im allgemeinen Fall können P und Q so liegen, daß sie sich berühren, d.h. Kanten der beiden Polygone liegen teilweise aufeinander. Ein Schnitt von P und Q ist nicht sinnvoll, da Q einen initialen Freiraum ohne Hindernisse darstellt, in den P als Hindernis eingefügt werden soll. Die Kernidee besteht darin, in einem ersten Schritt nicht nur ein RP zu erzeugen, sondern mehrere sich nicht selbst überlappende RP_i, die anschließend jedes für sich in konvexe Polygone CP_i zerlegt werden (s. Abbildung 4.5). Da bei der Erzeugung der RP_i Probleme auftreten können, wenn zwei Eckpunkte aufeinanderfallen ($\mathbf{p}_i = \mathbf{q}_j$), ein $\mathbf{p}_i$ auf dem Freiraumrand liegt oder ein $\mathbf{q}_j$ auf dem Hindernisrand, ist in Abbildung 4.6 ein Verfahren angegeben, das die RP_i erzeugt. Dazu ein paar Abkürzungen:

- **on_border_Q ($\mathbf{x}_i$)**
  Diese Funktion liefert genau dann **wahr**, wenn $\mathbf{x}_i$ eine Hindernisecke ist ($\mathbf{x}_i \in P$, d.h. $\mathbf{x}_i == \mathbf{p}_i$) **und** wenn gleichzeitig $\mathbf{x}_i$ auf dem Rand von Q liegt.

- **on_border_P ($\mathbf{x}_i$)**
  Diese Funktion liefert genau dann **wahr**, wenn $\mathbf{x}_i \in Q$ (d.h. $\mathbf{x}_i == \mathbf{q}_i$) **und** $\mathbf{x}_i$ auf dem Rand von P liegt.

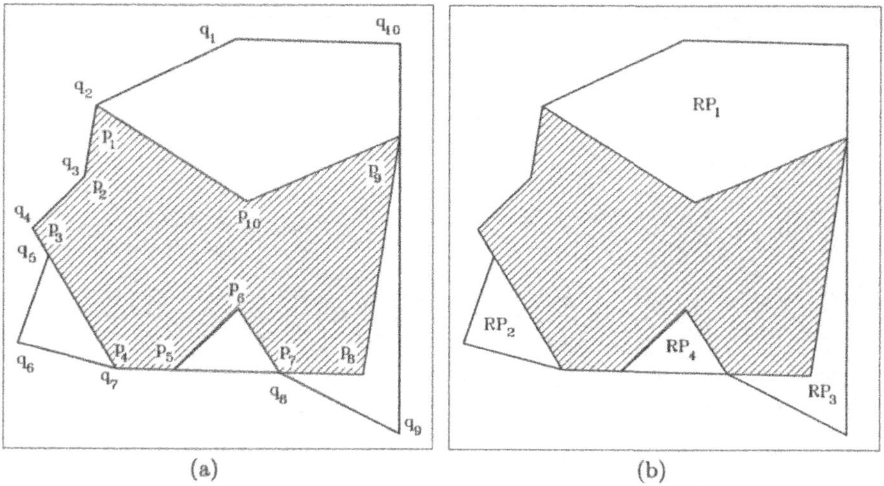

Abbildung 4.5: (a) Komplexere Welt mit einem Hindernis, (b) erster Schritt bei der Zerlegung dieser Welt

- Modulo-n-Arithmetik wird für die Indizes jedes Polygons benutzt, wobei n gleich der Anzahl der Ecken ist.
- LRP: Eine Liste der aktuellen RP_i. Falls am Ende der Berechnung diese Liste leer ist, sind die Form von P und die Form von Q deckungsgleich.
- $SVRP$: Die Menge aller Eckpunkte $\mathbf{p}_i, \mathbf{q}_i$, die in einem RP_i enthalten sind, für das $RP_i \in LRP$ gilt.

In Abbildung 4.5a ist eine Anordnung zu sehen, bei der sich das Hindernis $P = (\mathbf{p}_1, \ldots, \mathbf{p}_{10})$ und der initiale Freiraum $Q = (\mathbf{q}_1, \ldots, \mathbf{q}_{10})$ berühren. Nachdem z.B. $\mathbf{q}_1$ in *Zeile 3* (s. Abbildung 4.6) gewählt wurde, ergibt sich für $\mathbf{x}_s = \mathbf{p}_1$ (*Zeile 9*) und für $\mathbf{x}_k = \mathbf{p}_9$ (*Zeile 17*). Folglich besteht RP_i nach dem Entfernen von doppelten Punkten aus $\mathbf{p}_1, \mathbf{p}_{10}, \mathbf{p}_9, \mathbf{q}_{10}, \mathbf{q}_1$. Im nächsten Schleifendurchlauf wird mit $\mathbf{x}_r = \mathbf{q}_6$, $\mathbf{x}_s = \mathbf{q}_7$ und $\mathbf{x}_k = \mathbf{q}_5$ das Polygon $RP_2 = (\mathbf{q}_7, \mathbf{q}_5, \mathbf{q}_6)$ gebildet. Nachdem RP_3 bestimmt wurde, wird $RP_4 = (\mathbf{p}_5, \mathbf{p}_7, \mathbf{p}_6)$ berechnet. Dabei muß der in *Zeile 21* skizzierte Teil des Verfahrens angewendet werden. Abschließend werden die Polygone RP_i, die in Abbildung 4.5b eingezeichnet sind, in konvexe Polygone zerlegt.

1: $LRP = \emptyset$; $SVRP = \emptyset$; fertig = **falsch**;
2: **while not** fertig
3: Suche $\mathbf{x}_r$ mit $\mathbf{x}_r \notin SVRP$ **and** (**not on_border_P**$(\mathbf{x}_r)$ **or not on_border_Q**$(\mathbf{x}_r)$)
4: **if** $\mathbf{x}_r$ nicht existiert
5: **then**
6: fertig = **wahr**;
7: **else if** $\mathbf{x}_r == \mathbf{q}_r$
8: **then**
9: Beginne mit $\mathbf{q}_r$ and folge dem Rand von Q in Vorwärtsrichtung bis zum ersten $\mathbf{x}_s$ ($= \mathbf{p}_s$ oder $= \mathbf{q}_s$) mit **on_border_Q**$(\mathbf{x_s})$ **or on_border_P**$(\mathbf{x_s})$.
10: **if** $\mathbf{x_s}$ nicht existiert
11: **then**
12: /* *Dieser Fall ist nur möglich, falls* $LRP == \emptyset$ */
13: Die Anordnung von P und Q entspricht dem einfachen Fall ($P \cap Q = \emptyset$). Folglich wird RP_1 mit Hilfe von P und Q und einer *guten* Verbindungslinie konstruiert.
14: RP_1 wird zu LRP hinzugefügt
15: fertig = **wahr**;
16: **else**
17: Beginne mit $\mathbf{x}_s$ und folge dem Rand von P in Rückwärtsrichtung bis zum ersten $\mathbf{x}_k$ mit **on_border_P**$(\mathbf{x}_k)$ **or on_border_Q**$(\mathbf{x}_k)$. Füge die überschrittenen $\mathbf{p}_i$ zu RP_i und $SVRP$ hinzu.
Wechsle zum Rand von Q, beginne mit $\mathbf{x}_k$ und folge dem Rand von Q in Vorwärtsrichtung bis zum bereits bekannten $\mathbf{x}_s$. Füge die überschrittenen $\mathbf{q}_i$ zu RP_i und $SVRP$ hinzu. Das RP_i ist nun vollständig und besteht aus $\mathbf{x}_s, \ldots, \mathbf{p}_i, \ldots, \mathbf{x}_k, \ldots, \mathbf{q}_j, \ldots, \mathbf{x}_s$. Nachdem die doppelten Punkte aus dieser Liste entfernt wurden, füge RP_i zu LRP hinzu.
18: **endfi**
19: **else if** $\mathbf{x}_r == \mathbf{p}_r$
20: **then**
21: *Die folgenden Schritte des Algorithmus entsprechen im wesentlichen denen für den Fall* $\mathbf{x}_r == \mathbf{q}_r$ *(s. Zeile 9 bis 18) mit der Ausnahme, daß* $\mathbf{q}$ *und* $\mathbf{p}$, Q *und* P *und Vorwärts- und Rückwärtsrichtung entsprechend getauscht werden.*
22: **endfi**
23: **endwhile**

Abbildung 4.6: Erzeugung der RP_i

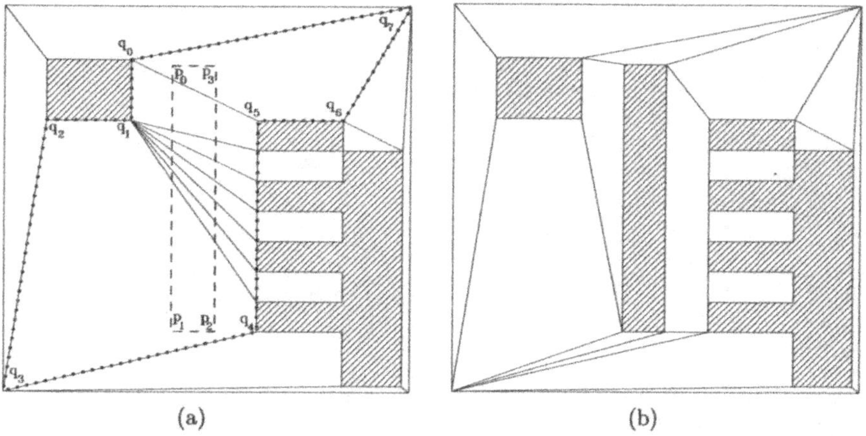

Abbildung 4.7: (a) Hinzufügen eines neuen Hindernisses in eine zerlegte Welt, (b) Neuzerlegung der Welt nach dem Hinzufügen

4.3.2 Zerlegung mit mehreren Hindernissen

Die Zerlegung einer aus mehreren Hindernissen bestehenden Welt wird auf das iterative Anwenden des im vorigen Abschnitt vorgestellten Verfahrens zurückgeführt. Ausgehend von einem leeren Arbeitsraum $\mathcal{W}$, der durch das Polygon Q definiert ist, wird Q in konvexe Polygone CP_i zerlegt. Anschließend wird ein Hindernis nach dem anderen zu der aktuellen Welt hinzugefügt, wobei während jedes einzelnen Schrittes das in Abschnitt 4.3.1 erläuterte Verfahren angewendet wird. Dabei wird das aktuelle Q durch die Vereinigung aller CP_i gebildet, die vom aktuell hinzuzufügenden Hindernis teilweise oder vollständig bedeckt werden. Da i.a. nicht alle CP_i vom aktuellen Hindernis teilweise bedeckt sind, handelt es sich beim Hinzufügen eines neuen Hindernisses um eine lokale Modifikation der vorhergehenden Zerlegung.

In Abbildung 4.7a ist das Ergebnis nach einigen Zerlegungsschritten zu sehen, wobei die schraffierten Polygone den bis jetzt berücksichtigten Hindernissen entsprechen und die dünnen Linien die CP_i der aktuellen Zerlegung andeuten. Das nächste einzufügende Hindernis $P = (\mathbf{p}_0, \ldots, \mathbf{p}_3)$ ist durch die gestrichelte Linie und die Vereinigung der teilweise bedeckten CP_i durch die gepunktete Linie markiert ($Q = (\mathbf{q}_0, \ldots, \mathbf{q}_7)$). Nachdem auf P und Q das in Abschnitt 4.3.1 erläuterte Verfahren angewendet wurde, ergibt sich die in Abbildung 4.7b gezeigte lokal modifizierte Zerlegung.

Im Prinzip können beliebige *einfache Polygone P* (*engl.* simple polygons) in die aktuelle Welt integriert werden. Beim Einfügen eines Polygons P kann es jedoch in seltenen Fällen vorkommen, daß das entstandene Q' keine zusammenhängende Kontur hat, d.h. zusätzlich zur Außenkontur gibt es eine Innenkontur, innerhalb der bereits zur Welt gehörende

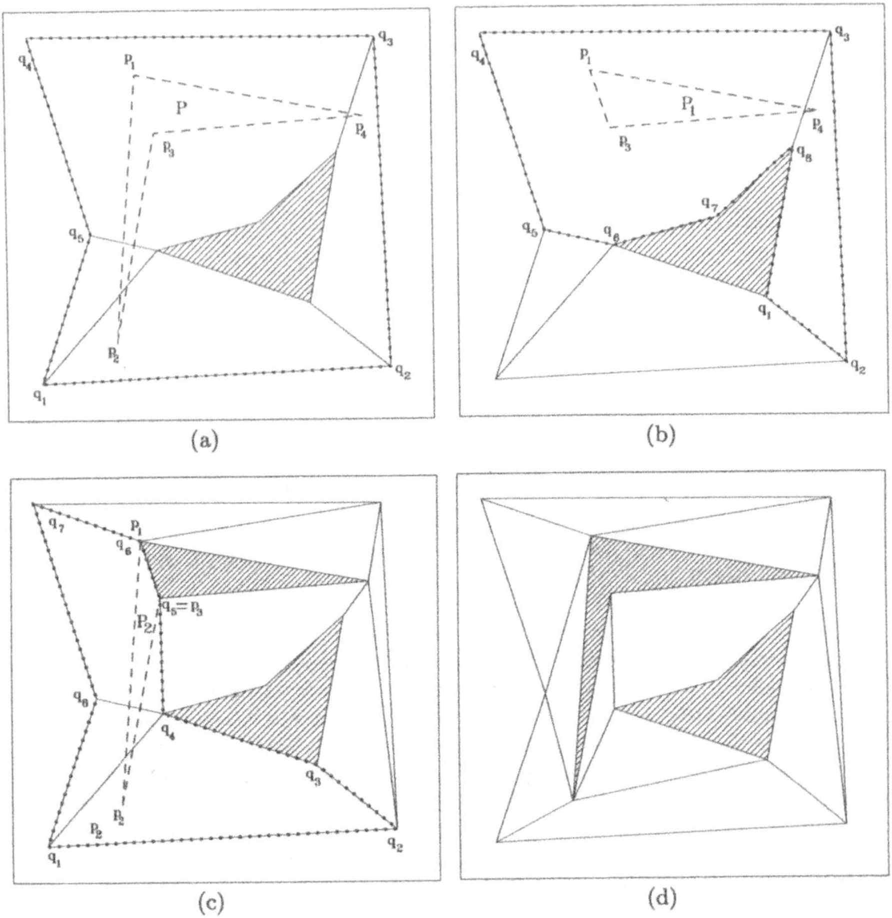

Abbildung 4.8: (a) Einfügen von P und das entstehende nicht einfache Polygon Q, dessen Außenkontur ein zusätzliches Hindernis einschließt, (b) Einfügen des konvexen P_1, (c) Einfügen des konvexen P_2, (d) neue Gesamtzerlegung nach Einfügen von $P = P_1 \cup P_2$

Hindernisse liegen. Folglich handelt es sich bei Q' nicht mehr um ein Polygon, für das das Verfahren aus Abschnitt 4.3.1 verwendet werden kann. Ist P ein nicht konvexes Polygon und liegt ein solches Q' vor, wird P zunächst in mehrere konvexe Polygone P_i zerlegt, die dann in mehreren Schritten nacheinander zur Welt hinzugefügt werden. Ist das einzufügende P (bzw. P_i) konvex und liegt zusätzlich ein Q' vor, müssen alle CP_i, die von P (bzw. P_i) teilweise bedeckt sind, zunächst in Dreiecke zerlegt werden, um eine neue

Zerlegung zu erhalten. Dabei muß jeder Punkt von einem CP_i eine Ecke eines Dreiecks bilden. Wird auf Basis dieser lokal modifizierten Zerlegung das konvexe P eingefügt, kann nur ein einfaches Q entstehen und das oben erläuterte Verfahren ist anwendbar. Da diese Sonderfälle sehr selten auftreten, lohnt es sich nicht, die oben erwähnten Operationen immer auszuführen. Eine andere Lösungsmöglichkeit besteht darin, die Innen- und Außenkontur durch Zusatzkanten zu verbinden, die P nicht schneiden, und anschließend das neue Q zu zerlegen.

Ein Fall, in dem das einzufügende Hindernis P in mehrere konvexe P_i zerlegt werden muß, ist in Abbildung 4.8 skizziert. Die in Abbildung 4.8a mit einer gepunkteten Linie markierte Außenkontur von Q' umfaßt ein bereits in die Zerlegung integriertes Hindernis. Deshalb wird P in zwei konvexe Teilhindernisse P_1 und P_2 unterteilt, die nacheinander in die jeweils aktuelle Zerlegung integriert werden (s. Abbildung 4.8b bis Abbildung 4.8d).

Sind in der zu Grunde liegenden Modellwelt nicht nur sich berührende, sondern auch sich überlappende Hindernisse erlaubt und schneidet das aktuell einzufügende P die bisher eingefügten Hindernisse $\mathcal{B}_i$, müssen neue P_i erzeugt werden, für die $(\bigcup P_i) \cup (\bigcup \mathcal{B}_i) = P \cup (\bigcup \mathcal{B}_i)$ und $(\bigcup P_i) \cap (\bigcup \mathcal{B}_i) = \emptyset$ gilt. Diese P_i werden dann an Stelle von P iterativ in die Welt eingefügt. In [Brooks83, Kampmann+89, Arkin89c] werden sich überlappende Hinderniswelten nicht erwähnt. Mit der beschriebenen Eliminierung der überlappenden Bereiche lassen sich aber auch diese Verfahren auf überlappende Hinderniswelten anwenden.

4.3.3 Hinzufügen und Löschen von Hindernissen

Da die Zerlegung der gesamten Welt durch das iterative Hinzufügen der einzelnen Hindernisse erfolgt, kann das Hinzufügen eines Hindernisses durch das im vorigen Abschnitt erläuterte Verfahren vorgenommen werden. Somit handelt es sich beim nachträglichen Hinzufügen nicht um einen Sonderfall, sondern um den Normalfall.

Das Löschen eines beliebigen Hindernisses P aus der aktuellen Welt wird ähnlich gelöst wie das Hinzufügen. Dazu wird das aus der Vereinigung von P mit seinen benachbarten CP_i entstandene i.a. nicht konvexe Polygon RP in konvexe CP_i zerlegt. In Abbildung 4.9a ist die Vereinigung von P mit seinen benachbarten CP_i zu erkennen und in Abbildung 4.9b die daraus resultierende neue Zerlegung, nachdem P gelöscht wurde. Im Vergleich zu Abbildung 4.7a ist zu erkennen, daß die beiden identischen Welten unterschiedliche Zerlegungen aufweisen. Diese Eigenschaft ist jedoch für die nachfolgenden Schritte der Bahnplanung nicht von Nachteil. Der Grund für diese nicht eindeutige Zerlegung liegt in den lokalen Operationen auf der aktuellen Welt.

Beim Hinzufügen und beim Löschen eines beliebigen Hindernisses P handelt es sich jeweils um eine lokale Operation, d.h. bei Veränderungen innerhalb der Welt muß keine gesamte Neuzerlegung erfolgen. Folglich sind diese Verfahren gut dazu geeignet, teilweise dynamische Hindernisse während der Laufzeit in die Welt zu integrieren (Forderung **F1**: **Dynamische zweidimensionale Welt**). Dieses exakte Zerlegungsverfahren deckt den gesamten

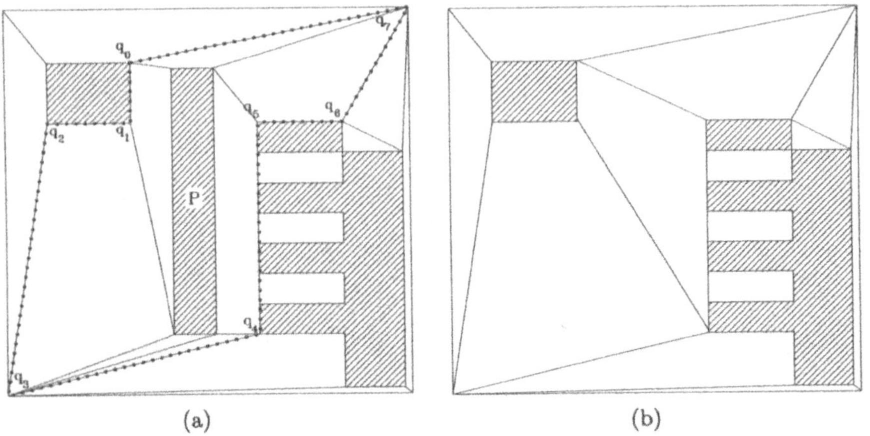

Abbildung 4.9: (a) Aktuelle Zerlegung, aus der P gelöscht werden soll, (b) neue Zerlegung nach Löschen von P

Freiraum ab (Forderung **F4**: **Nutzung des gesamten Freiraums**) und ist außerdem unabhängig von der Größe des Fahrzeugs (Forderung **F3**: **Fahrzeuge unterschiedlicher Größe**).

Als Ergebnis steht somit eine exakte Zerlegung des Freiraums $\mathcal{W}_{free}$ in konvexe Polygone CP_i zur Verfügung, wobei zwei Polygone genau dann unterschiedlich sind, wenn sie unterschiedliche Indizes besitzen ($CP_i == CP_j \Leftrightarrow i == j$).

4.4 Fahrschlauchsuche

Das Ziel der *FS-Schicht* (s. Abbildung 4.3) besteht darin, einen aus benachbarten Freiraumpolygonen CP_i bestehenden Fahrschlauch DC (*engl.* driving channel) zu finden, der das Startpolygon, in dem der Startpunkt *start* des aktuellen Auftrages *auftrag(i)* liegt, mit dem Zielpolygon verbindet, in dem die Zielposition *ziel(auftrag(i))* liegt. Dazu wird die im vorigen Abschnitt erläuterte Zerlegung des Freiraums $\mathcal{W}_{free}$ in einen Graphen transformiert, in dem anschließend ein Weg gesucht wird. Diese Zweiteilung in Zerlegung und anschließende Suche ist im Prinzip bei allen Zerlegungsverfahren zu finden, unabhängig davon, ob sie im $\mathcal{W}$- oder im $\mathcal{C}$-Raum arbeiten (z.B. [Brooks83, Kuan+85, Arkin89c, Kampmann+89]).

Da der Navigator von **MONAMOVE** mit einer Zerlegung von $\mathcal{W}_{free}$ arbeitet, kann es vorkommen, daß die nachfolgenden Ebenen auf Basis des aktuell gelieferten Kanals DC keinen Weg finden und eine Fehlermeldung zurückliefern. Folglich sollte die Suche bei einem erneuten Versuch einen anderen Fahrschlauch finden, ohne daß sich die zu Grunde

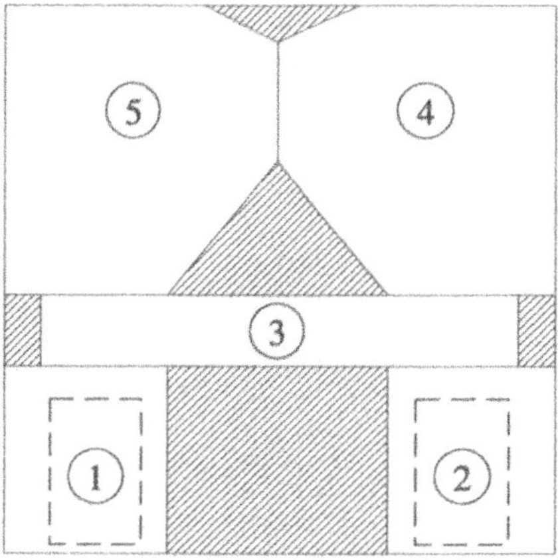

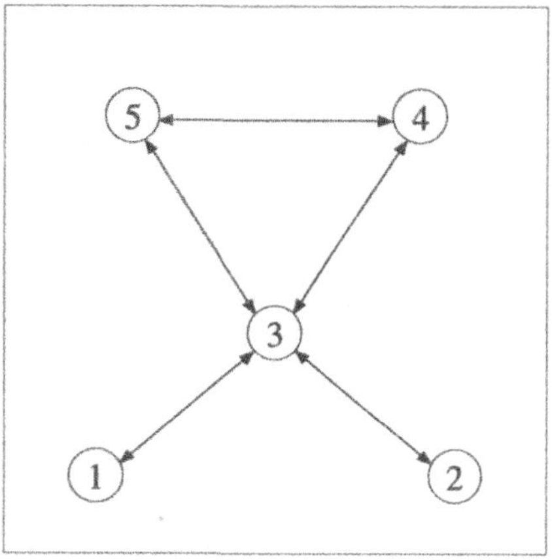

Abbildung 4.10: (a) Notwendiges mehrfaches Durchfahren von CP_3, nachdem die Feinplanung (*RO-Schicht* und *SK-Schicht*) in $DC = (CP_2, CP_3, CP_1)$ erfolglos war, (b) Der initiale Suchgraph für diese Welt.

liegende Zerlegung geändert hat. In [Kuan+85, Kampmann+89] wird dieses Problem nicht betrachtet, so daß die Bahnplanung bei diesen Verfahren abgebrochen werden muß, falls im ersten Fahrschlauch kein Weg gefunden wurde. Da bei [Kuan+85] jedoch eine *natürliche*, aus Kanälen (*engl.* channels) und Kreuzungen (*engl.* passage region) bestehende Freiraumzerlegung erzeugt wird, kann eine heuristische Fahrschlauchsuche benutzt werden, die bei Kanälen genau entscheiden kann, ob ein Fahrzeug durch diesen Kanal paßt. Bei Kreuzungen muß hingegen auf eine heuristische Funktion zurückgegriffen werden.

In [Brooks83] wird dieses Problem dadurch vermieden, daß die Suche sofort einen exakten Weg plant, der jedoch ausschließlich aus Translationen entlang der verallgemeinerten Zylinderachsen und aus Rotationen in den Schnittpunkten der Achsen besteht. Die Kollisionsfreiheit bei der Translation und bei der Rotation geht in die Gewichtsfunktion des Graphen ein.

In den nächsten Abschnitten wird der Aufbau des Graphen und die Suche in diesem erläutert. Anschließend wird auf die Integration von Fehlermeldungen eingegangen, die von tiefer liegenden Schichten geliefert werden. Dieses Problem wird durch eine iterative Modifikation des Suchgraphen gelöst. Dadurch können auch Fahrwege gefunden werden, in denen ein Freiraumpolygon mehrmals durchfahren werden muß.

Abbildung 4.10a zeigt ein Beispiel für das notwendige mehrfache Durchfahren des Polygons CP_3 im Fahrschlauch $DC = (CP_2, CP_3, CP_4, CP_5, CP_3, CP_1)$, nachdem im ursprünglich gelieferten Fahrschlauch $DC = (CP_2, CP_3, CP_1)$ kein Weg gefunden werden konnte, da das Fahrzeug für den engen Kanal zu breit ist. In Abbildung 4.10a ist für jedes konvexe Freiraumpolygon CP_i nur sein Index i eingezeichnet. Die gestrichelt markierten Rechtecke deuten das Fahrzeug in seiner Start- und Zielposition an, wobei die Startposition in CP_2 liegt.

4.4.1 Aufbau des initialen Suchgraphen

Für den Aufbau des auf der Zerlegung von $\mathcal{W}_{free}$ beruhenden initialen Graphen G werden als Knoten die Freiraumpolygone CP_i verwendet. Daraus ergibt sich die folgende Definition für den Graphen G ($G = (V, E)$), wobei V die Menge der Knoten (*engl.* vertices) bildet und E die Menge der Kanten E (*engl.* edges).

- Die Menge aller Knoten V entspricht der Menge aller Freiraumpolygone.
  $V = \{v_i | \exists \text{ Freiraumpolygon } CP_i\}$
- Zwischen zwei Knoten v_i und v_j existiert genau dann eine gerichtete Kante (v_i, v_j), wenn zwischen den zugehörigen Freiraumpolygonen CP_i und CP_j eine gemeinsame Grenzkante $b_{i,j}$ existiert. Für (v_i, v_j) kann abkürzend auch $e_{i,j}$ verwendet werden. Da es sich bei G um einen gerichteten Graphen handelt, gilt $e_{i,j} \neq e_{j,i}$.
  $E = \{(v_i, v_j) | \exists \text{ Grenzkante zwischen } CP_i \text{ und } CP_j, v_i, v_j \in V\}$

Der initiale Suchgraph für die Welt aus Abbildung 4.10a ist in Abbildung 4.10b skizziert. Eine Linie mit zwei Pfeilen symbolisiert dabei zwei gerichtete Kanten zwischen den entsprechenden Knoten.

4.4.2 Verwendetes Suchverfahren

Ein Weg $P = (p_0, \ldots, p_n)$ im Graphen $G = (V, E)$ entspricht einer Folge von Knoten und Kanten mit $p_i \in V$ und $(p_i, p_{i+1}) \in E$. Da jedem Knoten v_i eindeutig das Polygon CP_i zugeordnet ist, kann für jeden Weg im Graphen ein aus benachbarten Polygonen bestehender Fahrschlauch erzeugt werden. Um für einen Auftrag vom Startpunkt $\mathbf{s} \in CP_s$ zum Zielpunkt $\mathbf{g} \in CP_g$ einen Schlauch zu finden, muß somit im Graphen ein Weg von v_s zu v_g gefunden werden.

Jedem Knoten $v_i \in G$ wird ein geometrischer Punkt $gpoint(v_i)$ in der Welt zugeordnet. Dieser Punkt entspricht bei v_s dem Startpunkt $\mathbf{s}$, bei v_g dem Zielpunkt $\mathbf{g}$ und bei allen anderen v_i dem Schwerpunkt von CP_i. Einer Kante (v_i, v_j) im Graphen G wird die entsprechende Grenzkante $b_{i,j}$ zwischen CP_i und CP_j zugeordnet. Der euklidische Abstand zwischen zwei im Arbeitsraum $\mathcal{W}$ definierten Punkten $\mathbf{p}_1$ und $\mathbf{p}_2$ wird von der Funktion $d(\mathbf{p}_1, \mathbf{p}_2)$ geliefert.

Als Suchverfahren wird die heuristische A*-Suche verwendet [Nilsson82, Latombe91] (s. Abschnitt A.2). Dafür werden die folgenden Gewichte definiert:

- Gewicht g_1 wird für jeden Knoten $v_i \in V$ auf Grund der geometrischen Eigenschaften von CP_i festgelegt. Dieses Gewicht kann z.B. für alle v_i ein konstanter Wert c sein, von der Fläche von CP_i abhängen oder vom Verhältnis zwischen Fläche und Umfang.

  $g_1(v_i) = c$

- Jeder Kante (v_i, v_j) werden die beiden Gewichte g_2 und g_3 zugeordnet, wobei die Breite des Fahrzeuges und der euklidische Abstand zwischen den Schwerpunkten von CP_i und CP_j verwendet werden.

  $$g_2((v_i, v_j)) = \begin{cases} 0 & \text{wenn} \quad \text{Länge von } b_{i,j} \geq \text{Breite des Fahrzeugs} \\ \infty & \text{sonst} \end{cases}$$

  $$g_3((v_i, v_j)) = d(gpoint(v_i), gpoint(v_j))$$

- Für den Weg $P = (p_1, \ldots, p_n)$ kann als Gewichtsfunktion g vom Startknoten $v_s == p_1$ bis zum Knoten $v_i == p_n$ die Summe der Gewichte g_1 bis g_3 für diesen Weg benutzt werden. Da jedoch die Approximation des Weges auf Basis der Schwerpunkte u.U. stark vom endgültigen Weg abweicht, wird g leicht modifiziert.

  Wie in Abschnitt A.2 angegegeben, wird die Gewichtsfunktion g nur für Knoten benötigt, die als *visited* markiert sind (Diese Knoten befinden sich alle im Baum T). Für alle Knoten v_m, die als *visited* markiert sind, ergibt sich das Gewicht $g(v_m)$ als Länge des Linienzuges, der vom Startpunkt über die Mitte der überschrittenen Freiraumkanten $b_{i,j}$ zur Kante $b_{k,m}$ führt. Der Knoten v_k entspricht dabei dem Vorgänger von v_m. Für alle Knoten, die nicht als *visited* markiert sind, ist die Funktion $g(v_m)$ undefiniert.

  Die Funktion $pre(v_i)$ liefert den Vorgänger von v_i, die Funktion $length(t)$ die Länge einer Strecke t und die Funktion $middle(t)$ den Mittelpunkt von t.

  $$dist(v_i, v_j) = \begin{cases} length(\overline{s\ middle(b_{i,j})}) & \text{wenn} \quad v_i == v_s \\ length(\overline{middle(b_{p,i})\ middle(b_{i,j})}) & \text{sonst} \quad (\text{mit } v_p = pre(v_i)) \end{cases}$$

  Für die Gewichtsfunktion g ergibt sich:

  $$g(v_i) = \begin{cases} g'(v_i) & \text{wenn} \quad v_i \text{ als } \textit{visited} \text{ markiert ist} \\ \textit{undefiniert} & \text{sonst} \end{cases}$$

  $$g'(v_i) = \begin{cases} g_1(v_i) & \text{wenn} \quad v_i == v_s \\ g_1(v_i) + g'(v_p) + dist(v_p, v_i) & \text{sonst} \quad (\text{mit } v_p = pre(v_i)) \end{cases}$$

- Im A^*-Algorithmus wird zusätzlich das Gewicht der Kante $e_{i,m}$ benötigt, um zu prüfen, ob der bis jetzt gefundene Weg zum Knoten v_m teurer ist als der neu gefundene Weg zum Knoten v_m, der über Knoten v_i führt (s. *Zeile 20* in Abbildung A.3). Für die Berechnung des Gewichtes $weight(e_{i,m})$ werden die Funktionen g_1 bis g_3 verwendet:

  $weight(e_{i,m}) = g_1(v_m) + g_2(v_i, v_m) + g_3(v_i, v_m)$

- Als heuristische Gewichtsfunktion h vom Knoten v_i zum Zielknoten v_g wird der euklidische Abstand zwischen $gpoint(v_i)$ und $gpoint(v_g)$ gewählt.
  $h_1(v_i) = d(gpoint(v_i), gpoint(v_g))$

Wird die A^*-Suche mit den beiden Gewichtsfunktionen g und h auf den Graphen G angewendet, wird eine Knotenfolge geliefert, die einem Fahrschlauch $DC = (CP_i, CP_k, \ldots, CP_j) = (DP_1, \ldots, DP_m)$ entspricht. Bei jedem DP_i handelt es sich um ein Freiraumpolygon CP_j. Der Index eines DP_i wird von der Position des Freiraumpolygons innerhalb des Fahrschlauchs festgelegt. Dadurch entsteht bei der Angabe des Fahrschlauchs eine fortlaufende Indizierung. Die Indizes der CP_i hängen hingegen von der aktuellen Freiraumzerlegung ab.

Kann in einem gelieferten Fahrschlauch von den unteren Schichten (*RO-Schicht* und *SK-Schicht*) kein konkreter Weg geplant werden, wird als Grund ein aus einer Folge von Polygonen bestehender Teilschlauch $(DP_i, DP_{i+1}, \ldots, DP_j)$ zurückgeliefert, der in einen aus Knoten bestehenden blockierten Teilweg BS (*engl.* blocked subpath) transformiert werden muß. Dieser darf bei unveränderter Welt in keiner zukünftigen Lösung mehr enthalten sein. Folglich muß die Suche beim erneuten Starten einen anderen Weg liefern. Dies kann durch eine Veränderung der Struktur des Graphen erreicht werden.

Besteht der blockierte Teilweg $BS = (w_1, \ldots, w_m)$ genau aus einem Knoten w_1 $(m = 1)$, muß dieser mit der Gesamtheit aller Kanten entfernt werden, die von ihm ausgehen oder zu ihm führen. Sind im blockierten Teilweg genau zwei Knoten enthalten $(m = 2)$, kann der Suchgraph einfach durch Löschen der Kante (w_1, w_2) modifiziert werden. Längere blockierte Teilwege mit $m > 2$ können jedoch nicht durch so einfache Modifikationen in den Graphen integriert werden.

Wird bei der Suche innerhalb des in Abbildung 4.10b skizzierten Graphen der Schlauch $DC = (CP_2, CP_3, CP_1)$ geliefert, muß der komplette Teilweg (v_2, v_3, v_1) gesperrt werden, um noch die mögliche Lösung $DC = (CP_2, CP_3, CP_4, CP_5, CP_3, CP_1)$ zu generieren. Würde hingegen nur die Kante (v_2, v_3) oder nur die Kante (v_3, v_1) gelöscht, könnte der mögliche Weg nicht mehr gefunden werden. Ein Verfahren, das den Graphen auf der Basis von beliebig langen gesperrten Teilwegen modifiziert, wird in Abschnitt 4.4.3 beschrieben.

Durch die Integration von blockierten Teilwegen in den Suchprozeß ist es zusätzlich möglich, Fahrschläuche zu generieren, die ein CP_i mehrmals enthalten. Dies ist für das Lösen einiger Probleme notwendig (s. Abbildung 4.10).

4.4.3 Erweiterung des Graphen

Werden blockierte Fahrschläuche von den unteren Schichten geliefert, müssen die entsprechenden Teilwege $BS = (w_1, \ldots, w_m)$ $(w_i \in V)$ bei der erneuten Suche innerhalb des Graphen vermieden werden. Die Auswirkung eines neuen blockierten Teilweges BS entspricht dabei der Veränderung des Graphen. Auf dem neuen Graphen wird anschließend mit Hilfe des im vorigen Abschnitt erläuterten Verfahrens ein neuer Weg gesucht. Diese

Iteration bricht ab, falls die unteren Schichten einen Weg planen konnten oder falls die Suche keinen Weg im modifizierten Graphen findet.

Gegeben sei der aktuelle Suchgraph $G = (V, E)$ $(V = \{v_1, \ldots, v_n\})$ und der neue blokkierte Teilweg $BS = \{w_1, \ldots, w_m\}$ mit $w_i \in V$. Falls $m = 1$ gilt, ergibt sich der neue Graph $G' = (V', E')$ aus $V' = V \backslash \{w_1\}$ und $E' = E \backslash \{(v_i, v_j) | (v_i, v_j) \in E \wedge (v_i = w_1 \vee v_j = w_1)\}$. Um den neuen aktualisierten Graphen $G' = (V', E')$ für $m > 1$ zu erhalten, der als Lösung keinen Weg mit der Teilsequenz BS enthält, sind folgende Schritte auszuführen:

1. Lösche die Kante (w_1, w_2) zwischen den Knoten w_1 und w_2.
   $E' = E \setminus \{(w_1, w_2)\}$
2. Füge $m-2$ neue Knoten u_i zu G hinzu. Der Knoten u_i $(2 \leq i \leq m-1)$ steht dabei für die Teilsequenz von BS, die bei w_1 beginnt und bei w_i endet $(u_i = (w_1, \ldots, w_i))$.
   $V' = V \cup \bigcup_{i=2}^{m-1} (w_1, \ldots, w_i)$
3. Die Menge der Nachbarn von v_i im Graphen G sei durch die Funktion $nachbarn(G, v_i) = \{v_j | \exists e_{i,j} \in E\}$ definiert. Da es sich bei den w_i auch um Knoten von G handelt, ist $nachbarn(G, w_j)$ ebenfalls definiert.

   Füge für jedes i $(2 \leq i \leq m-1)$ alle Kanten zwischen u_i und den $nachbarn(G', w_i)$ ein mit Ausnahme der Kante zwischen u_i und w_{i+1}.
   $E' = E' \cup (\bigcup_{i=2}^{m-1} \{(u_i, v_k) | \exists (w_i, v_k) \in E', v_k \neq w_{i+1}\})$
4. Füge eine Kante von w_1 zu u_2 ein.
   $E' = E' \cup \{(w_1, u_2)\})$
5. Füge für jedes i $(2 \leq i \leq m-2)$ die Kanten zwischen u_i und u_{i+1} ein.
   $E' = E' \cup \bigcup_{i=2}^{m-2} \{(u_i, u_{i+1})\}$

Das Verfahren wird mit Hilfe des Beispiels aus Abbildung 4.10a erläutert. Nachdem die Feinplanung im Schlauch $DC = \{CP_2, CP_3, CP_1\}$ keinen Weg gefunden hat, wird der blockierte Teilweg $BS = \{v_2, v_3, v_1\}$ in den Graphen integriert. Zufällig entspricht dies dem gesamten ursprünglich gelieferten Fahrschlauch. Für die Modifikation sind folgende Schritte notwendig: Lösche die Kante (v_2, v_3) (Schritt 1); füge den Knoten $u_2 = (v_2, v_3)$ ein (Schritt 2); füge die Kanten (u_2, v_4) und (u_2, v_5) ein (Schritt 3) und füge die Kante (v_2, u_2) ein (Schritt 4). Schritt 5 entfällt, da nur ein zusätzlicher Knoten zum Graphen hinzugefügt wurde. Der modifizierte Graph, in den der blockierte Teilweg $BS = \{v_2, v_3, v_1\}$ integriert wurde, ist in Abbildung 4.11a skizziert.

Die anschließende Graphsuche liefert z.B. den Weg $(v_2, (v_2, v_3), v_5, v_3, v_1)$. Da im zugehörigen Fahrschlauch $DC = (CP_2, CP_3, CP_5, CP_3, CP_1)$ kein Weg existiert, wird die Folge $((v_2, v_3), v_5, v_3)$ als blockiert betrachtet. Nachdem diese in den Graphen integriert wurde, ergibt sich der in Abbildung 4.11b dargestellte Graph, bei dem die Suche den Weg $(v_2, (v_2, v_3), v_4, v_5, v_3, v_1)$ liefert, der dem Schlauch $(CP_2, CP_3, CP_4, CP_5, CP_3\ CP_1)$ entspricht. In diesem kann die Feinplanung einen Weg finden.

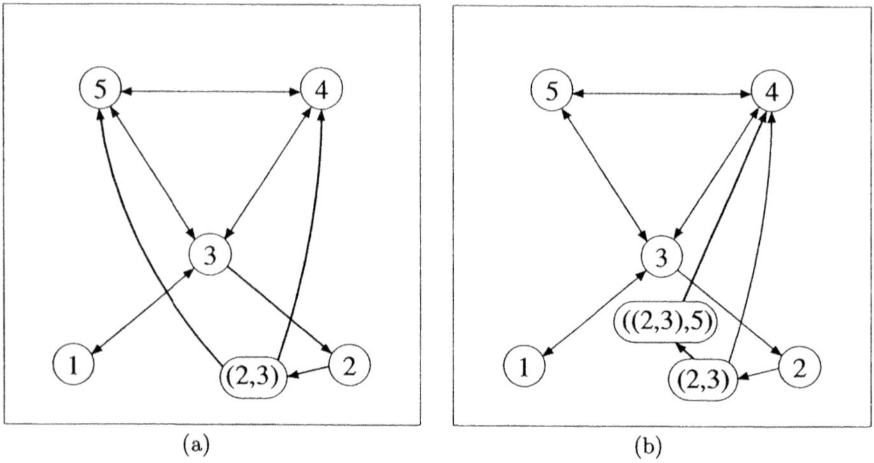

Abbildung 4.11: (a) Erweiterter Suchgraph für die Welt aus Abbildung 4.10a, nachdem der blockierte Teilweg $BS = (v_2, v_3, v_1)$ in den initialen Graphen integriert wurde (s. Abbildung 4.10b). (b) Erweiterter Suchgraph für die Welt, nachdem zusätzlich der blockierte Teilweg $BS = ((v_2, v_3), v_5, v_3)$ gesperrt wurde.

Soll in den initialen Graphen der blockierte Teilschlauch $DC = (DP_i, DP_{i+1}, \ldots, DP_j)$ integriert werden, gilt für den blockierten Teilweg $BS = (v_i, v_{i+1}, \ldots, v_j)$. Im erweiterten Graphen muß bei dieser Transformation berücksichtigt werden, daß Knoten in Teilschläuchen vorhanden sind, die bereits einer Folge von Polygonen entsprechen.

Würde in dem eben beschriebenen Beispiel während des vorherigen Schrittes von der Feinplanung der Teilschlauch (CP_2, CP_3) als nicht durchfahrbar angegeben, muß dieser blockierte Fahrschlauch in einen blockierten Teilweg innerhalb des Graphen transformiert werden. Wird (CP_2, CP_3) zurückgeliefert, muß in dem ursprünglichen Lösungsweg $(v_2, (v_2, v_3), v_4, v_5, v_3, v_1)$ der Knoten (v_2, v_3) gelöscht werden, d.h. $BS = ((v_2, v_3))$ und $m = 1$. Wird in einem fiktiven Beispiel die Folge $(CP_2,\ CP_3,\ CP_4)$ zurückgeliefert und der ursprüngliche Lösungsweg lautete $(v_2, (v_2, v_3), v_4, (v_4, v_5), v_1)$, muß der blockierte Teilweg $BS = ((v_2, v_3), v_4)$ berechnet werden. Für die zurückgelieferte Folge (CP_3, CP_4) muß $BS = ((v_2, v_3), v_4)$ gelten. Wird für den Lösungsweg $(v_1, (v_1, v_2), (v_1, v_2, v_3), v_4, (v_4, v_5))$ der Teilschlauch (CP_2, CP_3, CP_4, CP_5) zurückgeliefert, muß $BS = ((v_1, v_2, v_3), v_4,\ (v_4, v_5))$ erzeugt werden. Dieses Vorgehen kann entsprechend auf den allgemeinen Fall übertragen werden.

Für das Funktionieren der Graphsuche ist es notwendig, jedem neu erzeugten u_i ein Polygon zuzuordnen, damit u.a die geometrischen Punkte (*gpoint*) berechnet und ein Fahrschlauch generiert werden kann. Für jedes u_i wird dabei immer das letzte Polygon w_i benutzt. Die im Beispiel aufgetretenen langen Bezeichnungen können durch das Einführen neuer Indizes vermieden werden, dadurch geht jedoch die Anschaulichkeit verloren.

4.4.4 Ergänzende Bemerkungen

Durch die gesperrten Knotensequenzen, die natürlich auch für weitere Aufträge zur Verfügung stehen, erfolgt eine Anpassung des Suchverfahrens an die Fähigkeiten der unteren Schichten. Dabei wird der Graph nur an solchen Stellen expandiert, an denen es notwendig ist. Der Erfolg der Suche hängt stark von den gelieferten blockierten Teilwegen ab. Sind sie zu kurz, wird u.U. kein neuer Fahrschlauch gefunden, obwohl im Prinzip einer existiert. Die aus Suche und Modifikation des Graphen bestehende Iteration wird abgebrochen, sobald die Feinplanung einen Weg finden konnte oder wenn die Suche keinen neuen Fahrschlauch findet.

Da das Einfügen von sehr langen blockierten Teilwegen ($m \gg 1$) große Suchgraphen erzeugt, wird m z.B. auf 3 beschränkt. Erfordert der zurückgelieferte blockierte Teilschlauch ein größeres m, werden von diesem nur eine oder mehrere Teilsequenzen als blockierte Teilwege in den Graphen eingefügt. Zusätzlich darf ein Knoten nur einen aus maximal 3 Polygonen bestehenden Fahrschlauch repräsentieren. Erfordert ein blockierter Teilweg (z.B. $BS = ((v_1, v_2, v_3), v_4, (v_4, v_5))$, $m = 3$) einen Knoten mit mehr Polygonen ($u_2 = ((v_1, v_2, v_3), v_4)$, Anzahl der Polygone gleich 4), wird diese Sperrsequenz dadurch integriert, daß ausschließlich bestimmte Kanten gelöscht werden. Die Kante zwischen w_i und w_{i+1} wird gelöscht, falls die Summe der Anzahl der Polygone, die durch w_i und w_{i+1} repräsentiert werden, größer als 3 ist. Im oben erwähnten Beispiel würde somit die Kante $((v_1, v_2, v_3), v_4)$ entfernt. Durch diese Maßnahmen wird der Suchgraph eingeschränkt; es werden aber nicht mehr alle potentiellen Wege gefunden. Der Abbruch der Suche wird jedoch beschleunigt, wenn in der Welt kein Fahrschlauch existiert, in dem die Feinplanung einen Weg finden kann.

Wird der initiale Suchgraph durch das Einfügen eines teilweise dynamischen Hindernisses lokal verändert, wird der neue initiale Suchgraph durch lokale Anpassung aus dem alten initialen Graphen erzeugt. Anschließend werden alle blockierten Teilwege, die sich komplett auf noch existierende Freiraumpolygone beziehen, in den neuen initialen Graphen integriert.

4.5 Rechtsorientierung

Auf der Basis des gelieferten Fahrschlauchs *DC* wird in der *RO-Schicht* (s. Abbildung 4.3) ein rechtsorientierter Basisweg erzeugt (Forderung **F5: Anpassung der Planung an die Umgebung**), der aus einer Folge von Strecken besteht. Als Grundgerüst werden dazu entlang des rechten Fahrschlauchrandes Punkte berechnet, mit deren Hilfe ein Graph aufgebaut wird, in dem der *beste* Weg gesucht wird. Dabei wird nicht nur einfach der rechte Rand verfolgt, sondern eine Abkürzung gewählt, wenn der durch die Rechtsorientierung erzeugte Umweg zu lang ist.

Für ein tangential fahrendes Fahrzeug (Forderung **F6: Tangentiale Orientierung**) mit der Originalfahrzeugbreite und der künstlichen Fahrzeuglänge Null sind die einzelnen Strecken der gelieferten Basislinie kollisionsfrei. Ist diese Kollisionsfreiheit im initialen Fahrschlauch nicht gegeben, wird dieser iterativ um Freiraumpolygone ergänzt. Kann trotzdem keine kollisionsfreie rechtsorientierte Basislinie gefunden werden, wird ein blokkierter Teilschlauch zurückgeliefert, der in die Fahrschlauchsuche integriert wird (s. Abschnitt 4.4). Die Kollisionsfreiheit der Gesamtbahn für das rechteckige Fahrzeug wird in Abschnitt 4.6 behandelt, nachdem Kurven in die Basislinie eingepaßt wurden.

Um die Kernidee klar vorzustellen, wird das Verfahren zunächst für überlappungsfreie Fahrschläuche vorgestellt (s. Abschnitt 4.5.1) und anschließend auf den überlappenden Fall erweitert (s. Abschnitt 4.5.2). Dafür werden folgende Abkürzungen eingeführt:

- Ein Fahrschlauch DC ist durch eine Folge von Freiraumpolygonen definiert, deren Indizes durch die Zerlegung vorgegeben sind. Um eine fortlaufende Indizierung zu erhalten, werden die Fahrschlauchpolygone DP_i eingeführt. Jedem Fahrschlauchpolygon DP_i ist ein Freiraumpolygon CP_j zugeordnet. Der Index i von DP_i wird durch die Position von DP_i im Fahrschlauch festgelegt, während der Index j von CP_j eindeutig durch die Freiraumzerlegung bestimmt wird. Um eine Zuordnung zwischen den DP_i und den CP_j zu erreichen, wird die Funktion *DPtoCP* eingeführt, die das Fahrschlauchpolygon DP_i auf das entsprechende CP_j abbildet.

  $DC = (DP_0, DP_1 \ldots, DP_m) = (CP_k, CP_q, \ldots, CP_l)$
  mit $CP_j = DPtoCP(DP_i)$

- Da der zuerst gelieferte Fahrschlauch zwar für einen isolierten Punkt eine Verbindung zwischen der Start- und Zielposition garantiert, aber nicht für ein Fahrzeug einer bestimmten Breite, wird der Fahrschlauch bei Bedarf iterativ um Freiraumpolygone erweitert. Bei der Erweiterung des aktuellen Schlauchs DC zu DC'' wird das neue CP_i an die ursprüngliche Sequenz angehängt und die Anzahl m der im neuen Fahrschlauch enthaltenen Elemente angepaßt.

  $DC'' = modify(DC, CP_i)$

- Der initiale Fahrschlauch DC' des aktuellen Fahrschlauchs DC entspricht der Sequenz von n ($n \leq m$) Freiraumpolygonen, die ursprünglich von der Suche geliefert wurden, ohne daß Erweiterungen $(DP_{n+1}, \ldots, DP_m)$ vorgenommen wurden.

  $DC' = initial\_DC(DC) = initial\_DC((DP_0, \ldots, DP_m)) = (DP_0, \ldots, DP_n)$

- Für den ursprünglich gelieferten Fahrschlauch $initial\_DC(DC)$ ergibt sich eine Folge von gemeinsamen Kanten ce_i (*engl.* common edges), wobei ce_i die gemeinsame Kante von DP_i und DP_{i+1} $(0 \leq i \leq n-1)$ bezeichnet. Ein potentieller Weg vom Start s zum Ziel g, der jedoch keine Rechtsorientierung aufweist, ist somit durch die Punktfolge s, $middle(ce_0), \ldots,$ $middle(ce_{n-1})$, g gegeben, die einen Linienzug festlegt.

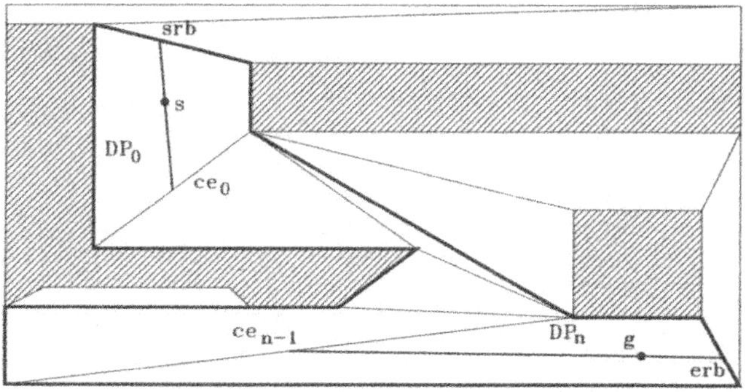

Abbildung 4.12: Zerlegung eines Weltausschnittes, in dem ein Fahrschlauch eingezeichnet ist, der die Startposition s mit der Zielposition g verbindet.

- Die äußeren Kanten des aktuellen Fahrschlauchs werden mit $b_0, \ldots, b_q$ bezeichnet. Die Funktion *crossable*(b_i) liefert genau dann **wahr**, wenn die Kante b_i innerhalb der Zerlegung zwei Freiraumpolygone miteinander verbindet. Da es sich bei b_i um eine Außenkante des Fahrschlauchs handelt, liegt eines dieser Freiraumpolygone im Fahrschlauch und das andere außerhalb.

4.5.1 Wege in überlappungsfreien Fahrschläuchen

Ein überlappungsfreier Fahrschlauch DC ist dadurch definiert, daß alle in ihm enthaltenen Freiraumpolygone höchstens einmal auftreten, d.h. $\forall 0 \leq i < j \leq m : DPtoCP(DP_i) \neq DPtoCP(DP_j)$. Nachdem entlang des rechten Fahrschlauchrandes Punkte generiert wurden (s. Abschnitt 4.5.1.1), wird mit Hilfe dieser Punkte der *beste* rechtsorientierte Weg bestimmt (s. Abschnitt 4.5.1.2).

4.5.1.1 Konstruktion der rechtsorientierten Punkte

Für die Konstruktion der rechtsorientierten Punkte wird ausschließlich der rechte äußere Rand des aktuellen DC benutzt, um eine maximale Unabhängigkeit von der internen Zerlegung des Fahrschlauchs zu erhalten. Folglich werden für zwei unterschiedliche Fahrschläuche, die aber einen identischen rechten Rand haben, die gleichen rechtsorientierten Punkte v_i erzeugt.

Im ersten Schritt wird zunächst eine Folge von Kanten b_i berechnet, die den äußeren Fahrschlauchrand beschreibt. Ein allgemeines Verfahren, das auch sich berührende Fahrschläuche behandelt, wird in Abschnitt 4.5.2.1 beschrieben. Auf Basis des gegebenen äußeren Randes wird zunächst der rechte Rand ausgewählt, indem der Schnittpunkt *srb*

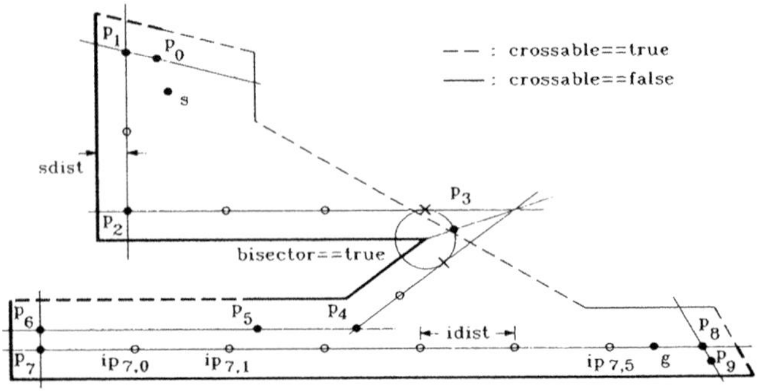

Abbildung 4.13: Ein Fahrschlauch mit seinen rechtsorientierten Punkten.

(*engl.* start right border) zwischen DP_0 und dem Strahl berechnet wird, der im Mittelpunkt von ce_0 beginnt und durch den Startpunkt s verläuft (s. Abbildung 4.12). Der Endpunkt des rechten Randes wird mit Hilfe von g, ce_{n-1} und DP_n bestimmt. Die den rechten Rand des Fahrschlauchs bildenden Kanten $rb_0, \ldots, rb_p$ werden berechnet, indem beginnend bei srb der aus den Kanten b_i bestehende Rand verfolgt wird bis erb erreicht wurde. Aus dem Schnitt zwischen dem oben angegebenen Strahl und der durch diesen Strahl geschnittenen Kante von DP_0 ergibt sich die Startrichtung, entlang der dem Rand gefolgt werden muß. In Abbildung 4.13 ist der erzeugte rechte Rand mit dicken Linien eingezeichnet. Die gestrichelten Linien bedeuten, daß innerhalb der Welt hinter dieser Kante b_i ein weiteres CP_j zu finden ist ($crossable(b_i) ==$ **wahr**).

Um die rechtsorientierten Punkte zu konstruieren, werden die rb_i um eine Sicherheitsentfernung *sdist* in Richtung der Fahrschlauchmitte verschoben. Da auch für die spätere Kurvenplanung (s. Abschnitt 4.6) genügend Platz vorhanden sein muß, wird bei *sdist* sowohl die Fahrzeugbreite (*veh_width*) als auch die Fahrzeuglänge (*veh_length*) verwendet ($sdist = 0.5 * veh\_width * (\lambda + \mu \frac{veh\_width}{veh\_length})$ mit den empirischen Werten $\lambda = 1.2$ und $\mu = 0.5$). Die Geraden l_i ($0 \leq i \leq p$) ergeben sich aus den verschobenen und anschließend verlängerten rb_i.

Für jeweils zwei aufeinander folgende Linien l_{i-1} und l_i ($1 \leq i \leq p$) wird ein Punkt p_i berechnet. In Abbildung 4.13 sind diese Punkte mit einem • markiert. Ist der auf der Außenseite des Fahrschlauchs gemessene Winkel zwischen l_{i-1} und l_i größer als 90 Grad, liefert die Funktion $bisector(p_i)$ den Wert **falsch** zurück und p_i entspricht dem Schnittpunkt zwischen l_{i-1} und l_i. Für den Fall, daß dieser Winkel kleiner als 90 Grad ist ($bisector =$ **wahr**), berechnet sich p_i aus dem Schnittpunkt von rb_{i-1} und rb_i, der um *sdist* entlang der durch l_{i-1} und l_i definierten Winkelhalbierenden verschoben wurde. Diese Unterscheidung ist notwendig, damit sich die p_i nicht zu weit vom Rand entfernen (p_3 in Abbildung 4.13). Die Punkte, die sich aus einer Verschiebung von srb und erb um *sdist* ergeben, werden als p_0 und p_{p+1} zu der Menge dieser Punkte hinzugefügt.

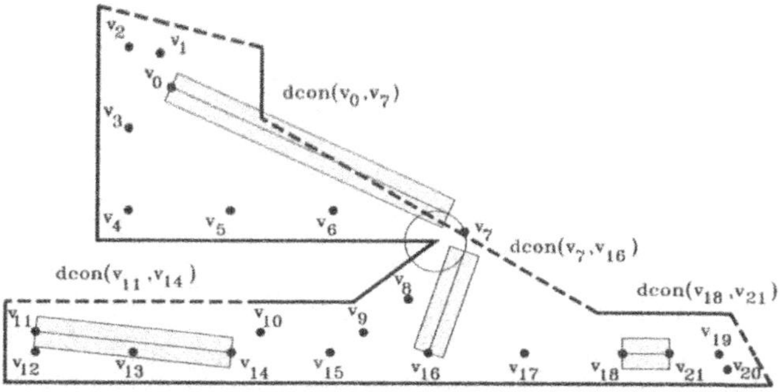

Abbildung 4.14: Direkte Verbindungen zwischen v_i und v_j ($dcon(v_i, v_j)$).

Entlang der Geraden l_i werden zwischen den Punkten p_i und p_{i+1} Zwischenpunkte $ip_{i,j}$ in einem Abstand von *idist* (empirischer Wert: $2.5 * veh\_width$) berechnet, falls die zu l_i gehörende Kante rb_i nicht überquerbar ist ($crossable(rb_i) ==$ **falsch**). Gilt für ein p_i $bisector(p_i) =$ **wahr**, wird für die Beschränkung des Intervalls auf der Geraden l_i ein Hilfspunkt verwendet, der sich aus dem Kontaktpunkt zwischen der Tangente l_i und einem Kreis mit Radius *sdist* um den Schnittpunkt von rb_{i-1} und rb_i ergibt. Dieser Kreis wird mit $circle(p_i)$ abgekürzt. In Abbildung 4.13 ist ein solcher Kreis für p_3 eingezeichnet ($circle(p_3)$). Die verwendeten Hilfspunkte sind mit Kreuzen ($\times$) markiert.

Da Zwischenpunkte $ip_{i,j}$ nur entlang von Geraden l_i erzeugt werden, für die $crossabel(rb_i)$ = **falsch** gilt, werden die zusätzlichen Punkte nur entlang von Hindernissen erzeugt, so daß die darauf aufbauende Rechtsorientierung sich hauptsächlich an Hinderniskanten orientiert. Diese Tatsache wird noch dadurch unterstützt, daß die restlichen p_i immer zu in der Nähe liegenden Ecken von Hindernissen gehören. In Abbildung 4.13 sind die $ip_{i,j}$ durch $\circ$ markiert.

Die erzeugten rechtsorientierten Punkte p_i und $ip_{i,j}$ werden zusammen mit dem Startpunkt s und dem Zielpunkt g dazu verwendet, eine Folge LV von fortlaufend indizierten Punkten v_i ($0 \leq i \leq t$) zu definieren, für die $LV = (v_0, \ldots, v_t) = (s, p_0, \ldots, p_i, ip_{i,0}, \ldots, p_{i+1}, \ldots, p_{p+1}, \ldots, g)$ gilt.

4.5.1.2 Berechnung des rechtsorientierten Weges

Für die Bestimmung des *besten* rechtsorientierten Weges wird ein gerichteter Graph $G = (V, E)$ aufgebaut, bei dem die Knotenmenge V der Menge der rechtsorientierten Punkte v_i entspricht. Eine gerichtete Kante $e_{i,j}$ zwischen v_i und v_j wird genau dann in G eingefügt, wenn eine Vorwärtsverbindung vorliegt ($i \leq j$) und die direkte Verbindung $dcon(v_i, v_j)$ kollisionsfrei im Fahrschlauch DC liegt.

Die direkte Verbindung *dcon* zwischen v_i und v_j entspricht einem Rechteck. Dieses Recht-

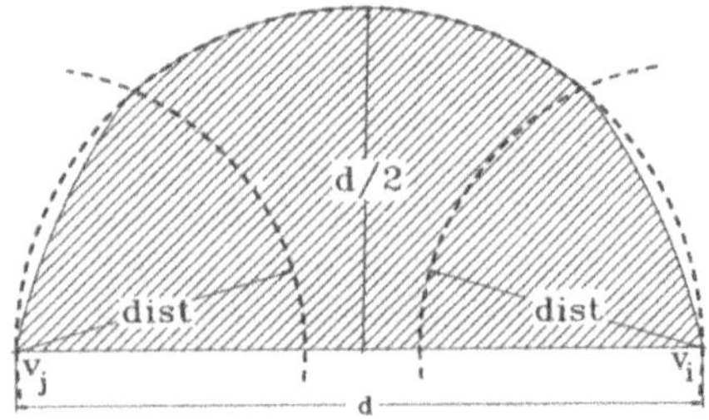

Abbildung 4.15: Bei Verwendung der in Gleichung 4.1 angegebenen Funktion ist die direkte Verbindung zwischen v_i und v_j teurer als eine Verbindung zwischen diesen beiden Punkten, die einen zusätzlichen im schraffierten Bereich liegenden Zwischenpunkt benutzt.

eck wird erzeugt, indem zwischen dem zu v_i gehörenden Hilfspunkt cv_i und dem zu v_j gehörenden Hilfspunkt cv_j eine auf Fahrzeugbreite verbreiterte Linie gezogen wird. Falls $bisector(v_k)$ = **falsch** gilt, sind der Punkt v_k und der Hilfspunkt cv_k identisch. Für den Fall $bisector(v_k)$ = **wahr** entspricht der Hilfspunkt cv_k dem Kontaktpunkt zwischen dem Kreis $circle(v_k)$ und der Geraden l_p, die den beiden Punkten v_i und v_j zugeordnet ist. In Abbildung 4.13 sind die beiden Hilfspunkte von p_3 durch Kreuze ($\times$) markiert. Schneidet das Rechteck $dcon(v_i, v_j)$ keine Außenkante b_i des aktuellen Fahrschlauchs DC, liegt diese direkte Verbindung im aktuellen Fahrschlauch, d.h. $in(DC, dcon(v_i, v_j)) ==$ **wahr**. In Abbildung 4.14 sind einige direkte Verbindungen eingezeichnet, wobei von den eingezeichneten Verbindungen nur $dcon(v_0, v_7)$ nicht im Fahrschlauch liegt.

Ein rechtsorientierter Weg, der nicht jeden beliebig langen rechtsorientierten Umweg in Kauf nimmt, wird dadurch gefunden, daß bei der eingesetzten Gewichtsfunktion der euklidische Abstand $d(v_i, v_j)$ zwischen v_i und v_j nicht ausschließlich linear eingeht, sondern auch quadratisch. Dadurch wird die direkte längere Verbindung zwischen den Knoten v_i und v_j u.U. teurer als die Summen der beiden kürzeren direkten Verbindungen zwischen v_i und v_k und zwischen v_k und v_j. Da der so gefundene *beste* Weg i.a. mehr von den Punkten v_i enthält, wird eine bessere Rechtsorientierung erreicht.

In Abbildung 4.15 ist die Auswirkung einer solchen Gewichtsfunktion veranschaulicht. Wird die in Gleichung 4.1 angegebene Funktion verwendet, so ist die direkte Verbindung zwischen v_i und v_j teurer als eine Verbindung zwischen diesen beiden Punkten, die einen zusätzlichen im schraffierten Bereich liegenden Zwischenpunkt benutzt.

Der Floyd Algorithmus [Floyd62, Gould88] wird als Suchverfahren eingesetzt (s. Abschnitt A.3), um bei einem Fehlschlag der Suche den Engpaß genau lokalisieren zu können. Dadurch wird das gezielte Erweitern des Fahrschlauchs und das Sperren von Teilwegen möglich (s. Abschnitt 4.5.1.3). Dieses Suchverfahren arbeitet mit den beiden Matrizen **R** und **W**. Nach Anwendung des Verfahrens enthält die Routenmatrix **R** an der Stelle $r_{i,j}$ den Knoten v_k, der als nächstes anzufahren ist, um auf dem *besten* Weg von v_i nach v_j zu kommen. Die Verbindung vom Start v_0 zum Ziel v_t wird somit durch iteratives Auslesen der Matrix **R** bestimmt. Die Kostenmatrix **W** enthält an der Stelle $w_{i,j}$ die Kosten, die für die Verbindung von v_i zu v_j anfallen.

Für die Initialisierung der Matrix **R** wird an der Stelle $r_{i,j}$ der Knoten v_j eingetragen, falls die Kante $e_{i,j}$ in G existiert, d.h. $dcon(v_i, v_j)$ liegt im Fahrschlauch. In **W** wird an der Stelle $w_{i,j}$ das Gewicht für die Kante eingetragen, wenn sie existiert ($r_{i,j} \neq \emptyset$). Da nur Vorwärtsverbindungen sinnvoll sind, ergeben sich für $0 \leq i \leq j \leq t$ folgende Startwerte:

- $r_{i,j} = \begin{cases} v_j & \text{wenn} \quad in(DC, dcon(v_i, v_j)) == \textbf{wahr} \\ \emptyset & \text{sonst} \end{cases}$

- $w_{i,j} = \begin{cases} weight(d(v_i, v_j)) & \text{wenn} \quad r_{i,j} \neq \emptyset \\ \infty & \text{sonst} \end{cases}$

$$weight(x) = \begin{cases} x & \text{wenn} \quad x < dist \\ \frac{1}{dist}x^2 & \text{sonst} \end{cases} \tag{4.1}$$

Nach Anwendung des Floyd Algorithmus kann der *beste* rechtsorientierte Weg $connect(v_i, v_j)$ zwischen v_i und v_j aus der Routenmatrix ausgelesen werden:

- $connect(v_i, v_j) = \begin{cases} \emptyset & \text{wenn} \quad r_{i,j} = \emptyset \\ (c\_line(v_i, v_j)) & \text{sonst} \end{cases}$

$$c\_line(v_i, v_j) = \begin{cases} v_j & \text{wenn} \quad i == j \\ v_i, c\_line(r_{i,j}, v_j) & \text{sonst} \end{cases}$$

Die Funktion *weight* aus Gleichung 4.1 besteht aus zwei Teilen, damit bei eng zusammenliegenden Punkten ($d(v_i, v_j) \leq dist$) die direkte Verbindung die *beste* ist, während bei weiter auseinander liegenden Punkten ($d(v_i, v_j) > dist$) ein nicht zu weit entfernt liegender Zwischenpunkt eingefügt wird. In Abbildung 4.15 dürfen sich diese Zwischenpunkte im schraffierten Bereich befinden. Dadurch werden nicht zu weit entfernt liegende Zwischenpunkte in den Weg integriert. Da diese zusätzlichen Punkte am rechten Rand liegen, wird ein rechtsorientierter Weg erzeugt, der jedoch nicht blind dem rechten Rand folgt. Als empirischer Wert für den Abstand *dist* wird 2.5∗ Fahrzeuglänge verwendet. Ein ausführliches Beispiel für die Berechnung des *besten* rechtsorientierten Weges ist in Abschnitt A.3.2 zu finden.

Die Verbindung zwischen dem Startpunkt s und dem Zielpunkt g entspricht der Punktfolge $connect(v_0, v_t)$, die aus der Routenmatrix ausgelesen werden kann. Existiert eine solche Verbindung ($connect(s, g) \neq \emptyset$), ist die entstandene Punktfolge $connect(s, g) = (c_0, \ldots, c_r)$ im oben beschriebenen Sinne kollisionsfrei, d.h. $in(DC, dcon(c_i, c_{i+1})) ==$ **wahr** für $0 \leq i \leq r$. Ist keine gültige Verbindung gefunden worden ($connect(s, g) = \emptyset$),

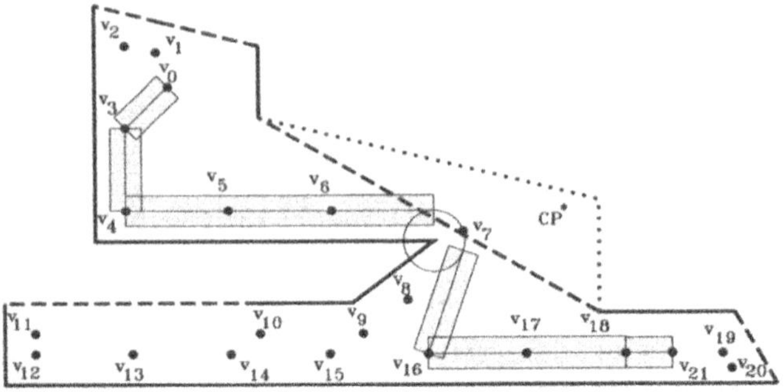

Abbildung 4.16: Eine Folge von direkten Verbindungen $dcon(v_i, v_j)$ vom Start zum Ziel, für die $in(modify(DC, CP^*), dcon(v_i, v_j)) ==$ **wahr** gilt.

wird versucht, den Fahrschlauch zu erweitern oder einen blockierten Teilschlauch zu bestimmen, um die übergeordnete Fahrschlauchsuche zu steuern. Diese beiden Techniken werden in Abschnitt 4.5.1.3 und in Abschnitt 4.5.1.4 beschrieben.

Für den Fahrschlauch aus Abbildung 4.14 kann erst eine gültige Verbindung gefunden werden, nachdem der Fahrschlauch um das Freiraumpolygon CP^* erweitert wurde. Eine mögliche Lösung ist in Abbildung 4.16 skizziert.

Eine Erweiterung um CP_i ist nur dann möglich, wenn CP_i nicht bereits im aktuellen Fahrschlauch DC enthalten ist. Dadurch wird vermieden, daß zusätzliche Schleifen im Fahrschlauch entstehen, die von der Fahrschlauchsuche nicht beabsichtigt waren.

4.5.1.3 Erweiterung des Fahrschlauchs

Ist im aktuellen Fahrschlauch keine Verbindung vom Startpunkt zum Zielpunkt vorhanden ($connect(s, g) == \emptyset$), wird in der aktuellen Routenmatrix $\mathbf{R}$ der Knoten v_i mit maximalem i gesucht, der vom Startpunkt aus noch zu erreichen ist. Anschließend wird der Schnitt zwischen den Randkanten b_l des aktuellen Fahrschlauchs DC und der direkten Verbindung $dcon(v_i, v_{i+1})$ berechnet. Daraus ergeben sich drei verschiedene Vorgehensweisen:

- Schneidet $dcon(v_i, v_{i+1})$ nur überquerbare Randkanten b_i ($crossable(b_l) ==$ **wahr**), wird der Fahrschlauch um die entsprechenden Freiraumpolygone erweitert. Bei der Erweiterung des Fahrschlauches wird erst abgebrochen, wenn die Verbindung $dcon(v_i,\ v_{i+1})$ kollisionsfrei im erweiterten Fahrschlauch liegt. Dadurch können u.U. mehrere kleine Freiraumpolygone für die Behebung des Engpasses hinzugefügt werden. Bei diesem Ansatz erfolgen Erweiterungen nur am linken Fahrschlauchrand.

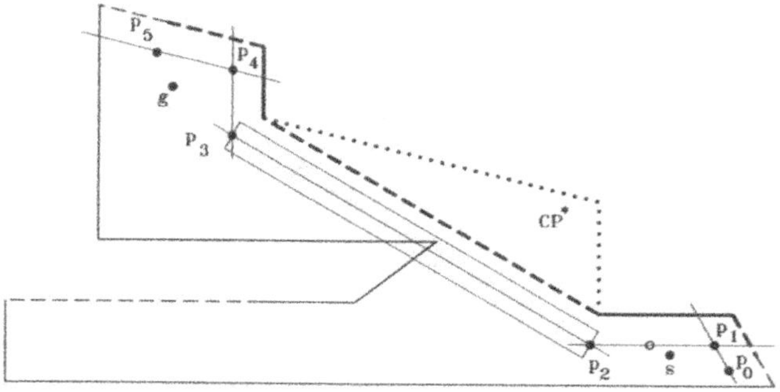

Abbildung 4.17: Rechtsorientierte Punkte im Fahrschlauch von Abbildung 4.16, nachdem Start- und Zielpunkt vertauscht wurden.

- Schneidet $dcon(v_i, v_{i+1})$ mindestens eine nicht überquerbare Randkante des Fahrschlauchs, wird der Fahrschlauch auf der rechten Seite erweitert, falls dort eine überquerbare Kante vorliegt.
- Ist keine Erweiterung des Fahrschlauchs möglich, wird die Feinplanung abgebrochen und ein blockierter Teilfahrschlauch generiert, der zur Fahrschlauchsuche als Fehlermeldung geliefert wird und dort die Suchfunktion beeinflußt (s. Abschnitt 4.5.1.4).

Konnte der Engpaß zwischen v_i und v_{i+1} durch Erweitern beseitigt werden, wird in der ursprünglichen Routenmatrix der Knoten v_j mit maximalem j gesucht, für den $connect(v_{i+1}, v_j) = \emptyset$ gilt. Gibt es einen solchen Knoten v_j, wird das obige Verfahren erneut angewendet. Im anderen Falle ist die Erweiterung des Fahrschlauches abgeschlossen und der in den Abschnitten 4.5.1.1 und 4.5.1.2 beschriebene Zyklus wird wiederholt. Da der Fahrschlauch bei beiden Erweiterungen i.a. nur lokal verändert wird, reichen lokale Operationen aus, um die neuen Punkte v_i zu erzeugen und ihren Einfluß in die Matrizen einzuflechten. Wurde der Fahrschlauch ausschließlich am linken Rand erweitert, bleiben sogar alle v_i unverändert, so daß nur eine Neuinitialisierung der Matrizen $\mathbf{R}$ und $\mathbf{W}$ notwendig ist.

Eine Erweiterung des aktuellen Fahrschlauchs um CP_i ist nur dann erlaubt, wenn CP_i nicht bereits im aktuellen Fahrschlauch DC enthalten ist und wenn CP_i nicht bereits in dieser Iteration an anderer Stelle hinzugefügt wurde. Ist eine dieser Voraussetzungen erfüllt, wird die Erweiterung des Fahrschlauchs abgebrochen. Dadurch wird vermieden, daß zusätzliche Schleifen im Fahrschlauch entstehen, die von der Fahrschlauchsuche nicht beabsichtigt waren.

In Abbildung 4.16 ist die notwendige Erweiterung des initialen Fahrschlauchs an der linken Seite durch eine gepunktete Linie angedeutet. Werden im gleichen Fahrschlauch

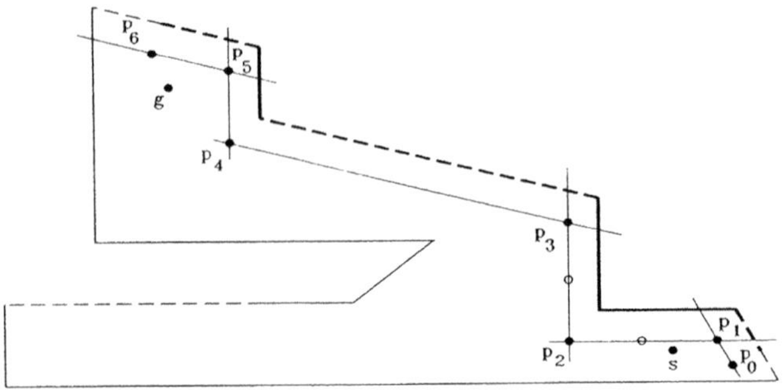

Abbildung 4.18: Die Erweiterung des Fahrschlauchs aus Abbildung 4.17 an der rechten Seite und die neuen rechtsorientierten Punkte.

Start- und Zielpunkt vertauscht (s. Abbildung 4.17), wird eine Erweiterung an der rechten Seite notwendig, die in Abbildung 4.18 skizziert ist.

Bei der Erweiterung des Fahrschlauches um zusätzliche Polygone, werden diese mit einem im initialen Fahrschlauch liegenden DP_j verknüpft, um die Generierung des neuen Fahrschlauchrandes zu vereinfachen.

4.5.1.4 Bestimmung von blockierten Teilfahrschläuchen

In Abschnitt 4.5.1.3 wurde erwähnt, daß mit Hilfe der beiden Punkte v_i und v_{i+1}, zwischen denen keine gültige Verbindung im eventuell erweiterten Fahrschlauch gefunden werden kann, ein blockierter Teilschlauch generiert werden muß.

Handelt es sich bei v_i um einen auf Grund einer Ecke e_k im rechten Rand generierten Punkt p_k, wird v_i die Folge $(DP_{l_i}, DP_{l_i+1}, \dots, DP_{r_i})$ von Fahrschlauchpolygonen zugeordnet, wobei bei jedem Polygon DP_j eine Polygonecke mit dem Eckpunkt e_k übereinstimmen muß. Handelt es sich bei v_i dagegen um den Zwischenpunkt $ip_{k,l}$, wird v_i die Folge von p_k zugeordnet. Für v_{i+1} gelten sinngemäß die gleichen Aussagen mit der folgenden Ausnahme: Entspricht v_{i+1} dem Zwischenpunkt $ip_{k,l}$, wird v_{i+1} nicht die Folge von p_k zugeordnet, sondern die Folge von p_{k+1}. Der Start- und der Zielpunkt gehören jeweils nur zu einem Polygon.

Sind alle Fahrschlauchpolygone, die in einer der zu v_i oder zu v_{i+1} gehörenden Folge liegen, im initialen Fahrschlauch enthalten, wird an die Fahrschlauchsuche auf Grund der beiden Punkte v_i und v_{i+1} der blockierte Teilfahrschlauch $(DP_{l_i}, \dots, DP_{r_{i+1}})$ zurückgeliefert, falls $r_i \geq l_{i+1}$ gilt. Im anderen Fall $(r_i \leq l_{i+1})$ wird die Folge $(DP_{l_i}, \dots, DP_{r_i}, \dots, DP_{l_{i+1}}, \dots, DP_{r_{i+1}})$ gesendet. Die in den beiden Folgen enthaltenen Fahrschlauchpolygone liegen auf jeden Fall im initialen Fahrschlauch, wenn der initiale Fahrschlauch nicht oder ausschließlich an der linken Seite erweitert wurde.

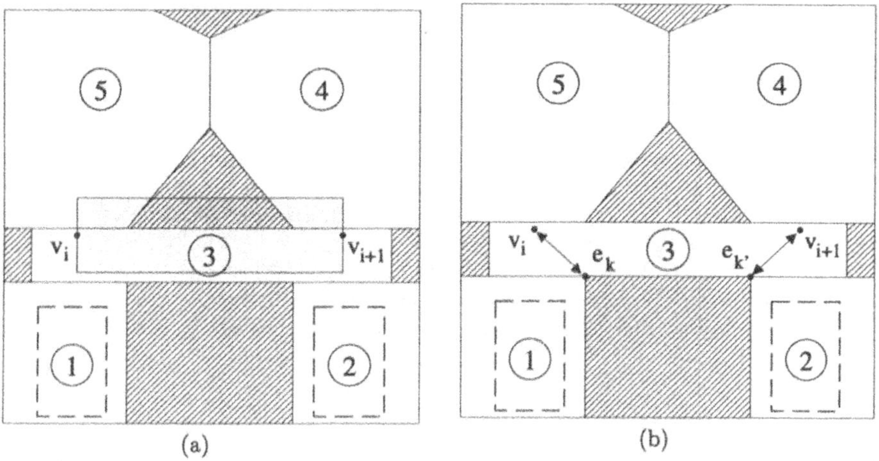

Abbildung 4.19: (a) Zwei rechtsorientierte Punkte v_i und v_{i+1} im Fahrschlauch (CP_1, CP_3, CP_2), zwischen denen keine kollisionsfreie Verbindung $dcon(v_i, v_{i+1})$ möglich ist. (b) Die Punkte v_i und v_{i+1} sind auf Grund der im rechten Fahrschlauchrand enthaltenen Ecken e_k bzw. $e_{k'}$ konstruiert worden (s. Abschnitt 4.5.1.1)

In dem in Abbildung 4.19 gezeigten Beispiel wird zunächst der Fahrschlauch CP_1, CP_3, CP_2 geliefert. Da das Fahrzeug für CP_3 zu breit ist, gibt es jedoch keine kollisionsfreie Verbindung zwischen v_i und v_{i+1} (s. Abbildung 4.19a). Da v_i auf Grund des Eckpunktes e_k konstruiert wurde (s. Abbildung 4.19b), gehört die Folge (CP_1, CP_3) zu v_i (s. oben). Auf Grund des Punktes $e_{k'}$ wird v_{i+1} die Folge (CP_3, CP_2) zugeordnet. Da sich diese beiden Folgen überlappen, wird auf Grund der oben angegebenen Fallunterscheidung die Sperrfolge CP_1, CP_3, CP_2 als Fehlermeldung zur Fahrschlauchsuche (*FS-Schicht*) zurückgeliefert.

Wurde der aktuelle Fahrschlauch im Vergleich zu *initial_DC*(DC) auch an der rechten Seite erweitert, muß der zu einem Knoten v_i gehörende Eckpunkt e_k nicht unbedingt mit der Ecke eines Polygons DP_p übereinstimmen, das zum initialen Fahrschlauch gehört. Da bei jeder Erweiterung des Fahrschlauches um ein zusätzliches Polygon CP_l, dieses CP_l mit einem im initialen Fahrschlauch liegenden DP_j verbunden wird, wird in die zu v_i gehörende Folge DP_j an Stelle von DP_p eingetragen. Die so erzeugte Sequenz wird nachbearbeitet, so daß eine Polygonfolge mit fortlaufenden Indizes entsteht, die im initialen Fahrschlauch enthalten ist.

4.5.2 Wege in sich überlappenden Fahrschläuchen

Ein sich überlappender initialer Fahrschlauch $DC = (DP_0, \ldots, DP_n)$ ist dadurch charakterisiert, daß mindestens ein Freiraumpolygon CP_j zweimal im Fahrschlauch auftaucht, d.h. $\exists i, j : 0 \leq i < j+1 \leq n, DPtoCP(DP_i) = DPtoCP(DP_j)$. Somit liegt eine räumliche Überlappung vor. Da jedoch die entsprechenden Freiraumpolygone auch mehrmals im Fahrschlauch eingetragen sind, gilt für alle DP_i mit $0 < i < n$, daß sie genau über eine Kante betreten und genau über eine andere Kante wieder verlassen werden. Dadurch wird die Erzeugung des äußeren Randes (s. Abschnitt 4.5.2.1) und die Berechnung der rechtsorientierten Punkte (s. Abschnitt 4.5.2.2) ohne Schwierigkeiten möglich. Um eine korrekte Anwendung des Suchverfahrens zu garantieren, muß der sich überlappende Fahrschlauch in sich nicht überlappende Teilfahrschläuche zerlegt werden (s. Abschnitt 4.5.2.3).

4.5.2.1 Berechnung des äußeren Fahrschlauchrandes

Die Bestimmung des Fahrschlauchrandes für einen initialen Fahrschlauch DC beruht darauf, daß in $DC = (DP_0, \ldots, DP_n)$ jedes Polygon DP_i $(0 < i < n)$ über die gemeinsame Kante zwischen DP_{i-1} und DP_i betreten und über die gemeinsame Kante zwischen DP_i und DP_{i+1} verlassen wird. Die gemeinsame Kante zwischen DP_i und DP_{i+1} wird mit (DP_i, DP_{i+1}) abgekürzt. Da alle Polygone eine bestimmte Orientierung besitzen, gehört zu allen Kanten eine Richtung.

Beginnend von DP_0 werden alle Kanten von DP_0 zum Fahrschlauchrand hinzugefügt bis die Grenzkante (DP_0, DP_1) erreicht wurde. Die Laufrichtung wird dabei von der Orientierung des Polygons vorgegeben. Anschließend werden alle Kanten von DP_1 hinzugefügt, bis die Grenzkante zu DP_2 erreicht wurde. Diese Iteration wird bis zum Zielpolygon DP_n fortgesetzt. Von diesem wird dann der Kantenorientierung der Polygone folgend an der Kante (DP_i, DP_{i-1}) auf DP_{i-1} gewechselt. Das Verfahren endet, sobald die Ausgangskante von DP_0 erreicht wurde.

In der in Abbildung 4.20 skizzierten Welt soll ein Weg vom Startpunkt **s** zum Zielpunkt **g** gefunden werden. Auf Grund einer erfolglosen Feinplanung (*RO-Schicht* und *SK-Schicht*) in dem zunächst verwendeten Fahrschlauch (CP_0, CP_1, CP_5) wird eine Sperrsequenz in die Fahrschlauchsuche (*FS-Schicht*) integriert. Nachdem u.U. weitere erfolglose Feinplanungen in die Fahrschlauchsuche integriert wurden, wird der sich berührende Fahrschlauch $DC = (DP_0, \ldots, DP_5)$ aus Abbildung 4.20 an die *RO-Schicht* geliefert. Der Rand dieses Fahrschlauches ist dabei mit einer dicken Linie markiert. In diesem Beispiel wird nicht von DP_1 auf DP_5 gewechselt, da für DP_1 nur der Übergang nach DP_2 bzw. nach DP_0 erlaubt ist. Die zum Fahrschlauchrand gehörende Kante $b_{1,5}$ zwischen $DPtoCP(DP_1)$ und $DPtoCP(DP_5)$ ist überquerbar, an ihr ist jedoch kein zusätzliches Freiraumpolygon befestigt, d.h. $DPtoCP(DP_5)$ ist von $DPtoCP(DP_1)$ nicht direkt erreichbar. Folglich wird durch den sich selbst berührenden Fahrschlauch keine Abkürzung möglich. Der Fahrschlauch kann auch nicht um $DPtoCP(DP_5)$ an der Kante $b_{1,5}$ erweitert

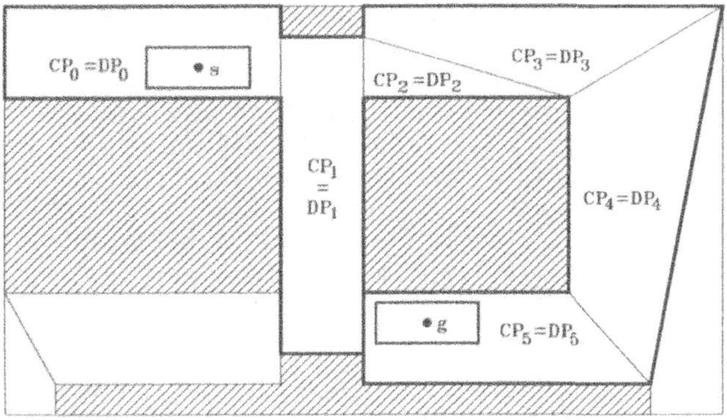

Abbildung 4.20: Der Rand des sich berührenden Fahrschlauchs $DC = (DP_0, DP_1, \ldots, DP_5)$ (Eine Feinplanung im Fahrschlauch $DC = (CP_0, CP_1, DP_5)$ ist nicht möglich (s. Text).)

werden, da sich dieses Polygon schon im Fahrschlauch befindet.

Handelt es sich bei dem zu untersuchenden Fahrschlauch nicht um den initialen, sondern um einen bereits erweiterten, ist folgende Ergänzung erforderlich: Wird bei der Anwendung des oben erläuterten Verfahrens eine Kante b erreicht, an die zusätzliche Polygone angeheftet sind, wird zunächst deren Rand abgearbeitet bis wieder eine zum Rand des initialen Fahrschlauchs gehörende Kante erreicht wird. Anschließend wird nach diesem modifizierten Prinzip fortgefahren. Dieses Einflechten des zusätzlichen Randes ist möglich, da bei einer Erweiterung des Fahrschlauchs um ein Polygon eine Verbindung zu einer Polygonkante des aktuellen Fahrschlauchs mitgeführt wird. Dadurch werden auch nicht direkt am initialen Fahrschlauch liegende Polygone erreicht.

4.5.2.2 Konstruktion der rechtsorientierten Punkte

Da das in Abschnitt 4.5.2.1 erläuterte Verfahren auch für einen räumlich überlappten Fahrschlauch eine geschlossene Folge von Kanten b_i liefert, die den von der Fahrschlauchsuche gelieferten Schlauch umfaßt, kann die auf diesen Kanten b_i basierende Bestimmung des rechten Randes aus Abschnitt 4.5.1.2 unverändert übernommen werden. Dies gilt auch für die Berechnung der rechtsorientierten Punkte v_i.

In Abbildung 4.21 ist der aus den Polygonen $(CP_0, CP_1, \ldots, CP_5, CP_1, CP_6)$ bestehende selbstüberlappende Fahrschlauch zu sehen. Der berechnete äußere Rand ergibt sich dabei aus der richtigen Kombination der dicken durchgezogenen Linien mit den dicken gepunkteten. Die in Abbildung 4.22 eingezeichneten dünnen Linien entsprechen den Hilfslinien l_i. Diese wurden aus Darstellungsgründen teilweise leicht verschoben, damit sie nicht aufeinanderfallen. Das gleiche gilt für die rechtsorientierten Punkte v_i.

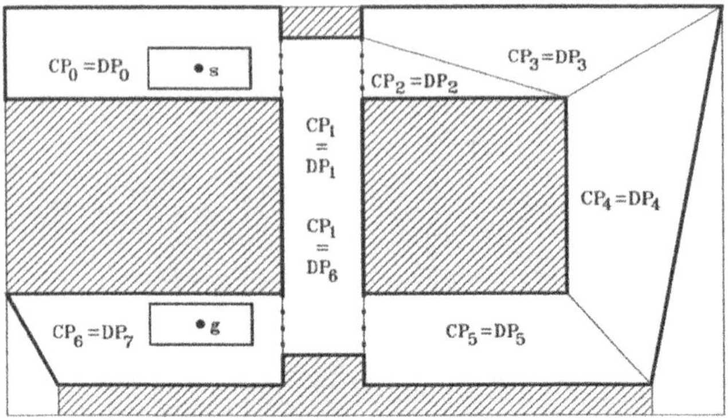

Abbildung 4.21: Ein sich überlappender Fahrschlauch DC mit den Polygonen (CP_0, $CP_1, \ldots, CP_5$, CP_1, CP_6)

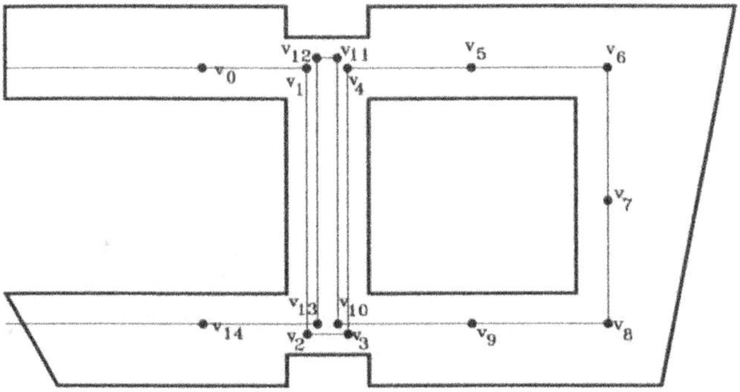

Abbildung 4.22: Die rechtsorientierten Punkte v_i für den Fahrschlauch aus Abbildung 4.21

4.5.2.3 Berechnung des rechtsorientierten Weges

Eine einfache Übernahme der Wegberechnung aus Abschnitt 4.5.1.2 ist nicht möglich, da Abkürzungen in die Initialmatrix von **R** eingetragen würden, die von der Fahrschlauchsuche nicht gewünscht sind. In Abbildung 4.22 wäre $dcon(v_2, v_{14})$ möglich, obwohl es eine unerlaubte Abkürzung ist.

Die Kernidee besteht darin, den Fahrschlauch DC in überlappungsfreie Teilfahrschäuche DC_i aufzuteilen, um die Matrix mit Hilfe dieser Teilfahrschläuche nach dem bekannten Verfahren initialisieren zu können. Ist der zu zerlegende Fahrschlauch $DC = (DP_u, \ldots, DP_w)$ gegeben, wird die erste Kombination von i und j ($u \leq i < j - 1 \leq w$) gesucht,

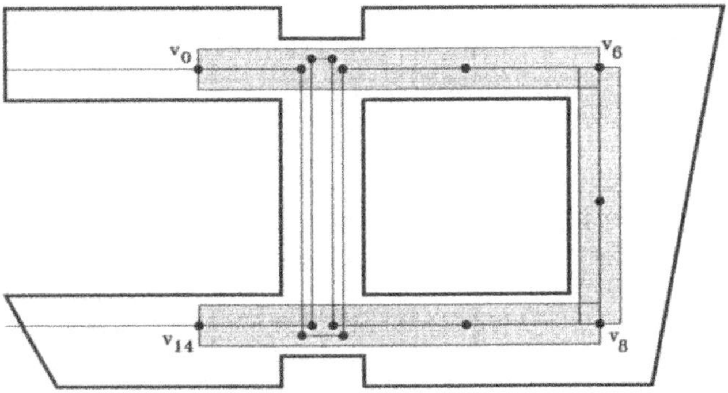

Abbildung 4.23: Die von der Suche berechnete Verbindung $connect(v_0, v_{14})$ zwischen Start- und Zielpunkt für das Problem aus Abbildung 4.22

für die $DPtoCP(DP_i) = DPtoCP(DP_j)$ gilt. Dieser Fahrschlauch wird in die beiden Fahrschläuche $DC_1 = (DP_u, \ldots, DP_{j-1})$ und $DC_2 = (DP_{i+1}, \ldots, DP_w)$ aufgeteilt. Da DC_2 noch nicht überlappungsfrei sein muß, wird bei Bedarf diese Zerlegung erneut auf DC_2 angewendet. Dabei darf sich jeder einzelne Fahrschlauch zwar selbst berühren, aber sich nicht selbst überlappen. Zwei benachbarte Fahrschläuche DC_i und DC_{i+1} überlappen sich gegenseitig jedoch maximal.

Jeder Punkt v_i ist auf Grund einer Folge von Polygonen im Gesamtfahrschlauch DC berechnet worden. Handelt es sich bei v_i um einen auf Grund einer Ecke p_k im rechten Rand entstandenen Punkt, wird v_i die in in Abschnitt 4.5.1.4 beschriebenen Sequenz $(DP_{l_i}, DP_{l_i+1}, \ldots, DP_{r_i})$ zugeordnet. Entspricht v_i dem Zwischenpunkt $ip_{k,j}$, wird v_i die Schnittmenge der beiden Folgen der Nachbarn p_k und p_{k+1} zugeornet, falls diese Menge nicht leer ist. Im anderen Fall ergibt sich für v_i die Folge $(DP_{l_i}, \ldots, DP_{r_i}) = (DP_{r_k}, \ldots, DP_{l_{k+1}})$, wobei die Folge von p_k mit $(DP_{l_k}, \ldots, DP_{r_k})$ abgekürzt ist und die von p_{k+1} mit $(DP_{l_{k+1}}, \ldots, DP_{r_{k+1}})$. Der Punkt v_i gehört zu allen Teilfahrschläuchen DC_i, in denen die Folge $(DP_{l_i}, DP_{l_i+1}, \ldots, DP_{r_i})$ vollständig enthalten ist.

Bei der Initialisierung der Routenmatrix $\mathbf{R}$ wird nur dann eine Verbindung $dcon(v_i, v_j)$ zwischen v_i und v_j eingetragen, wenn diese kollisionsfrei in mindestens einem Fahrschlauch DC_i liegt. Zusätzlich kann diese Verbindung teilweise in anderen DC_i liegen und in diesen auch Kanten schneiden. Die anderen Schritte bleiben unverändert. Für die Initialisierung von $\mathbf{R}$ ergibt sich:

- $r_{i,j} = \begin{cases} v_j & \text{wenn} \quad \exists i : in(DC_i, dcon(v_i, v_j)) == \textbf{wahr} \\ \emptyset & \text{sonst} \end{cases}$

Nachdem der Fahrschlauch aus Abbildung 4.21 in die beiden Teilfahrschläuche $DC_1 = (DP_0, \ldots, DP_5) = (CP_0, \ldots, CP_5)$ und $DC_2 = (DP_2, \ldots, DP_7) = (CP_2, \ldots, CP_5,$

CP_1, CP_6) aufgeteilt wurde, gehört v_2 mit der Folge (DP_1) ausschließlich zu DC_1 während v_{13} mit der Folge (DP_6, DP_7) ausschließlich zu DC_2 gehört. Der Punkt v_7 mit der Folge (DP_4) gehört zu DC_1 und DC_2. Ist die Routenmatrix entsprechend initialisiert und der Floyd Algorithmus angewendet worden, ergibt sich die in Abbildung 4.23 skizzierte Lösung.

Ist eine Erweiterung des Fahrschlauchs notwendig, werden die zusätzlichen Polygone am Gesamtfahrschlauch ergänzt, die neuen rechtsorientierten Punkte berechnet und die Zerlegung des Schlauchs mit der Initialisierung der Matrix erneut gestartet. Durch die Ergänzung des Fahrschlauchs dürfen keine zusätzlichen Überlappungen entstehen. Bei der anschließenden Aufteilung des Gesamtfahrschlauchs in Teilfahrschläuche müssen diese um die entsprechenden Erweiterungen ergänzt werden.

4.5.3 Ergänzende Bemerkungen

Bei dem erläuterten Verfahren werden bei der Initialisierung der Routenmatrix **R** alle direkten Vorwärtsverbindungen $dcon(v_i, v_j)$ $(i < j)$ auf ihre Kollisionsfreiheit überprüft. Da jedoch die von der Fahrschlauchsuche gelieferten Freiraumpolygone DP_i der Reihe nach überfahren werden müssen, um unerlaubte Abkürzungen zu vermeiden, könnte z.B. bei langen Fahrschläuchen nur eine begrenzte Anzahl von Punkten v_i bzw. Polygonen DP_i nach vorn geschaut werden. Liegt v_i in DP_k, sollte die Verbindung $dcon(v_i, v_j)$ nur dann geprüft werden, wenn v_j maximal *const* Fahrschlauchpolygone weiter vorn liegt. Eine Begrenzung auf ausschließlich das nächste Polygon ($const = 1$) ist nicht sinnvoll, da ein Polygon durchfahren werden kann, ohne daß es einen angefahrenen Punkt v_i besitzt. Um bei kleinen Polygonen die Reichweite nach vorn nicht unnötig einzuschränken, sollte zusätzlich mindestens eine bestimmte Anzahl von Punkten verwendet werden. Durch diese kombinierte Maßnahme reduziert sich der Aufwand der Initialisierung erheblich, da für jeden Punkt v_i nicht zu allen v_j $(j > i)$ die Verbindung geprüft wird, sondern nur zu einer maximalen Anzahl. Alle anderen Verbindungen werden als ungültig markiert.

Bei der Erzeugung der v_i kann zusätzlich überprüft werden, ob sie sich im aktuellen Fahrschlauch DC befinden. Liegen sie nicht in DC, aber in einem anderen Freiraumpolygon, kann der DC schon während der Initialisierung erweitert werden. Die Zwischenpunkte $ip_{i,j}$ auf den Geraden l_i müssen nicht unbedingt im gleichen Abstand erzeugt werden. Ihre Berechnung kann z.B. auch von der Form des Fahrschlauchs abhängen, indem z.B. berücksichtigt wird, wann ein Linksabbiegen möglich ist.

Abschließend wird in einem iterativen Verfahren aus der erzeugten Verbindung $connect(s, g)$ jeder Punkt gelöscht, der auf der geraden Verbindung zwischen seinen beiden Nachbarpunkten liegt. Dadurch entsteht eine Punktfolge $(c_0, \ldots, c_t)$, die bei $c_0 = \mathbf{s}$ startet und bei $c_t = \mathbf{g}$ endet. Diese Punktfolge legt eindeutig einen Linienzug fest, der als *rechtsorientierte Basislinie* bezeichnet wird. Diese Basisline $(c_0, \ldots, c_t)$ weist in jedem Punkt c_i eine Ecke mit einem Winkel ungleich 180 Grad auf.

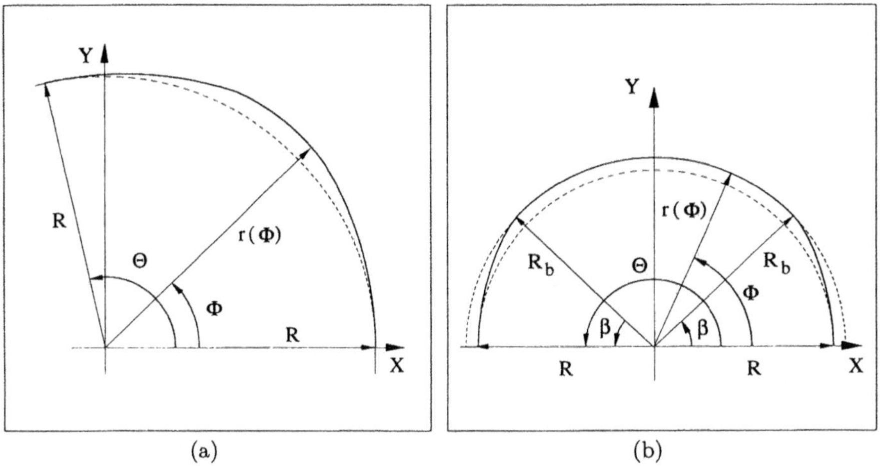

Abbildung 4.24: (a) Basiskurve nach [Nelson89], (b) Basiskurve mit integriertem Kreisbogen nach [Nelson89]

4.6 Stetige Krümmungsänderung

Das Ziel der *SK-Schicht* (s. Abbildung 4.3) besteht darin, mit Hilfe der berechneten *rechtsorientierten Basislinie* $connect(s, g) = (c_0, \ldots, c_t)$ eine Bahn mit stetiger Krümmung zu erzeugen (Forderung **F7**: **Stetige Krümmungsänderung**). Dazu werden Kurven in die Ecken c_i eingepaßt, die kollisionsfrei im Fahrschlauch liegen, der bei Bedarf erweitert werden kann. Die Kollisionsfreiheit wird i.a. mit einem tangential fahrenden Fahrzeug überprüft (Forderung **F6**: **Tangentiale Orientierung**). Ist eine solche Fahrweise nicht möglich, wird eine gestaucht tangentiale Fahrweise gewählt (s. Abschnitt 4.6.5). Kann mit Hilfe der Basislinie kein kollisionsfreier Weg erzeugt werden, wird als Grund ein blockierter Teilfahrschlauch zur Fahrschlauchsuche geliefert.

4.6.1 Basiskurve

Die in [Nelson89] veröffentlichten Kurven dienen als Basiselemente für alle unterschiedlichen Kurventypen, die in eine Ecke c_i eingepaßt werden können. Für diese Kurven liegt eine mathematisch geschlossene Lösung (*engl.* closed-form expression) vor. Diese Eigenschaft bildet den Hauptvorteil gegenüber den Klothoiden und den in [Kanayama$^+$89] vorgestellten kubischen Spiralen (*engl.* cubic spiral), für die beide keine geschlossene Lösung (*engl.* no closed-form expression) existiert. Weiter Eigenschaften der Basiskurven werden ebenfalls in [Nelson89] diskutiert.

Die in Abbildung 4.24a skizzierte Kurve $r_{Nel,1}(\phi)$ wird nach Vorgabe des Drehwinkels Θ

und eines Abstandes R so konstruiert, daß die in Gleichung 4.2 und Gleichung 4.3 angegebenen Bedingungen erfüllt sind (κ: Krümmung). In Abbildung 4.24a ist der Kreisbogen mit Radius R zum Vergleich gestrichelt eingezeichnet. Wird das in Polarkoordinaten definierte Polynom $r(\phi)$ aus Gleichung 4.4 angesetzt, ergibt sich die in Gleichung 4.5 angegebene Lösung [Nelson89].

$$r(0) = R, \qquad r'(0) = 0, \qquad \kappa(0) = 0 \tag{4.2}$$

$$r(\Theta) = R, \qquad r'(\Theta) = 0, \qquad \kappa(\Theta) = 0 \tag{4.3}$$

$$r(\phi) = a_0 + a_1\phi + a_2\phi^2 + a_3\phi^3 + a_4\phi^4 + \ldots \tag{4.4}$$

$$r_{Nel,1}(\phi) = R\left(1 + \tfrac{\phi^2}{2} - \tfrac{\phi^3}{\Theta} + \tfrac{\phi^4}{\Theta^2}\right) \tag{4.5}$$

Da für Winkel größer als 90 Grad der Abstand zwischen der Kurve $r_{Nel,1}(\phi)$ und dem Kreis mit Radius R ansteigt, wird für diesen Fall eine Kurve $r_{Nel,2}$ definiert, die im mittleren Teil einen Kreis mit Radius R_b enthält (s. Abbildung 4.24b). R_b ist dabei um einen konstanten prozentualen Wert größer als R (z.B. $R_b = 1.08 * R$). Durch diese Maßnahme wird erreicht, daß der Abstand zwischen der Kurve $r_{Nel,2}(\phi)$ und dem Kreis mit dem Radius R maximal $R_b - R$ beträgt. Werden die beiden Kurven $r_{Nel,1}(\phi)$ und $r_{Nel,2}(\phi)$ mit den gleichen Parametern Θ und R berechnet und wird R_b geeignet gewählt, entfernt sich der Fahrzeugschwerpunkt bei der Kurve Kurve $r_{Nel,2}(\phi)$ nicht soweit von Ursprung des Kurvenkoordinatensystems wie bei der Kurve $r_{Nel,1}(\phi)$. Bei der Kurve $r_{Nel,2}(\phi)$ wird für den Übergang von $r(0) = R$ zu $r(\beta) = R_b$ das Polynom aus Gleichung 4.4 angesetzt, das neben den Bedingungen aus Gleichung 4.2 auch die Bedingungen aus Gleichung 4.6 erfüllen muß. Der Übergang von $r(\Theta - \beta) = R_b$ nach $r(\Theta) = R$ muß die Bedingungen aus den Gleichungen 4.3 und 4.6 erfüllen. Die vollständige Lösung für $r_{Nel,2}(\phi)$ ist in Gleichung 4.8 angegeben, wobei $\beta^2 = 10 * (\frac{R_b}{R} - 1)$ gilt ($R_b > R$) [Nelson89].

$$r(\beta) = R_b, \qquad r'(\beta) = 0, \qquad \kappa(\beta) = \tfrac{1}{R_b} \tag{4.6}$$

$$r(\Theta - \beta) = R, \qquad r'(\Theta - \beta) = 0, \qquad \kappa(\Theta - \beta) = \tfrac{1}{R_b} \tag{4.7}$$

$$r_{Nel,2}(\phi) = \begin{cases} R\left(1 + \frac{\phi^2}{2} - \frac{\phi^3}{2\beta} + \frac{\phi^5}{10\beta^3}\right) & \text{wenn} \quad \phi \in [0, \beta] \\ R_b & \text{wenn} \quad \phi \in (\beta, \Theta - \beta) \\ R\left(1 + \frac{(\Theta-\phi)^2}{2} - \frac{(\Theta-\phi)^3}{2\beta} + \frac{(\Theta-\phi)^5}{10\beta^3}\right) & \text{wenn} \quad \phi \in [\Theta - \beta, \Theta] \end{cases} \tag{4.8}$$

In Abhängigkeit vom Winkel Θ wird als Kurve $r_{Nel}(\phi)$ entweder $r_{Nel,1}(\phi)$ oder $r_{Nel,2}(\phi)$ verwendet (Gleichung 4.9). Werden an die beiden Endpunkte der Kurve $r_{Nel}(\phi)$ Geraden

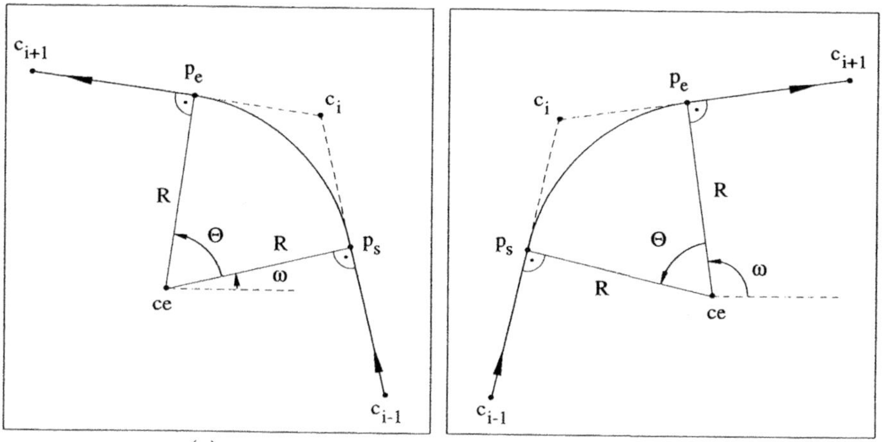

Abbildung 4.25: (a) Linkskurve $r_{1,l}$, (b) Rechtskurve $r_{1,r}$

mit einer der Tangente von r entsprechenden Steigung angelegt, entsteht eine Gesamtbahn mit stetiger Krümmungsänderung.

$$r_{Nel}(\phi) = \begin{cases} r_{Nel,1}(\phi) & \text{wenn} \quad \Theta \leq 90 \text{ Grad} \\ r_{Nel,2}(\phi) & \text{sonst} \end{cases} \tag{4.9}$$

4.6.2 Kombination der Basiskurven

Durch das Einpassen einer Kurve in die Ecke c_i $(0 < i < t)$ soll ein Übergang mit stetiger Krümmungsänderung zwischen der Strecke $\overline{c_{i-1}c_i}$ und der Strecke $\overline{c_ic_{i+1}}$ entstehen. Dafür kann die in Abschnitt 4.6.1 vorgestellte Kurve $r_{Nel}(\phi)$ (s. Gleichung 4.9) benutzt werden, wobei Θ durch den Winkel zwischen $\overline{c_{i-1}c_i}$ und $\overline{c_ic_{i+1}}$ gegeben ist. Der für die Kurvenkonstruktion freie Parameter R muß so gewählt werden, daß das rechteckig modellierte Fahrzeug nicht mit den Hindernissen in der Umgebung kollidiert. Dabei soll der Mittelpunkt des Rechtecks auf der Kurve bleiben und eine zur Kurve tangentiale Orientierung eingehalten werden. Durch das entstehende Ausschwenken des Fahrzeuges kann für diese symmetrische Kurve u.U. kein R gefunden werden, mit dem Kollisionsfreiheit erreicht wird. Dies gilt besonders dann, wenn z.B. von einem engen Korridor in einen breiten gefahren werden soll. Deshalb wurden verschiedene Kurventypen entwickelt, die alle auf der in Abschnitt 4.6.1 angegebenen Kurve basieren.

Beim Kurventyp $r_1(\phi)$ wurde gegenüber der in [Nelson89].vorgestellten Kurve r_{Nel} nur das Bezugskoordinatensystem verdreht, um für die weiteren Kurventypen ein Bezugssystem

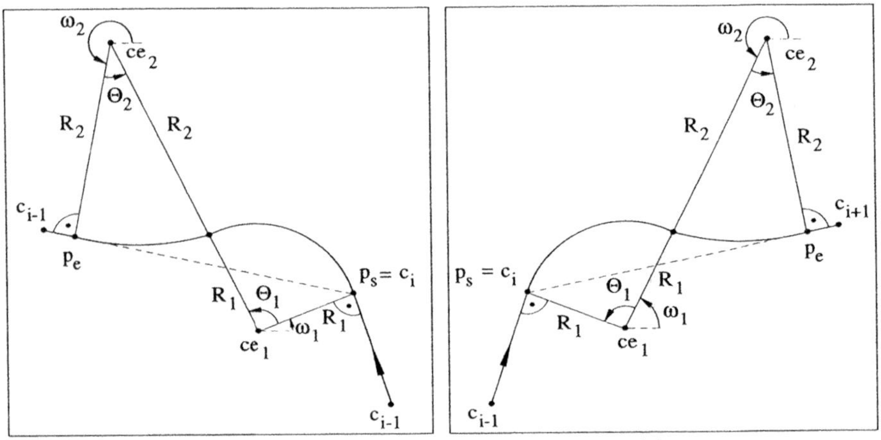

(a) (b)

Abbildung 4.26: (a) Linkskurve $r_{2,l}$, (b) Rechtskurve $r_{2,r}$

mit einheitlicher Orientierung zur Verfügung zu haben. Zusätzlich wird eine Rechts- und eine Linkskurve eingefügt, da der Ursprung ce des Bezugskoordinatensystems nicht festgelegt ist, sondern auf Grund der Folge (c_{i-1}, c_i, c_{i+1}) berechnet werden muß. In Abbildung 4.25 sind die Linkskurve $r_{1,l}$ und die Rechtskurve $r_{1,r}$ dargestellt, wobei $r_1(\phi) = r_{Nel}(\phi - \omega)$ gilt. Dabei bezeichnet p_s den Übergangspunkt zwischen der Strecke $\overline{c_{i-1}c_i}$ und der Kurve und p_e den Übergangspunkt zwischen der Kurve und der Strecke $\overline{c_i c_{i+1}}$.

Wie in Abbildung 4.26a skizziert, handelt es sich beim Kurventyp $r_{2,l}$ um zwei aufeinanderfolgende Kurven des Typs r_1. Diese beiden Teilkurven werden mit $r_{1,l,1}$ und $r_{1,r,2}$ bezeichnet. Bei der Gesamtkurve r_2 ist der Startpunkt p_s identisch mit c_i. R_i, ce_i, Θ_i und ω_i bezeichnen die Parameter der jeweiligen Teilkurve $r_{1,x,i}$ ($x \in \{l, r\}$, $i \in \{1, 2\}$). Da in dem Kontaktpunkt zwischen den Kurven $r_{1,l,1}$ und $r_{1,r,2}$ die eine Kurve startet bzw. die andere endet, liegt auch hier ein Übergang mit stetiger Krümmungsänderung vor. Für den Kurventyp $r_{2,r}$ gelten analoge Überlegungen (s. Abbildung 4.26b). Da der Startpunkt p_s der Kurve r_2 mit dem eigentlichen Eckpunkt c_i zusammenfällt, wird das Ausschwenken des Fahrzeugs entlang der vorgegebenen Bahn nach hinten verschoben, so daß dieser Kurventyp für das Ausfahren aus engen Gängen geeignet ist (s. Abbildung 4.30a).

Der Kurventyp r_3 ist hingegen dafür geeignet, von breiten Gängen in enge einzufahren (s. Abbildung 4.30b). Somit handelt es sich um das Gegenstück zu den Kurven r_2. Bei den Kurven r_3 fallen der Endpunkt p_e und der Eckpunkt c_i zusammen (s. Abbildung 4.27). Wird nur der Verlauf und nicht die Durchlaufrichtung betrachtet, sind bei entsprechender Parameterwahl $r_{2,l}$ und $r_{3,r}$ bzw. $r_{2,r}$ und $r_{3,l}$ identisch.

Bei dem in Abbildung 4.28 skizzierten Kurventyp r_4 werden die beiden Strecken $\overline{c_{i-1}c_i}$

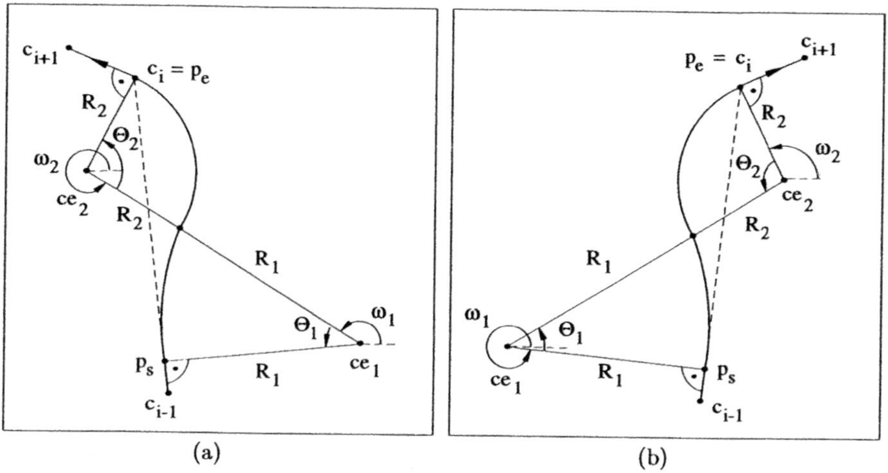

Abbildung 4.27: (a) Linkskurve $r_{3,l}$, (b) Rechtskurve $r_{3,r}$

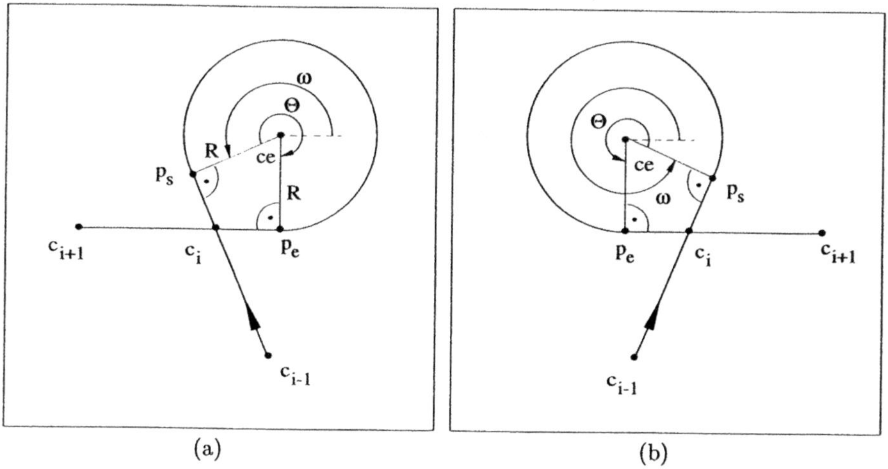

Abbildung 4.28: (a) Linkskurve $r_{4,l}$, (b) Rechtskurve $r_{4,r}$

und $\overline{c_i c_{i+1}}$ über den Eckpunkt hinaus verlängert, so daß das eigentliche Kurvenmanöver nach außen geschoben wird. Dadurch kann von einem engen Gang in einen anderen engen eingefahren werden, wenn für die eigentliche Kurve genügend Platz zur Verfügung steht (s. Abbildung 4.30c).

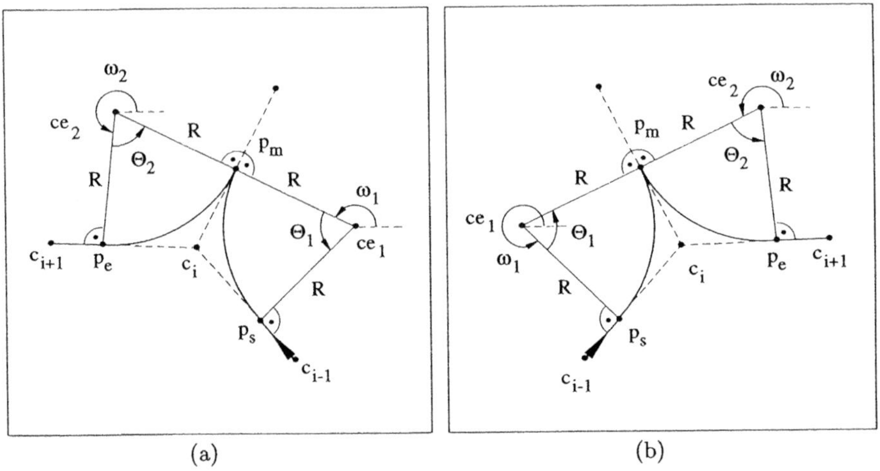

Abbildung 4.29: (a) Linkskurve $r_{5,l}$, (b) Rechtskurve $r_{5,r}$

Bei allen bis jetzt vorgestellten Kurventypen bleibt die Fahrtrichtung des Fahrzeugs während des Durchfahrens der Kurve unverändert, d.h. fährt das Fahrzeug vor der Kurve vorwärts, bleibt diese Fahrtrichtung auch nach Durchfahren der Kurve erhalten. Abbildung 4.29 zeigt den Kurventyp r_5 bei dem im Punkt p_m die Fahrtrichtung gewechselt wird, d.h. das Fahrzeug muß an dieser Stelle zum Stillstand kommen. Eine mögliche Einsatzumgebung für diesen Kurventyp ist in Abbildung 4.30d zu sehen.

Beim letzten Kurventyp r_6 handelt es sich um das Drehen auf der Stelle im Punkt c_i. Dabei ist eine Drehung im Uhrzeigersinn ($r_{6,r}$) oder entgegen des Uhrzeigersinns ($r_{6,l}$) möglich. Da die so durchfahrene Bahn nicht mehr differenzierbar ist, weist sie keine stetige Krümmungsänderung auf.

4.6.3 Auswahl einer Kurve

Bei der Auswahl einer bestimmten Kurve für die Ecke c_i werden nacheinander die verschiedenen Kurventypen mit unterschiedlichen Parametern auf ihre Kollisionsfreiheit mit der Umgebung getestet (s. Abschnitt 4.6.5). Die Testsequenz beginnt mit allen vorgegebenen Parametersätzen bei r_1 und endet bei r_6. Kollisionsfreie Kurven sind nur dann gültig, wenn der auf der Strecke $\overline{c_{i-1}c_i}$ liegende Startpunkt p_s mindestens so dicht an c_i liegt wie an c_{i-1}. Eine entsprechende Einschränkung gilt auch für p_e. Dadurch wird garantiert, daß das Einfügen einer Kurve nur lokalen Einfluß hat. Innerhalb der oben erwähnten Sequenz wird die erste gültige kollisionsfreie Kurve als Ergebnis verwendet.

Da bei gewissen Einschränkungen die Vorgabe des Radius ausreicht, um die resultierende Kurve eindeutig zu beschreiben, wird für jeden Kurventyp r_t $(1 \leq t \leq 5)$ ein von der

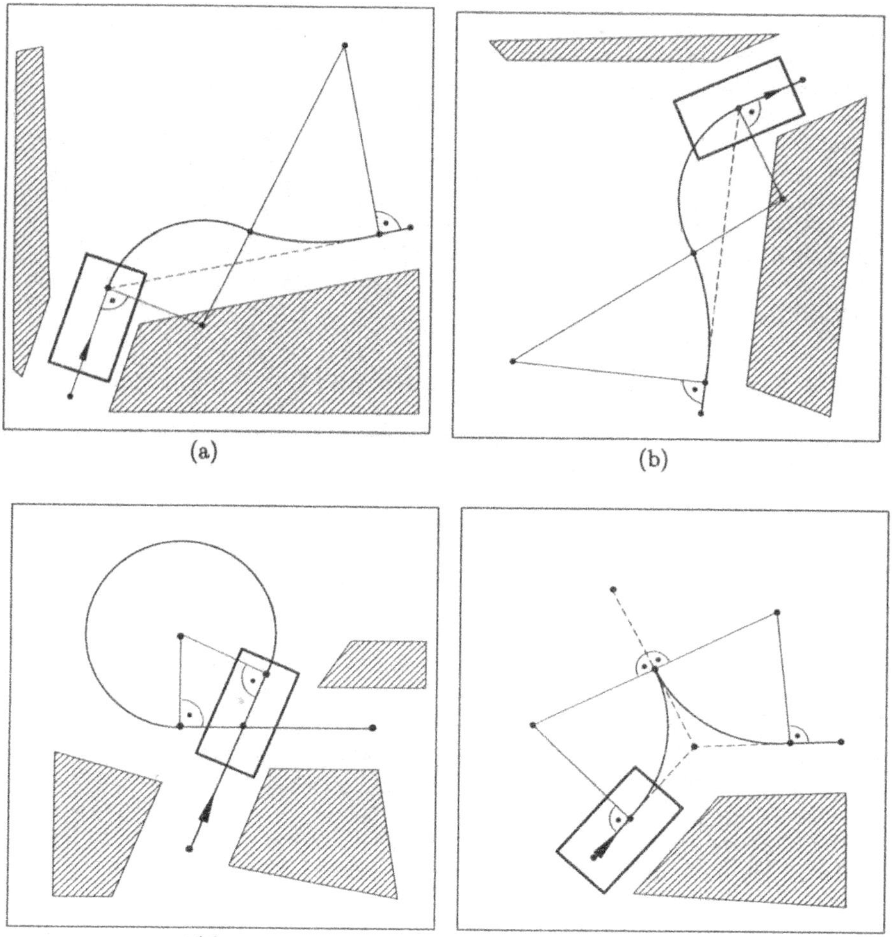

(a) (b) (c) (d)

Abbildung 4.30: Einsatzbeispiele für die aus mehreren Basiskurven bestehenden, zusammengesetzten Kurven; (a) Kurve $r_{2,r}$; (b) Kurve $r_{3,r}$; (c) Kurve $r_{4,r}$; (d) Kurve $r_{5,r}$

Fahrzeugklasse f abhängiger Satz von k unterschiedlichen Radien $R_{t,f,j}$ $(1 \leq j \leq k)$ angegeben, die als Parameter für das Testverfahren verwendet werden. Die Wahl zwischen der Linkskurve $r_{t,l}$ oder der Rechtskurve $r_{t,r}$ ergibt sich automatisch aus der Punktfolge (c_{i-1}, c_i, c_{i+1}).

Bei Vorgabe des Radius ergibt sich für den Kurventyp r_1 der zweite freie Parameter ω aus dem Winkel zwischen $\overline{c_{i-1}c_i}$ und $\overline{c_ic_{i+1}}$ und der Lage der Punkte c_{i-1}, c_i und c_{i+1}. Für den Kurventyp r_2 werden die beiden Radien der Teilkurven gleichgesetzt ($R_1 = R_2$). Da somit der Punkt ce_1 konstruiert werden kann und der Abstand zwischen ce_1 und ce_2 mit $2*R_{2,f,j}$ festliegt, kann die gesamte Kurve bestimmt werden. Im übertragenen Fall gilt dies auch für den Kurventyp r_3. Durch die Vorgabe des Radius $R_{4,f,j}$ bei r_4 ist der Ursprung des Koordinatensystems mit dem Mittelpunkt des Kreises identisch, der die verlängerten Strecken $\overline{c_ic_{i+1}}$ und $\overline{c_{i-1}c_i}$ als Tangenten besitzt. Durch die Berührungspunkte mit den Tangenten ergeben sich p_s und p_e. Für r_5 wird zunächst die Winkelhalbierende zwischen $\overline{c_ic_{i+1}}$ und $\overline{c_{i-1}c_i}$ berechnet. Damit lassen sich bei vorgegebenem R die Mittelpunkte ce_1 und ce_2 bestimmen. Für r_6 steht als Drehpunkt c_i fest, nur die Drehrichtung bleibt variabel.

4.6.4 Kurven beim Start und beim Ziel

Da die Orientierung des Fahrzeuges im Startpunkt c_0 und die Richtung der Strecke $\overline{c_0c_1}$ i.a. nicht übereinstimmen, muß ein entsprechendes Fahrmanöver eingefügt werden, um mit dem Fahrzeug auf den ersten Streckenabschnitt einzuschwenken. Von den Kurventypen sind dabei nur r_2 oder r_6 möglich, da nur bei diesen Kurven c_0 und p_s zusammenfallen. Um den Kurventyp r_2 anwenden zu können, muß zunächst eine Hilfslinie erzeugt werden, die der Linie zwischen c_{i-1} und c_i aus Abbildung 4.26 entspricht. Wird dafür die Längsachse des Fahrzeuges verwendet, kann nach Bestimmung der Kurvenrichtung das im vorigen Abschnitt beschriebene Verfahren für die Wahl des Radius verwendet werden. Soll der Kurventyp r_6 eingesetzt werden, sind keine zusätzlichen Maßnahmen notwendig. Im übertragenen Sinne gelten die gleichen Aussagen für den Zielpunkt c_t. Hierbei muß jedoch der Kurventyp r_3 an Stelle von r_2 verwendet werden.

Da beim Fahrzeug zwischen Bug und Heck unterschieden wird, kann es vorkommen, daß durch die geplante Kurvenfolge die Fahrzeugrichtung im Startpunkt und im Zielpunkt nicht übereinstimmen. Deshalb wird versucht, bei Bedarf eine solche Richtungsänderung an der Start- oder Zielposition einzubauen. Ist dies nicht möglich, wird versucht, eine der bereits geplanten Kurven durch den Kurventyp r_5 zu ersetzen.

4.6.5 Kollisionstest für die Kurven

Für den Kollisionstest einer gegebenen Kurve r_i mit festen Parametern wird die vom Fahrzeug überstrichene Fläche mit einem Polygon P approximiert. Dabei soll der Referenzpunkt des Fahrzeugs, der dem Mittelpunkt des Rechtecks entspricht, auf der vorgegebenen Kurve r_i bleiben. Die Orientierung des Fahrzeugs an einer Stelle ϕ_0 der Kurve ist für r_i $(1 \leq i \leq 5)$ identisch mit der ersten Ableitung $r'(\phi_0)$ (s. Abschnitt 4.6.5.1). Liegt eine Drehung auf der Stelle vor $(r_6(\phi))$, ergibt sich die Orientierung aus einer kontinuierlichen Winkeländerung zwischen dem Start- und dem Zielwinkel. Für Linkskurven des Typs r_1 wird bei Bedarf eine gestaucht tangentiale Fahrweise verwendet, wobei ein zusätzlicher Winkel γ vorzugeben ist (s. Abschnitt 4.6.5.2).

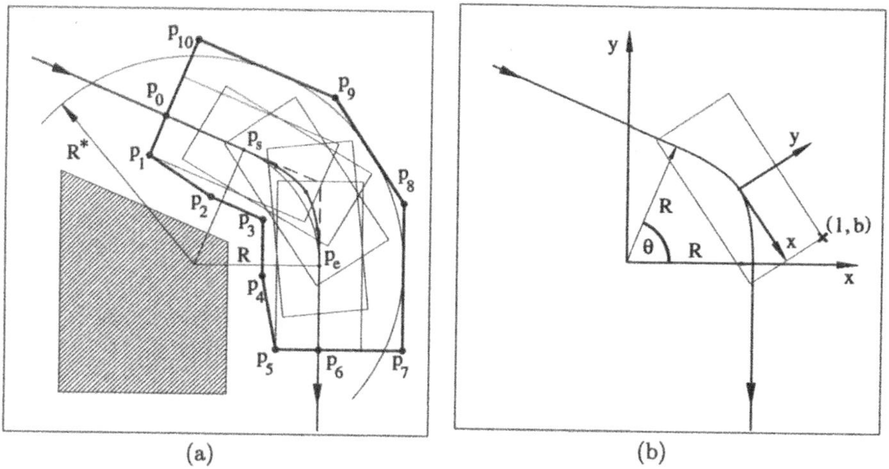

Abbildung 4.31: (a) Approximation der vom Fahrzeug überstrichenen Fläche durch ein Polygon, (b) Fahrzeugkoordinatensystem in Bezug zum Kurvensystem

Da die Kurventypen r_i mit $1 \leq i \leq 5$ aus Kombinationen und Variationen des Kurventyp r_1 bestehen, reicht eine Kollisionsbetrachtung für diesen Typ aus. Wird ein r_i mit $i \neq 1$ betrachtet, werden die Kollisionstests für alle r_1 Kurven vorgenommen, aus denen r_i besteht. Für den Kurventyp r_6, bei dem es sich um eine Drehung auf der Stelle handelt, kann leicht eine polygonale Approximation angegeben werden.

Ist ein Polygon P gefunden, das die vom Fahrzeug überstrichene Fläche approximiert, wird geprüft, ob es kollisionsfrei im aktuellen Fahrschlauch liegt. Dieser kann bei Bedarf um beliebige Freiraumpolygone CP_i erweitert werden. Dabei können auch Freiraumpolygone in den Fahrschlauch eingefügt werden, die sich bereits im Fahrschlauch befinden, da die rechtsorientierte Basislinie bereits bestimmt ist und somit keine von der Fahrschlauchsuche nicht beabsichtigten Abkürzungen entstehen können (vgl. Abschnitt 4.5.1.3).

4.6.5.1 Tangentiale Fahrweise

Die folgenden Betrachtungen gelten zunächst nur für $\Theta \leq 90$ Grad und werden später erweitert. Um die Notation zu vereinfachen, wird $\omega = 0$ angenommen. Die in Abbildung 4.31a skizzierte polygonale Approximation der von einem tangential fahrenden Fahrzeug überstrichenen Fläche gliedert sich in die Berechnung des inneren Polygonrandes $(p_0, \ldots, p_6)$ und die Berechnung des äußeren Randes $(p_6, \ldots, p_{10}, p_0)$. Der Punkt p_0 ergibt sich aus dem um die halbe Fahrzeuglänge l entlang der Strecke $\overline{c_{i-1}c_i}$ in Richtung c_{i-1} verschobenen Startpunkt p_s der Kurve. Der Punkt p_1 wird berechnet, indem p_0 um die halbe Fahrzeugbreite b senkrecht zur Linie $\overline{c_{i-1}c_i}$ in Richtung des Ursprungs des Kurvenkoordinatensystems verschoben wird. Bei der Berechnung des Punktes p_2 ist eine Fallunterscheidung notwendig, um den benötigten Platz auf der Kurveninnenseite zu minimieren. Dafür wird zunächst der Punkt p_2' bestimmt, der mit der hinteren auf der Innenseite der Kurve liegenden Ecke des Fahrzeugs identisch ist, wenn sich das Fahrzeug in Position $r(\Theta/2)$ befindet und die Orientierung von $r'(0)$ annimmt. Liegt zwischen der Strecke $\overline{p_1p_2'}$ und der Strecke zwischen p_s und dem Ursprung des Kurvenkoordinatensystems kein Schnittpunkt vor, sind p_2 und p_2' identisch (s. Abbildung 4.31a). Im anderen Fall entspricht p_2 diesem Schnittpunkt (s. Abbildung 4.32a). Der Punkt p_3 besitzt die Polarkoordinaten $(\Theta/2, R-b)$. Die Berechnung der Punkte p_4, p_5 und p_6 entspricht denen der Punkte p_0 bis p_2, wobei p_e und $\overline{c_ic_{i+1}}$ zu verwenden sind.

Für die Berechnung des äußeren Polygonrandes wird ein Kreis mit dem Radius R^* um den Ursprung des Kurvenkoordinatensystems benutzt (s. Abbildung 4.31a). Ist dieser Radius bekannt, wird die Tangente mit der Orientierung der Strecke $\overline{c_ic_{i-1}}$ an den Kreis gelegt und mit der durch p_0 und p_1 definierten Geraden p_0p_1 geschnitten. Dieser Schnittpunkt entspricht p_{10}. Die konstruierte Tangente wird mit $t_{i,i-1}$ abgekürzt. Der Punkt p_9 berechnet sich als Schnittpunkt zwischen der Tangente $t_{i,i-1}$ und der Tangente, die im Punkt $(\Theta/2, R^*)$ (Polarkoordinaten) an den Kreis gelegt wird. Die Punkte p_7 und p_8 werden ähnlich wie p_{10} und p_9 bestimmt.

Für die Berechnung von R^* muß der maximale Abstand eines im Fahrzeug liegenden Punktes zum Ursprung des Kurvenkoordinatensystems bestimmt werden, wobei ϕ im entsprechenden Intervall variiert werden kann. Da der Referenzpunkt des Fahrzeugs im Mittelpunkt des Rechtecks liegt (s. Abbildung 4.31b) und die Kurve $r_1(\phi)$ symmetrisch ist $(r_1(\phi) == r_1(\Theta - \phi))$, durchlaufen die beiden äußeren Fahrzeugecken die gleiche Bahn. Folglich muß nur der maximale Abstand zwischen einem äußeren Eckpunkt und dem Ursprung bestimmt werden. Liegt die in Abbildung 4.31b skizzierte Beziehung zwischen dem Kurven- und dem Fahrzeugkoordinatensystem vor, wird für eine Folge von ϕ_i der Abstand d_i zwischen dem im Fahrzeugkoordinatensystem definierten Punkt (l, b) und dem Kurvenursprung berechnet. R^* ergibt sich aus der Addition des maximalen Abstandes $max(d_i)$ mit einem zusätzlichen Sicherheitsabstand (s. Abbildung 4.31a).

Für den Kurventyp r_1 mit $\Theta > 90$ Grad kann das gleiche Prinzip angewendet werden, indem für jedes der unterschiedlichen Winkelintervalle $[0, \beta]$, $(\beta, \Theta - \beta)$ und $[\Theta - \beta, \Theta]$ eine eigene polygonale Approximation auf Kollisionsfreiheit getestet wird.

4.6.5.2 Gestaucht tangentiale Fahrweise

Die in Abschnitt 4.6.5.1 beschriebene tangentiale Fahrweise bewirkt ein Ausschwenken des Fahrzeuges auf der Kurvenaußenseite (s. Abbildung 4.31a). Für Rechtskurven ist dieses Verhalten in der Regel problemlos, da bei einer rechtsorientierten Basislinie auf der linken Fahrschlauchseite meistens genügend Platz vorhanden ist. Bei Linkskurven hingegen erfolgt das Ausschwenken nach rechts, wo sich bei rechtsorientierten Basislinien meistens Hindernisse befinden. Deshalb wird für Linkskurven alternativ die gestaucht tangentiale Fahrweise eingeführt, bei der der Referenzpunkt auf der berechneten Kurve $r_i(\phi)$ bleibt

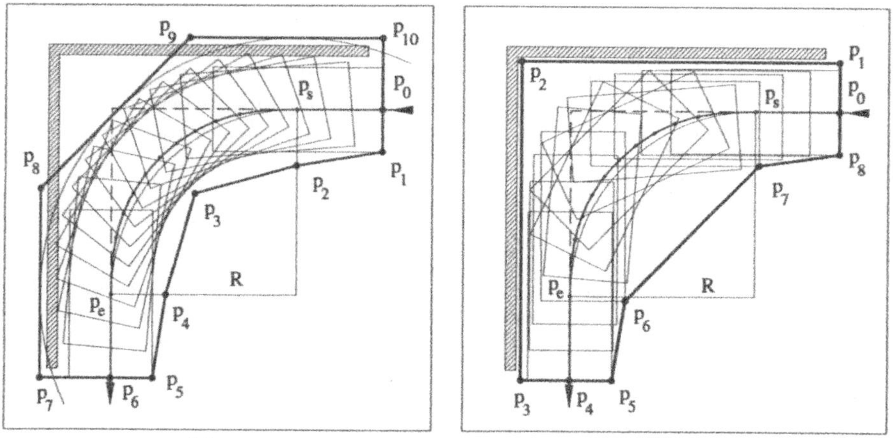

(a) (b)

Abbildung 4.32: Approximation der vom Fahrzeug überstrichenen Flächen, wenn die tangentiale Orientierung (a) oder die gestaucht tangentiale Orientierung (b) verwendet wird.

und die Orientierungsänderung des Fahrzeugs ausschließlich für $\phi \in [\Theta/2 - \gamma, \Theta/2 + \gamma]$ erfolgt. Um die Notation zu vereinfachen, wird $\omega = 0$ angenommen. Bei gegebener Kurve $r(\phi)$ ergibt sich somit für die Orientierung $\alpha(\phi)$ des Fahrzeugs:

$$\alpha(\phi) = \begin{cases} r'(0) & \text{für} \quad \phi \in [0, \Theta/2 - \gamma] \\ r'\left(\frac{\Theta}{2*\gamma}\left(\phi - \frac{\Theta}{2}\right) + \frac{\Theta}{2}\right) & \text{für} \quad \phi \in (\Theta/2 - \gamma, \Theta/2 + \gamma] \\ r'(\Theta) & \text{für} \quad \phi \in [\Theta/2 + \gamma, \Theta] \end{cases}$$

Durch den Einsatz der gestaucht tangentialen Fahrweise bei Linkskurven soll das Ausschwenken nach rechts verhindert werden. Deshalb wird der äußere Rand des Polygons vorgegeben und sein Schnitt mit dem Fahrzeug geprüft. Der Punkt p_0 in Abbildung 4.32b ergibt sich aus einer Verschiebung des Startpunktes p_s entlang der Strecke $\overline{c_{i-1}c_i}$ um die halbe Fahrzeuglänge l. Der Punkt p_1 entspricht dem um den Betrag b^* nach außen geschobenen p_0. Bei b^* handelt es sich um die um den Betrag ϵ vergrößerte halbe Fahrzeugbreite b. Der Punkt p_2 ergibt sich aus dem Schnittpunkt der um b^* nach außen verschobenen und verlängerten Strecken $\overline{c_{i-1}c_i}$ und $\overline{c_ic_{i+1}}$. Die Punkte p_3, p_4, p_5 und p_8 werden ähnlich wie p_1 bzw. p_0 erzeugt. Der Punkt p_7 entspricht der hinteren linken Ecke des Fahrzeuges, wenn sich dieses in der Position $r(\Theta/2 - \gamma)$ befindet. Der Punkt p_6 ist identisch mit der vorderen linken Ecke, wenn die Fahrzeugposition mit dem Punkt $r(\Theta/2 + \gamma)$ übereinstimmt. Da die Verbindungen $dcon(c_{i-1}, c_i)$ und $dcon(c_i, c_{i+1})$ kollisionsfrei sind, wird durch die Konstruktion des äußeren Randes kaum zusätzlicher kollisionsfreier Raum gefordert. Da die Konstruktion des äußeren Randes unabhängig von der überstrichenen Fahrzeugfläche vorgenommen wird, wird für eine Folge von ϕ_i geprüft, ob für alle ϕ_i die äußeren Eckpunkte des Fahrzeugs im Polygon liegen. Ist diese Bedingung erfüllt, liegt ein gültiger Winkel γ vor. Im anderen Fall wird ein anderer Winkel gesucht.

4.6.6 Sperrung von Teilfahrschläuchen

Wird mit Hilfe des in Abschnitt 4.6.3 erläuterten Verfahrens keine kollisionsfreie Kurve für die Ecke c_i gefunden, wird die zu dieser Ecke gehörende Folge von Fahrschlauchpolygonen als Fehlermeldung zurückgeliefert. Dafür wird das in Abschnitt 4.5.1.4 beschriebene Verfahren benutzt, bei dem jedem v_k ($v_k == c_i$) eine Polygonsequenz zugeordnet ist. Vor der Sperrung eines Teilfahrschlauchs wird jedoch zunächst versucht, ihn iterativ um zusätzliche Freiraumpolygone zu erweitern. Dafür stehen sämtliche Freiraumpolygone zur Verfügung.

4.6.7 Ergänzende Bemerkungen

Die Bestimmung eines kollisionsfreien Kurventyps mit seinen entsprechenden Parametern erfolgt durch das oben beschriebene iterative Testen auf Kollisionsfreiheit. Ergänzend dazu könnte die Auswahl des Kurventyps durch die lokale Form des Fahrschlauchs getroffen werden, indem z.B. untersucht wird, ob aus einer engen Region in eine weite gefahren wird.

Handelt es sich bei dem Eckpunkt c_i um einen Punkt mit spitzem Winkel ($bisector(c_i)$ == **wahr**), werden leicht modifizierte Verfahren angewendet, die im Prinzip den oben erläuterten entsprechen.

Die vorgestellten Methoden zur Kurvenplanung ändern sich nur geringfügig, wenn für die Basiskurve eine andere Definition verwendet wird. In [Wagner92] werden dafür Polynome höheren Grades verwendet, die in kartesischen Koordinaten definiert sind.

Bei einer anderen Zielsetzung, die jedoch teilweise der Rechtsorientierung widerspricht, könnten die Kurven so in die Basislinie eingepaßt werden, daß ein möglichst kurzer Gesamtweg entsteht. In [Wilfong88, Wilfong89] werden dazu Kreisbögen in die Übergänge zwischen zwei Strecken eingepaßt. Dazu wird für jeden Kreisbogen die Menge der kollisionsfreien Radien genau bestimmt.

4.7 Maximales Geschwindigkeitsprofil

Die Aufgabe der *GP-Schicht* (s. Abbildung 4.3) besteht darin, für jeden Punkt auf der vom Navigator berechneten Bahn die maximal zulässige Geschwindigkeit zu berechnen. Verfolgt der Pilot das Ziel, dieser vorberechneten Bahn zu folgen, darf er für jeden Punkt der Bahn die maximale Geschwindigkeit nicht überschreiten. Diese maximale Geschwindigkeit hängt dabei vom Verlauf der gesamten Bahn ab. Schließt sich z.B. an eine sehr lange Gerade eine enge Kurve an, darf am Ende der Geraden die Geschwindigkeit nicht zu hoch sein. Folglich muß eventuell schon auf der Geraden gebremst werden, d.h. die maximale Geschwindigkeit für die auf der Geraden liegenden Punkte hängt von einer weiter hinten im Weg liegenden Kurve ab.

Die vom Navigator berechnete Bahn besteht aus einer Folge von Wegsegmenten. Bei jedem dieser Wegsegmente ps_i handelt es sich entweder um eine Kurve oder um eine geradlinige Verbindung zwischen zwei Segmenten. Für die Geschwindigkeitsplanung werden die aus mehreren Teilen bestehenden Kurven (s. Abschnitt 4.6.2) zerlegt, so daß jede Teilkurve einem Wegsegment ps_i entspricht. Die maximale Geschwindigkeit in jedem Punkt kann durch ein iteratives Verfahren berechnet werden, wenn für jedes Wegsegment die folgenden Größen bekannt sind (s. Abbildung 4.33a): eine für den gesamten Verlauf des Wegsegmentes ps_i gültige maximale Geschwindigkeit $v_{max,i}$ und maximale Beschleunigung $a_{max,i}$; eine maximale Startgeschwindigkeit $v_{max_s,i}$ und eine maximale Endgeschwindigkeit $v_{max_e,i}$. Die maximalen Start- und Endgeschwindigkeiten sind notwendig, um das Fahrzeug am Ende bzw. am Anfang eines Wegsegmentes anhalten zu können. Wird z.B. eine Kurve vom Typ r_5 in zwei Segmente ps_i und ps_{i+1} aufgeteilt, ist ein Anhalten am Ende des Segmentes ps_i notwendig, da das Fahrzeug in diesem Punkt seine Fahrtrichtung ändert. Im Regelfall gilt jedoch $v_{max,i} = v_{max_s,i} = v_{max_e,i}$.

Die Geschwindigkeit am Beginn des Segmentes ps_i entspricht der Geschwindigkeit am Ende des vorhergehenden Segmentes ps_{i-1}, d.h. $v_{start}(ps_i) = v_{end}(ps_{i-1})$ für $1 \leq i \leq n$ ($v_{start}(ps_0 = 0)$).

Liegt $v_{start}(ps_i)$ nicht oberhalb der maximalen Startgeschwindigkeit $v_{max_s,i}$, kann mit der Berechnung des Geschwindigkeitsprofils über dem Segment ps_i begonnen werden. Dazu wird mit Hilfe von $v_{start}(ps_i)$, $v_{max_e,i}$, $v_{max,i}$ und $a_{max,i}$ versucht, ein trapezförmiges Geschwindigkeitsprofil über ps_i zu konstruieren, bei dem zunächst mit $a_{max,i}$ beschleunigt, dann mit $v_{max,i}$ gefahren und abschließend mit $a_{max,i}$ gebremst wird. Dabei können einzelne Teile des Trapezes entfallen. Kann ein solcher Verlauf innerhalb von ps_i nicht gefunden werden, wird ein neues maximales $v_{start}(ps_i)$ gesucht, mit dem die anderen Nebenbedingungen von ps_i eingehalten werden können. Diese neue Geschwindigkeit $v_{start}(ps_i)$ beeinflußt als $v_{end}(ps_{i-1})$ den Verlauf von ps_{i-1}. Diese Rekursion bricht spätestens am Startsegment ab, da $v_{start}(ps_0) = 0$ gilt.

Ist $v_{start}(ps_i)$ größer als die maximale Startgeschwindigkeit $v_{max_s,i}$, wird $v_{end}(ps_{i-1}) = v_{max_s,i}$ gesetzt. Mit dieser neuen Nebenbedingung für das Wegsegment ps_{i-1} wird die oben erläuterte Rekursion angestoßen, die ebenfalls spätestens am Startsegment abbricht. Nachdem die Rekursion beendet ist, wird mit Hilfe des angegebenen Verfahrens das Geschwindigkeitsprofil für das Segment ps_i berechnet. Der gesamte iterative Planungsprozeß beginnt bei ps_0 und endet, wenn das Endsegment ps_n erreicht wurde, wobei $v_{end}(ps_n) = 0$ gelten muß.

Abbildung 4.33b zeigt einen Ausschnitt des maximalen Geschwindigkeitsprofils einer vollständigen Bahn. Die Startgeschwindigkeit $v_{start}(ps_i)$ des Segmentes ps_i liegt unter-

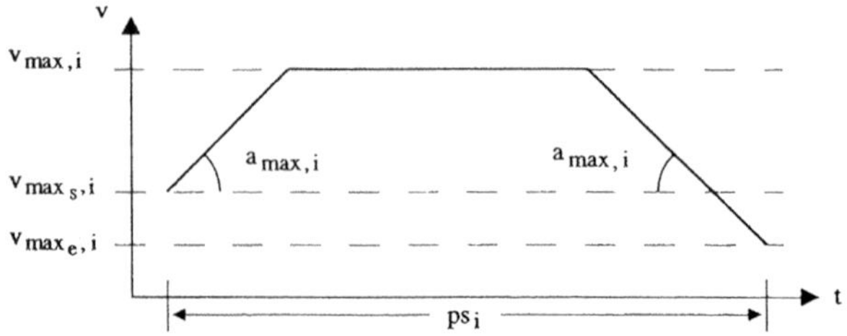

(a)

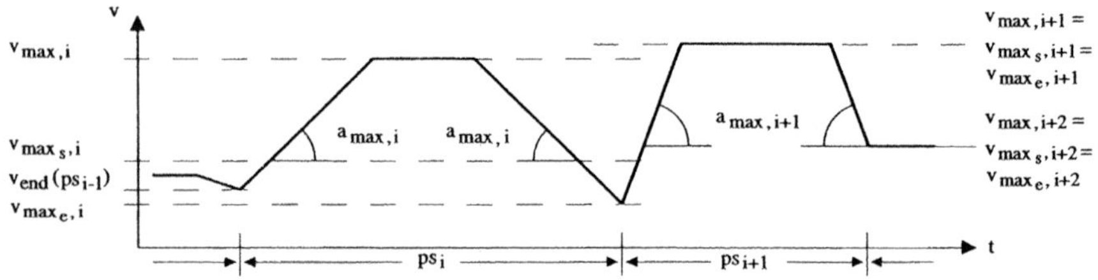

(b)

Abbildung 4.33: (a) Trapezförmiges, maximales Geschwindigkeitsprofil, das sich auf Grund der gegebenen Parameter für ein Wegsegment ps_i ergeben kann; (b) Ausschnitt aus dem maximalen Geschwindigkeitsprofil einer kompletten Bahn (ps_i und ps_{i+1} sind vollständig zu sehen)

halb der maximalen Startgeschwindigkeit $v_{max_s,i}$, da $v_{end}(ps_{i-1}) < v_{max_s,i}$ (s. Abbildung 4.33b) und $v_{start}(ps_i) = v_{end}(ps_{i-1})$ gilt (s. oben). Am Ende des Segmentes ps_{i+1} wird gebremst, obwohl $v_{max,i+1} = v_{max_e,i+1}$ gilt, da die maximale Startgeschwindigkeit $v_{max_s,i+2}$ des nächsten Elementes unterhalb der maximalen Endgeschwindigkeit $v_{max_e,i+1}$ liegt.

Die für dieses Verfahren notwendigen Geschwindigkeiten $v_{max,i}$, und Beschleunigungen $a_{max,i}$ werden bei der Definition der Fahrzeuge und der Kurven explizit angegeben und nicht automatisch berechnet. Die Start- und Endgeschwindigkeiten ($v_{max_s,i}$ bzw. $v_{max_e,i}$) werden bei der Zerlegung der zusammengesetzten Kurven festgelegt, wobei i.d.R. $v_{max_s,i} = v_{max_e,i} = v_{max,i}$ gilt. Die Geschwindigkeit $v_{max_s,i}$ bzw. $v_{max_e,i}$ weicht nur dann von der maximalen Geschwindigkeit $v_{max,i}$ ab, wenn an dieser Stelle ein Wechsel der Fahrtrichtung erfolgt.

Da für jedes Segment nur eine maximale Beschleunigung und eine maximale Geschwindigkeit zur Verfügung steht, muß bei Kurven der minimale Wert gewählt werden. Somit wird nicht die maximal mögliche Geschwindigkeit bestimmt, sondern i.a. ein Wert, der darunter liegt. Ist ein optimaler Geschwindigkeitsverlauf gewünscht, wird auf [Bobrow+85] verwiesen.

4.8 Diskussion

Der vorgestellte Navigator arbeitet auf einer Zerlegung des zweidimensionalen Arbeitsraums in konvexe Polygone. Das Hinzufügen und Löschen von Hindernissen erfordert dabei nur lokale Modifikationen innerhalb des Weltmodells. Somit ist die Forderung **F1** (**Dynamische zweidimensionale Welt**) erfüllt. Die Generierung der Fahrschläuche hängt vom aktuellen Weltzustand mit seinen statischen und teilweise dynamischen Hindernissen ab (Forderung **F4**: **Nutzung des gesamten Freiraums**). Es muß jedoch berücksichtigt werden, daß die Fahrschlauchsuche auf dem zur Zeit der Auftragserteilung gültigen Weltmodell arbeitet. Werden während der Planungszeit im selektierten Fahrschlauch Hindernisse gemeldet und wird der Auftrag nicht sofort an den Piloten übergeben, muß eine Neuplanung gestartet werden (s. Abbildung 3.2).

Vom Navigator wird ein rechtsorientierter Weg berechnet (Forderung **F5**: **Anpassung der Planung an die Umgebung**), der von einer empirischen Gewichtsfunktion und dem gewählten Fahrschlauch abhängt. Somit werden in einigen Fällen Wege berechnet, die im globaleren Sinne nicht rechtsorientiert sind. Befindet sich in einem breiten Gang in der Mitte eine Säule und liefert die Fahrschlauchsuche einen Schlauch, der links an der Säule vorbeigeht, wird in diesem Schlauch ein rechtsorientierter Weg geplant, d.h. es wird rechtsorientiert links an der Säule vorbeigefahren.

Der Navigator ist in der Lage, für rechteckige Fahrzeuge unterschiedlicher Größe Wege mit stetiger Krümmungsänderung zu finden, die mit tangentialer oder gestaucht tangentialer Orientierung abgefahren werden können. Folglich sind die Forderungen **F2** (**Rechteckige Fahrzeuge mit drei Freiheitsgraden**), **F3** (**Fahrzeuge unterschiedlicher Größe**), **F6** (**Tangentiale Orientierung**) und **F7** (**Stetige Krümmungsänderung**) erfüllt.

Da es sich bei dem vorgestellten Navigator um einen empirischen Planer handelt, kann nicht garantiert werden, daß immer ein Weg gefunden wird, wenn einer existiert (Forderung **F10**: **Weg finden**). Dieses Problem verschärft sich, wenn der für die Bahnplanung zur Verfügung stehende Platz abnimmt.

Soll ein Navigator entwickelt werden, der meistens die aufgestellten Forderungen erfüllt, aber immer einen Weg liefert, wenn einer existiert, bietet sich eine zweistufige Vorgehensweise an. Findet der vorgestellte empirische Navigator keinen Weg, wird in einem zweiten Schritt ein exakter Planer gestartet. Als zusätzlicher Zwischenschritt ist eine Erweiterung des empirischen Navigators möglich. Dabei werden die mit Hilfe der Routenmatrix **R** gefundenen engen Teilfahrschläuche nicht sofort gesperrt, sondern ein lokaler exakter Planer wird gestartet, der nur auf einem erweiterten Teilfahrschlauch arbeitet. Dadurch würden Wege generiert, die in bestimmten Abschnitten den Forderungen genügen und in anderen diese Forderungen vernachlässigen, um überhaupt einen Weg zu finden.

Durch die hierarchische Struktur des Navigators wird in den meisten Fällen in kurzer Zeit ein Weg gefunden. Existiert jedoch keine Lösung, muß die Feinplanung i.a. für mehrere Fahrschläuche durchgeführt werden, bis alle notwendigen blockierten Teilfahrschläuche in den Graphen der Fahrschlauchsuche integriert worden sind. Die dafür notwendige

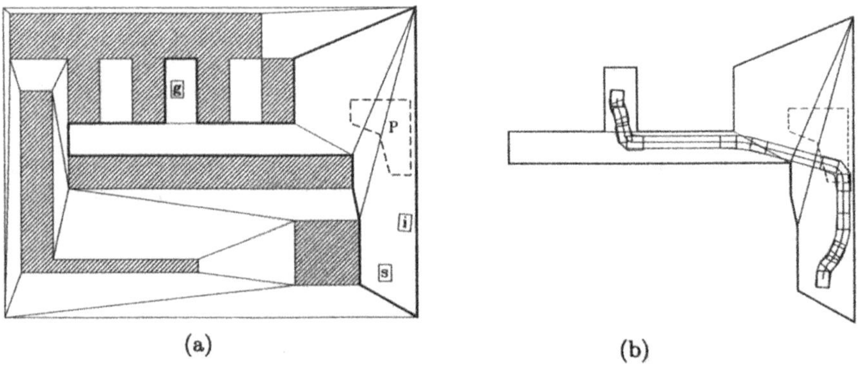

Abbildung 4.34: (a) Freiraumzerlegung mit einem Fahrschlauch, (b) Feinplanung innerhalb dieses Fahrschlauchs

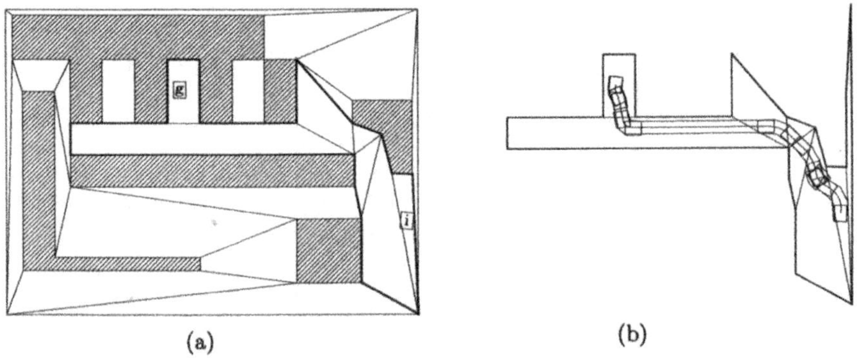

Abbildung 4.35: (a) Lokale Freiraumneuzerlegung nach Einfügen eines Hindernisses (vgl. Abbildung 4.34), (b) Feinplanung innerhalb des neuen Fahrschlauchs, nachdem der Pilot die Ausführung des Auftrages aus Abbildung 4.34 abgebrochen hat.

Zeit verringert sich mit zunehmender Laufzeit des Systems, da die in den Suchgraphen eingefügten blockierten Teilfahrschläuche auch für spätere Aufträge zur Verfügung stehen. Durch Veränderungen der Welt und die daraus resultierende Anpassung des Suchgraphen geht diese Information jedoch teilweise verloren.

Die mögliche Verbindung des Navigators mit einem Piloten wird im folgenden Beispiel demonstriert (vgl. Abbildung 3.2). Abbildung 4.34a zeigt die Freiraumzerlegung der aktuellen Welt. Dabei ist der Fahrschlauch, der die Startposition s mit der Zielposition g verbindet, mit einer dicken Linie markiert. Nachdem die Feinplanung abgeschlossen ist (s. Abbildung 4.34b) und der Auftrag zum Piloten übertragen wurde, wird ein neues

Hindernis P gemeldet. Unter der Annahme, daß der Pilot unter Berücksichtigung der veränderten Hindernisstruktur und im Rahmen seiner Möglichkeiten keinen Weg zum Ziel findet, wird die Ausführung des Auftrages abgebrochen. Anschließend wird vom Navigator ein neuer Weg berechnet, der die aktuelle Fahrzeugposition i mit dem Ziel g verbindet (s. Abbildung 4.35).

Abbildung 4.36a zeigt eine Fertigungsumgebung von Citroen, in der ein fahrerloses Transportsystem eingesetzt wird. Dieses System benutzt ein fest vorgegebenes Streckennetz, das mit Hilfe von Induktionsdrähten definiert ist. Die polygonale Approximation dieser Fertigungsumgebung und die daraus resultierende polygonale Zerlegung des Freiraum ist in Abbildung 4.36b bzw. Abbildung 4.37a skizziert. Dabei wurden nur die Elemente modelliert, die für die Fahrzeuge ein Hindernis darstellen. Die aufgeständerte Leitstand der Fertigungsumgebung wurde aus diesem Grund nicht als Hindernis eingefügt. Für einen beispielhaften Fahrauftrag von s nach g (s. Abbildung 4.36) wurde zunächst ein passender Fahrschlauch berechnet (dicke Linie in Abbildung 4.37a) und anschließend eine Feinplanung in diesem durchgeführt (s. Abbildung 4.37b). Treten während der Bahnausführung Probleme auf, wird ähnlich wie im vorhergehenden Beispiel automatisch ein anderer Weg gesucht.

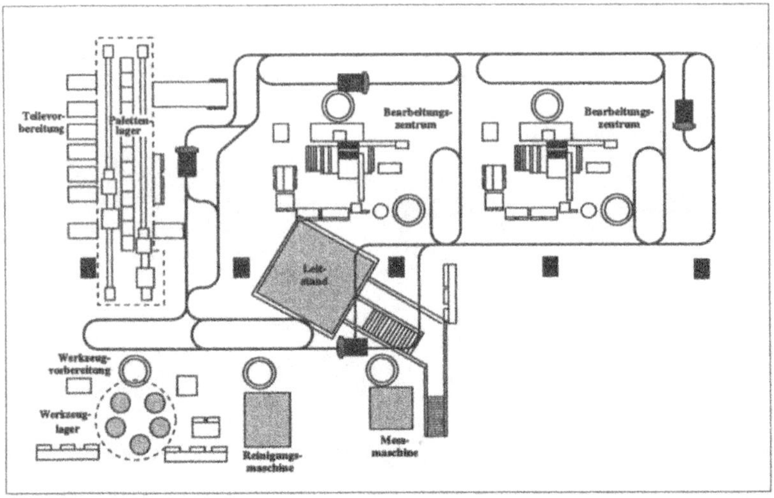

(a)

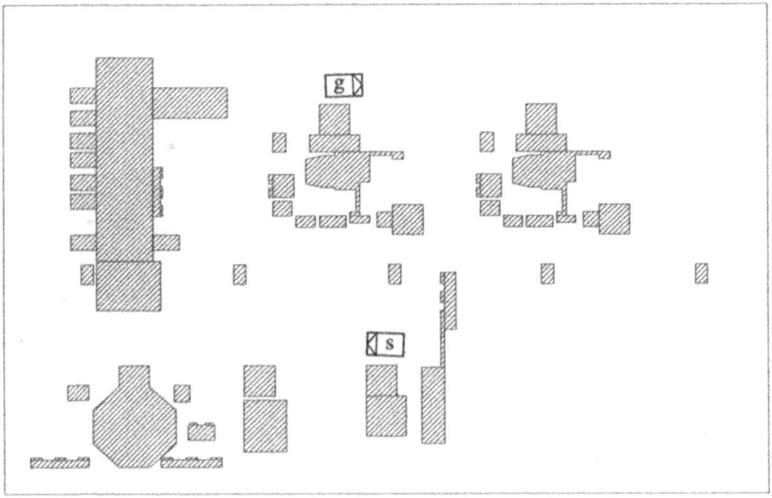

(b)

Abbildung 4.36: (a) Fertigungsumgebung bei Citroen (nach [Pao+88]); (b) Polygonale Repräsentation der Fertigungsumgebung

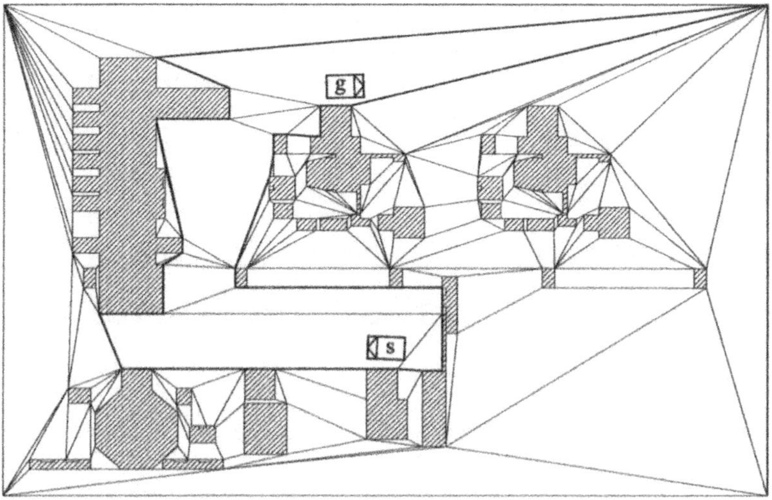

(a)

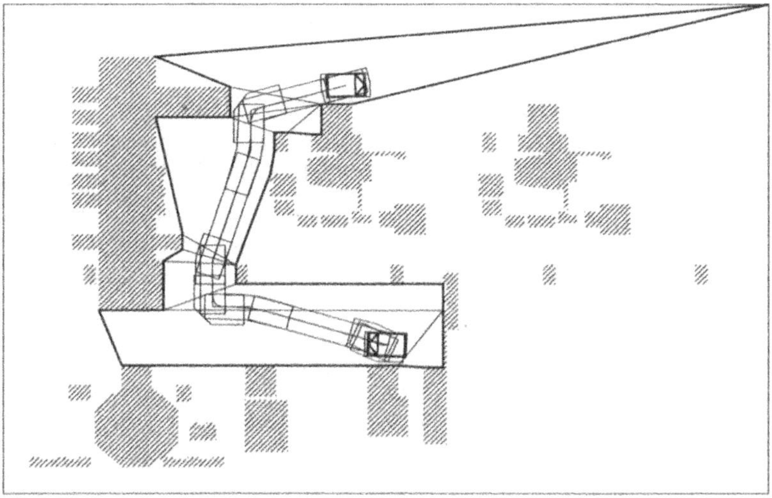

(b)

Abbildung 4.37: (a) Zerlegung des Freiraums in Polygone (vgl. Abbildung 4.36 und Fahrschlauchsuche; (b) Feinplanung im Fahrschlauch

Kapitel 5

Bahnplanung des Navigators auf Basis eines statistischen Modells

In diesem Kapitel wird ein Navigator vorgestellt, der auf einem Weltmodell arbeitet, das sowohl die *statischen* und *teilweise dynamischen* Hindernisse enthält als auch *statistische* Informationen über die Veränderungen innerhalb der Welt. Die in Kapitel 4 angegebenen Anmerkungen zu den Forderungen aus Abschnitt 3.2 gelten mit Ausnahme der Rechtsorientierung (zu **F5**: **Anpassung der Planung an die Umgebung** (s. Kapitel 4)) auch für diesen auf statistischen Daten arbeitenden Navigator. Die modifizierte, in diesem Kapitel gültige Anmerkung zu Forderung **F5** lautet:

zu F5 Anpassung der Planung an die Umgebung

Eine an die Umgebung angepaßte Planung soll erreicht werden, indem die vom Navigator im voraus berechneten Bahnen gut in das Bewegungsmuster der *dynamischen* Hindernisse integriert werden. Dabei ist weder die genaue Bewegung der einzelnen dynamischen Hindernisse im voraus bekannt noch eine einzuhaltene Regel, wie z.B. die Rechtsorientierung. Das Fahrzeug soll sich somit ähnlich *verhalten* wie die anderen dynamischen Hindernisse.

Da die genaue Bewegung jedes einzelnen dynamischen Hindernisses nicht im voraus bekannt ist und da der Navigator im Rahmen der Vorausplanung seine Aufgabe vor dem Start des Fahrzeuges beenden muß, verwendet der Navigator Statistiken, die das durchschnittliche Verhalten der dynamischen Hindernisse widerspiegeln. Diese Statistiken werden mit Hilfe der vom Überwachungssystem gelieferten Informationen erzeugt.

Eine Belegungsstatistik, die für jeden Punkt im Arbeitsraum die normierte Häufigkeit liefert, wie oft dieser Punkt von einem teilweise oder vollständig dynamischen Hindernis während des beobachteten Zeitraums belegt war, könnte für die Bahnplanung verwendet werden, um häufig besetzte Regionen zu meiden. Dadurch würde das Fahrzeug im Idealfall ausschließlich Gebiete befahren, die von keinem dynamischen Hindernis verwendet werden. Da solche unbefahrenen Regionen in realen Umgebungen jedoch selten großflächig auftreten, ergibt sich durch dieses Vorgehen kaum ein Vorteil. Ist z.B. eine zweispurige, stark frequentierte Straße gegeben, die zwei Orte miteinander verbindet, und benutzen die vollständig dynamischen Hindernisse immer die jeweils rechte Fahrbahn, wenn sie von einem Ort zum anderen fahren, ergibt sich für die Belegungsstatistik entlang der gesamten Straße ein konstant hoher Wert. Um von einem Ort zum anderen zu gelangen, plant der Navigator auf Basis dieser konstanten Belegungsstatistik wahrscheinlich den kürzesten Weg, der eventuell auf der linken Fahrbahn liegt. Diese Vorausplanung stellt den zur Laufzeit planenden Piloten jedoch i.a. vor große Probleme. Durch Verwendung des statistischen Flusses, der ein Maß für die durchschnittliche Bewegungsrichtung ist, kann eine solche Fehlplanung vermieden werden.

Gibt es andererseits Regionen, in denen teilweise dynamische Hindernisse mit hoher Wahrscheinlichkeit auftreten, sollten diese Gebiete bereits bei der Vorausplanung gemieden werden, auch wenn zur Zeit der Vorausplanung dieses Gebiet gerade frei ist. Dadurch kann ein Umplanen zur Laufzeit vermieden werden. Da diese teilweise dynamischen Hindernisse die Flußstatistik nicht verändern, muß für sie eine Belegungsstatistik eingesetzt werden.

5.1 Literaturüberblick

In der mir bekannten Literatur wurde bisher kein Navigator veröffentlicht, der auf Basis einer statistischen Belegungswahrscheinlichkeit in Verbindung mit dem statistischen Fluß arbeitet. Jedoch können zumindest für die Integration der Belegungswahrscheinlichkeit Planungsansätze verwendet werden, die mit gewichteten Regionen arbeiten, ohne daß diese Gewichtung auf Basis der statistischen Belegung entstanden ist.

In [Mitchell88, Mitchell91] wird ein Verfahren vorgestellt, das in einer polygonalen gewichteten Zerlegung des zweidimensionalen Raums den kürzesten Weg für einen Punkt findet. Die Gesamtlänge der Bahn ergibt sich dabei als die gewichtete Summe der Länge der einzelnen Streckenabschnitte. Im Prinzip wird die Bahn gesucht, die das Licht vom Start- zum Zielpunkt nehmen würde, wenn die Regionen einen ihrem Gewicht entsprechenden optischen Brechungsindex hätten. In [Arkin89c] wird die Umwelt in ihre natürlichen Regionen, wie z.B. in Straßen und Wiesen, aufgeteilt, die wiederum separat in konvexe Polygone zerlegt werden. An den Grenzkanten zwischen zwei unterschiedlichen Regionen werden in eine bestimmte Richtung zu überfahrende Übergangsbereiche eingefügt. Dadurch wird vermieden, daß das Fahrzeug mit den beiden Antriebsrädern auf unterschiedlichen Regionen fährt.

Die Erzeugung einer Sensorkarte mit Hilfe von Wahrscheinlichkeiten wird in [Moravec$^+$85, Elfes87, Elfes91b] vorgestellt. Die als reguläre Matrix organisierte Karte enthält für jedes Element einen Wert, der die Wahrscheinlichkeit widerspiegelt, mit der dieses Element mit einem Hindernis belegt oder frei ist. Ist für eine bestimmte Zelle auf Grund von fehlenden Sensorinformationen keine Aussage möglich, wird dies durch einen speziellen Wert markiert. Dieses Belegungsgitter (*engl.* occupancy grid) ergibt sich durch die kontinuierliche

Integration von neuen Sensormessungen, wobei sich der neue Wert einer Zelle aus der Kombination des vorhergehenden Wertes mit der aktuellen Messung ergibt. In [Elfes87] wird erwähnt, daß eine solche Karte für die Wegplanung benutzt werden kann, indem z.B. die A^*-Suche eingesetzt wird.

Das von [Moravec+85] eingeführte Prinzip wird ebenfalls von [Cho90, Matthies+88] verwendet. Auf Basis eines solchen Belegungsgitters wird in [Praßler91] mit Hilfe eines parallelen Ansatzes ein Weg geplant, der jedoch nur für ein Fahrzeug gültig ist, das kleiner als ein Rasterelement ist.

Die Verwendung eines Diffusionsmodells wird in [Schmidt+92] vorgeschlagen, um ähnlich wie bei anderen Potentialfunktionen, die nur an der Zielposition ein lokales Minimum besitzen, einen Weg vom Start zum Ziel zu finden. Dieser Weg hängt jedoch nur von der aktuellen Umgebung ab und nicht davon, wie sich andere dynamische Hindernisse in dieser Welt verhalten. Da in [Schmidt+92] der Arbeitsraum als reguläres Raster approximiert wird, ergeben sich Probleme, wenn das Fahrzeug größer als ein Matrixelement ist.

Das in [Barraquand+91, Barraquand+92] vorgestellte Bahnplanungsverfahren verwendet weder Belegungswahrscheinlichkeiten noch den statistischen Fluß, sondern ein geometrisches Modell, bei dem eine Zelle entweder besetzt oder frei ist. Die Kernidee dieses Ansatzes wird kurz skizziert, da der in den Abschnitt 5.2 und 5.3 vorgestellte Navigator auf dem gleichen Suchprinzip basiert, wobei jedoch eine veränderte Potentialfunktion verwendet wird.

Die Kernidee besteht darin, sowohl den Arbeitsraum als auch den Konfigurationsraum als Matrix mit entsprechender Dimension aufzufassen und im Arbeitsraum für n unterschiedliche, am Roboter angebrachte *Kontrollpunkte* n verschiedene globale Potentialfunktionen zu definieren, die dazu benutzt werden, im Konfigurationsraum ein Potential zu erzeugen, das den Roboter zur Zielkonfiguration steuert. Dabei wird das Potential im Konfigurationsraum nicht global berechnet, sondern nur lokal bestimmt, um dem maximalen negativen Gradienten folgen zu können. Im Falle von lokalen Minima im Potentialfeld des Konfigurationsraums werden besondere Techniken verwendet.

Wird diese Idee, die auch für hochdimensionale Konfigurationsräume geeignet ist, auf ein Fahrzeug mit drei unabhängigen Freiheitsgraden angewendet, müssen mindestens zwei *Kontrollpunkte* auf der Kontur des Fahrzeugs angebracht werden, um die Position des Fahrzeuges im Arbeitsraum zu fixieren. Für jeden dieser beiden Kontrollpunkte c_1 und c_2 wird im zweidimensionalen Arbeitsraum ein separates globales Potentialfeld V_i erzeugt, das nur in der jeweiligen Zielposition g_i ein lokales Minimum aufweist. V_i kann z.B. durch eine vom Punkt g_i simulierte Wellenausbreitung erzeugt werden oder durch die Konstruktion eines Skeletts ([Barraquand+91, Barraquand+92]).

Befindet sich das Fahrzeug in der Konfiguration $\mathbf{q}$, wird für eine Auswahl von Nachbarkonfigurationen $\mathbf{q}_i$ das Potential $U(\mathbf{q}_i)$ im Konfigurationsraum berechnet. Dazu werden die Potentialfelder V_1 und V_2 an den Stellen verwendet, an denen die entsprechende Kontrollpunkte im Arbeitsraum liegen, wenn sich das Fahrzeug in der Konfiguration $\mathbf{q}$ befindet. Zusätzlich wird überprüft, ob das gesamte Fahrzeug kollisionsfrei im Arbeitsraum liegt. Die möglichen Nachbarkonfigurationen von $\mathbf{q}$ ergeben sich aus den Nachbarelementen von $\mathbf{q}$ innerhalb des als dreidimensionale Matrix repräsentierten Konfigurationsraums des Fahrzeuges. Von jedem dieser dreidimensionalen Matrixelemente wird ausschließlich der Mittelpunkt als zulässiger Punkt im Konfigurationsraum betrachtet. Folglich liegen alle zulässigen Konfigurationen auf den Kreuzungspunkten innerhalb eines dreidimensionalen Gitters. Die Nachfolgekonfiguration $\mathbf{q}_i$ von $\mathbf{q}$ ergibt sich aus dem Minimum der betrachteten Nachbarkonfigurationen. Um aus entstehenden lokalen Minima der Potentialfunktion zu entfliehen, werden in [Barraquand+91, Barraquand+92] u.a. zufällige Suchbewegungen benutzt.

Damit durch die Bestimmung der Nachbarkonfigurationen innerhalb der Konfigurationsraummatrix keine Hindernisse im Arbeitsraum vollständig übersprungen werden, muß die Größe der Matrixelemente des Konfigurationsraumes von der Auflösung des Arbeitsraums und der Kinematik des Fahrzeuges abhängen. Dazu wird die Jakobimatrix benutzt. Während der Planung wird eine Hierarchie von unterschiedlichen Auflösungsstufen verwendet, um Bahnen, die eine größere Schrittweite zwischen den Konfigurationen zulassen, schneller zu finden. Wird ein deterministisches Verfahren verwendet, um aus lokalen Minima zu entfliehen, ist der Planer deterministisch auflösungsvollständig (*engl.* deterministically resolution complete), d.h. es wird immer ein Weg gefunden, wenn einer innerhalb der Auflösungsstufe existiert. Wird ein wahrscheinlichkeitsorientiertes Verfahren für die Behandlung der lokalen Minima eingesetzt, ist der Planer im Sinne der Wahrscheinlichkeit auflösungsvollständig (*engl.* probabilistically resolution complete), d.h. die Wahrscheinlichkeit, innerhalb einer Auflösungsstufe einen Weg zu finden, wenn einer existiert, konvergiert mit zunehmender Laufzeit gegen 1 ([Barraquand+91]).

Das in [Barraquand+91, Barraquand+92] vorgestellte Verfahren besteht im wesentlichen aus der Berechnung der Potentialfelder im Arbeitsraum $\mathcal{W}$ und der anschließenden Suche im quantisierten $\mathcal{C}$-Raum. Bei der Suche werden die für jeden *Kontrollpunkt* im $\mathcal{W}$-Raum berechneten Potentialfelder verwendet. Für die beiden beschriebenen Schritte werden folgenden Abkürzungen eingeführt, die im weiteren Verlauf der Arbeit verwendet werden:

$\mathcal{PW}$-Feld	:	Numerisches Potentialfeld im $\mathcal{W}$-Raum
$\mathcal{PW}$-Berechnung	:	Berechnung der $\mathcal{PW}$-Felder
$\mathcal{C}^{\mathcal{PW}}$-Suche	:	Suche im $\mathcal{C}$-Raum, die mit $\mathcal{PW}$-Feldern gesteuert wird

5.2 Integration der Belegungsstatistik in die Bahnplanung

Bei dem im folgenden neu vorgeschlagenen Planungsprinzip werden für zwei auf der Fahrzeugkontur liegende Kontrollpunkte zwei unterschiedliche Potentialfelder berechnet, die sowohl von der aktuellen Hinderniskonfiguration als auch von der Belegungsstatistik der teilweise dynamischen Hindernisse beeinflußt werden. Diese Potentialfelder, die jeweils nur ein lokales Minimum besitzen, bilden die Grundlage für die $\mathcal{C}^{\mathcal{PW}}$-Suche (s. Abschnitt 5.1).

5.2.1 Weltmodell

Die statischen und die zur Zeit der Vorausplanung bekannten teilweise dynamischen Hindernisse werden in einem geometrischen Weltmodell gespeichert, während die Belegungsstatistik der teilweise dynamischen Hindernisse in einem getrennten statistischen Modell verwaltet wird.

Werden für das statistische Weltmodell jeweils alle zusammenhängenden Punkte mit gleicher Belegungshäufigkeit zu einer Region zusammengefaßt, ergibt sich eine kompakte Repräsentation. Da die teilweise dynamischen Hindernisse jedoch i.a. unterschiedlich groß sind und immer an leicht verschobenen Stellen auftreten, entsteht eine große Anzahl von Regionen, die wiederum alle z.B. mit Polygonen approximiert werden müßten. Aus diesem Grund wird der Arbeitsraum in ein regelmäßiges Gitter eingeteilt. Für jedes Gitterelement $g(i,j)$ wird die Belegungshäufigkeit $\mathit{occupied}(g(i,j))$ bestimmt, die für jedes Element zwischen 0 und 1 liegt. Bei $\mathit{occupied}(g(i,j))$ werden ausschließlich die *teilweise dynamischen* Hindernisse berücksichtigt.

Um eine konsistente Darstellung zwischen dem geometrischen und dem statistischen Weltmodell zu erreichen, wird für das geometrische Weltmodell ein reguläres Gitter gleicher Auflösung verwendet. Durch die entstehende Approximation wird der zur Verfügung stehende Freiraum kleiner und die Ränder der Hindernisse werden verfälscht. Auf die genaue Darstellung der Ränder kann jedoch verzichtet werden, da eine Rechtsorientierung nicht mehr gefordert wird (vgl. Kapitel 4). Für jedes Element $g(i,j)$ ist zu Beginn der Planung bekannt, ob es mit einem statischen oder teilweise dynamischen Hindernis belegt oder frei ist ($\mathit{obstacle}(g(i,j)) \in \{\mathit{static}, \mathit{partly\_dynamic}, \mathit{static\_and\_partly\_dynamic}, \mathit{none}\}$)

Das entwickelte Weltmodell entspricht formal weitgehend dem in [Moravec+85, Elfes87] veröffentlichten. Der wesentliche Unterschied besteht jedoch in der Interpretation der Daten. Im hier vorgeschlagenen statistischen Weltmodell bedeutet ein Wert $\mathit{occupied}(g(i,j))$ in der Zelle $g(i,j)$, daß diese Zelle bezogen auf den gesamten Beobachtungszeitraum für einen bestimmten Zeitraum mit mindestens einem teilweise dynamischen Hindernis besetzt ist. Bei [Elfes87] hingegen bedeutet ein Wert in einer Zelle, daß sich auf Grund der bis jetzt integrierten Sensormessungen an dieser Stelle mit einer bestimmten Wahrscheinlichkeit ein Hindernis befindet. Folglich wird keine Aussage darüber getroffen, wie häufig eine Zelle bei einer sich verändernden Hindernisstruktur im Mittel besetzt ist.

5.2.2 Erzeugung des Weltmodells

Das statistische Weltmodell wird erzeugt, indem während einer Beobachtungsphase für jedes Element $g(i,j)$ der Zeitanteil $occupied(g(i,j))$ bestimmt wird, während dem es von mindestens einem teilweise dynamischen Hindernis belegt war. Dazu werden die vom Überwachungssystem als polygonale Approximation gelieferten teilweise dynamischen Hindernisse auf das Gitter abgebildet, wobei ein teilweise belegtes Element $g(i,j)$ wie ein vollständig belegtes behandelt wird. Um die Berechnung zu vereinfachen, wird die Beobachtungsphase in n_{int} Intervalle der Länge Δt eingeteilt. Zusätzlich werden alle während eines Intervalls gemeldeten Veränderungen auf die nächste Intervallgrenze verschoben, so daß sich für einen Gitterpunkt $g(i,j)$, der k Zeitintervalle von mindestens einem Hindernis belegt war, $occupied(g(i,j)) = k/n_{int}$ ergibt. Die Beobachtungsphase muß nicht vor dem Start des Navigators beendet sein; sie kann auch während der Laufzeit parallel ablaufen.

Für die Erzeugung des geometrischen Weltmodells werden während der Initialisierung alle statischen Hindernisse auf das reguläre Gitter abgebildet, wobei teilweise belegte Elemente wie vollständig belegte behandelt werden. Während der Laufzeit werden teilweise dynamische Hindernisse integriert, indem das Attribut $obstacle(g(i,j))$ für alle Elemente $g(i,j)$ modifiziert wird, nachdem das teilweise dynamische Hindernis auf das Gitter abgebildet wurde. Da durch die Approximation der Hindernisse Doppelbelegungen auf dem Gitter entstehen können, muß gewährleistet werden, daß nach dem Löschen eines teilweise dynamischen Hindernisses in einem doppelt belegten Gitterpunkt $g(i,j)$ das Attribut $obstacle(g(i,j))$ den Wert *partly_dynamic* bzw. *static_and_partly_dynamic* behält.

5.2.3 Berechnung der Potentialfelder

Die numerischen Potentialfelder ($\mathcal{PW}$-Felder) werden berechnet, indem eine vom Zielpunkt des *Kontrollpunktes* c_i ausgehende Wellenausbreitung über den gesamten Arbeitsraum simuliert wird, wobei die Ausbreitungsstruktur vom geometrischen und vom statistischen Weltmodell abhängt. Um die Anschaulichkeit zu erhöhen und die Integration des statistischen Flusses in die Potentialfelder zu vereinfachen (s. Abschnitt 5.3), wird auf Basis des Weltmodells zunächst ein ungerichteter gewichteter Graph $G' = (V', E')$ definiert.

- Die Menge der Knoten V' wird von den Gitterelementen $g(i,j)$ gebildet, die von keinem statischen oder teilweise dynamischen Hindernis belegt sind (m: Anzahl der Matrixzeilen, n: Anzahl Matrixspalten).

  $V' = \{v_{i,j} | obstacle(g(i,j)) == none, 1 \leq i \leq m, 1 \leq j \leq n\}$

```
 1: Erzeuge die leeren Listen OPEN und CLOSED.
 2: Füge den Knoten v_{i0,j0} in die OPEN-Liste ein und setze
    potential(g(i0, j0)) = λ * weight(v_{i0,j0})
 3: while not OPEN-Liste leer
 4:     Suche das Element v_{i,j} mit dem kleinsten Potential aus der OPEN-Liste
 5:     forall v_{k,l} mit e_{k,l;i,j} ∈ E und v_{k,l} ∉ CLOSED-Liste
 6:         pot = potential(g(i,j)) + μ * weight(e_{k,l;i,j}) + λ * weight(v_{k,l});
 7:         if v_{k,l} ∈ OPEN-Liste
 8:         then
 9:             potential(g(k,l)) = minimum(potential(g(k,l)), pot)
10:         else
11:             potential(g(k,l)) = pot
12:             Füge v_{k,l} in die OPEN-Liste ein.
13:         endif
14:     endforall
15:     Lösche v_{i,j} aus der OPEN-Liste.
16:     Füge v_{i,j} in die CLOSED-Liste ein.
17: endwhile
```

Abbildung 5.1: Potentialfeldberechnung, die auf statistischen Informationen basiert

- Zwischen zwei Knoten $v_{i,j}$ und $v_{k,l}$ existiert genau dann eine Kante $e_{i,j;k,l}$, wenn zwischen den Knoten eine Vierernachbarschaft vorliegt. Da es sich um einen ungerichteten Graphen handelt, gilt $e_{i,j;k,l} = e_{k,l;i,j}$.

  $E' = \{e_{i,j;k,l} | v_{i,j}, v_{k,l} \in V', ((l = j \wedge (k = i+1 \vee k = i-1)) \vee (k = i \wedge (l = j+1 \vee l = j-1)))\}$

- Bei der Gewichtsfunktion für die Kanten wird der Abstand zwischen den Knoten berücksichtigt und bei der Gewichtung der Knoten ihre Belegungshäufigkeit.

  $weight(e_{i,j;k,l}) = 1$
  $weight(v_{i,j}) = occupied(g(i,j))$

Die Erzeugung einer von der Zielposition des *Kontrollpunktes* c_i ausgehenden Welle, die den gesamten Arbeitsraum flutet, ist im Algorithmus aus Abbildung 5.1 angegeben. Das berechnete Potential eines Elementes wird mit $potential(g(i,j))$ bezeichnet und die Zielposition des Punktes c_i liegt in $g(i_0, j_0)$.

Die Faktoren λ und μ (*Zeile 6* in Abbildung 5.1) steuern den Einfluß der Belegungshäufigkeit auf die Wegsuche. Wird auf Basis eines solchen Potentialfeldes der Weg für ein punktförmiges Fahrzeug geplant, werden bei großem λ weite Umwege in Kauf genommen, um Regionen mit hoher Belegungshäufigkeit zu meiden, während für $\lambda = 0$ der kürzeste Weg innerhalb der aktuellen Auflösung gewählt wird. Für nicht punktförmige Hindernisse werden die Potentiale aller *Kontrollpunkte* verwendet, um einen Weg zu finden. Die

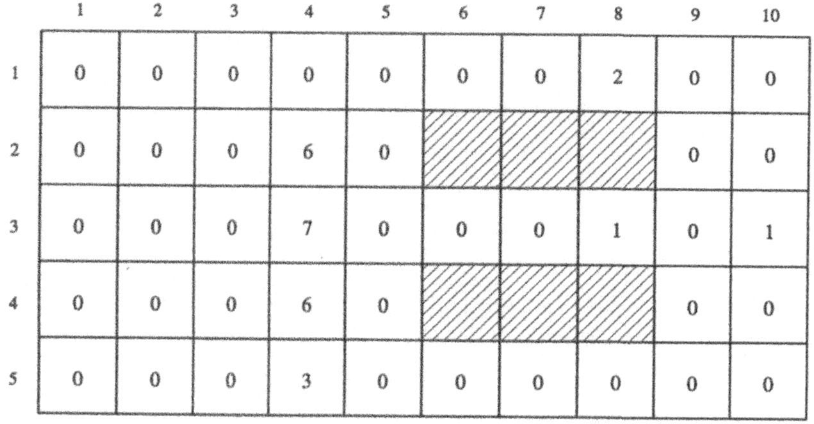

Abbildung 5.2: Eine Belegungsstatistik für eine als Gitter dargestellte Welt, in der die schraffierten Hindernisse überlagert eingezeichnet sind. Die Werte in den einzelnen Gitterelementen müssen mit 0,1 multipliziert werden, um $occupied(g(i,j))$ zu erhalten.

Abhängigkeit der Potentialfelder von verschiedenen Parametern wird in Abschnitt 5.4 an Hand eines ausführlichen Beispiels aufgezeigt.

Ist die Startposition des Kontrollpunktes c_i mit keinem Potential versehen worden, kann die Bahnplanung auf dieser Auflösungsebene gestoppt werden, da der Startpunkt von der Zielposition nicht zu erreichen ist. Allen Gitterelementen, die mit einem statischen oder teilweise dynamischen Hindernis belegt sind ($obstacle(g(i,j)) \neq none$), wird ein unendlich hohes Potential zugewiesen ($potential(g(i,j)) = \infty$). Enthält der quantisierte Arbeitsraum Löcher, können Elemente existieren, die bis jetzt noch kein Potential besitzen. Diesen Gitterelementen wird ebenfalls ein unendlich hohes Potential zugeordnet.

Nachdem die Berechnung der Potentialfelder für alle Kontrollpunkte abgeschlossen ist, wird die $\mathcal{C}^{\mathcal{PW}}$-Wegsuche gestartet. Dabei wird mit einer groben Auflösungsstufe des Gitters begonnen, die bei Mißerfolg der Suche iterativ verfeinert wird bis die geringste Auflösungsstufe erreicht ist [Barraquand$^+$91, Barraquand$^+$92]. Die Potentialfelder müssen somit für jede Auflösungsstufe neu berechnet werden.

Die oben beschriebene Potentialberechnung für die einzelnen Gitterelemente gilt nur für den Fall, daß die von der Wegsuche verwendete Auflösung des Potentialfeldes mit der Auflösung des geometrischen und des statistischen Weltmodells übereinstimmt. Für die gröberen Auflösungen können jedoch immer mehrere benachbarte Elemente des Weltmodells verwendet werden, um einen Knoten des Graphen aufzubauen, mit dem anschließend das Potentialfeld entsprechender Auflösung erzeugt werden kann. Soll die Auflösung des Potentialfeldes feiner sein als die des Weltmodells, werden aus einem Gitterelement des Weltmodells mehrere Knoten des Graphen erzeugt. Um ein Potentialfeld mit geringerer

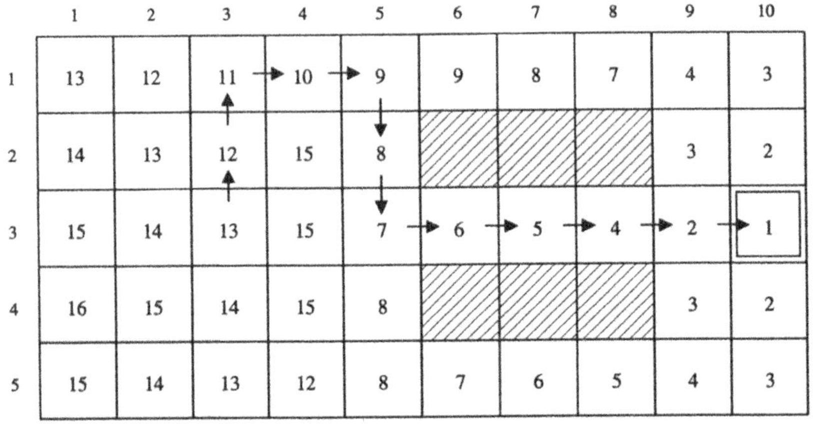

Abbildung 5.3: Ein Potentialfeld, das sich auf Grund des in Abbildung 5.2 dargestellten Weltmodells ergibt, wenn der Zielpunkt des Kontrollpunktes in $g(3,10)$ liegt. Der Weg für ein punktförmiges Fahrzeug von $g(3,3)$ zu $g(3,10)$ ist durch Pfeile angedeutet.

Auflösung zu erhalten, können z.B. vier benachbarte Elemente des Weltmodells verwendet werden, die sinnvoll kombiniert werden müssen. Für eine Erhöhung der Auflösung oder für eine gröbere Skalierung ergeben sich die Zuordnungen sinngemäß. Dadurch verändert sich die im Algorithmus verwendete Indizierung.

5.2.4 Beispiel für ein Potentialfeld

Abbildung 5.2 zeigt eine kleine Beispielwelt, in der die aktuellen statischen und teilweise dynamischen Hindernisse schraffiert eingezeichnet sind. Die Belegungshäufigkeiten sind mit 10 multipliziert, so daß z.B. $occupied(g(5,4)) = 0.3$ gilt ($g(zeile, spalte)$). Wird vom Zielpunkt $g(3,10)$ die Wellenausbreitung auf Basis des Weltmodells simuliert, ergibt sich mit $\lambda = 10$ und $\mu = 1$ das in Abbildung 5.3 skizzierte Potentialfeld. Wird für diesen Kontrollpunkt z.B. von $g(3,3)$ ein Weg zum Zielpunkt gesucht, wird dem maximalen negativen Gradienten gefolgt. Folglich werden die relativ häufig belegten Matrixelemente $g(2,4)$, $g(3,4)$ und $g(4,4)$ gemieden, da der entstehende Umweg nicht zu lang wird. Im Lösungsweg sind jedoch auch Elemente $g(i,j)$ mit $occupied(g(i,j)) \neq 0$ enthalten, wie z.B. $g(3,8)$.

5.3 Integration des statistischen Flusses in die Bahnplanung

Die Integration des statistischen Flusses in die Bahnplanung erfolgt durch eine Ergänzung des in Abschnitt 5.2 vorgestellten Weltmodells und der damit verbundenen Modifikation des Graphen, der die Potentialberechnung beeinflußt. Um einen Weg zur gewünschten Zielposition zu finden, wird die $\mathcal{C}^{\mathcal{PW}}$-Suche verwendet (s. Abschnitt 5.1), bei der für jeden *Kontrollpunkt* getrennte Potentialfelder ($\mathcal{PW}$-Felder) erzeugt werden.

5.3.1 Weltmodell

Um den statistischen Fluß in das Weltmodell zu integrieren, werden jedem Gitterelement $g(i,j)$ fünf zusätzliche Werte zugewiesen. Die Funktion *dyn_occupied*$(g(i,j))$ zeigt an, wie häufig ein Element von einem *vollständig dynamischen* Hindernis belegt ist. Dabei liegen die Werte von *dyn_occupied*$(g(i,j))$ zwischen 0 und 1.

Der im Weltmodell darstellbare statistische Fluß wird pro Gitterelement auf 4 unterschiedliche Richtungen beschränkt, um die Darstellung zu vereinfachen (vgl. Abschnitt 5.2.1) und die Kantenanzahl des daraus entstehenden Graphen zu reduzieren. Jedes Gitterelement $g(i,j)$ besitzt somit zusätzlich für jede der vier statistischen Flußrichtungen eine Funktion *flow*$(g(i,j),k)$, die für das jeweilige Gitterelement anzeigt, wie häufig eine bestimmte Richtung gewählt wurde. Bei der Variablen *flow*$(g(i,j),k)$ steht $k=1$ für Osten (rechts), $k=2$ für Norden (oben), $k=3$ für Westen (links) und $k=4$ für Süden (unten).

Durch die erwähnten Erweiterungen unterscheidet sich das Weltmodell auch formal deutlich von den Modellen, die in [Moravec+85, Elfes87, Elfes91b, Praßler91, Schmidt+92] benutzt werden.

5.3.2 Erzeugung des Weltmodells

Während des Beobachtungszeitraums wird für jedes Element $g(i,j)$ bestimmt, wie oft es von einem vollständig dynamischen Hindernis besetzt ist (*dyn_occupied*$(g(i,j))$). Dazu wird der Beobachtungszeitraum in n_{int} Intervalle der Länge Δt eingeteilt und jede Positionsmeldung für ein vollständig dynamisches Hindernis auf die nächste Intervallgrenze verschoben (vgl. Abschnitt 5.2.2).

Liegen für ein vollständig dynamisches Hindernis zwei aufeinanderfolgende Positionsmeldungen für die Zeitpunkte $i * \Delta t$ und $j * \Delta t$ mit $i < j$ vor, wird der Differenzvektor zwischen den Positionen berechnet. Da die zu beiden Zeitpunkten gelieferten Polygone, die die Form des Hindernisses zum jeweiligen Zeitpunkt approximieren, i.a. nicht übereinstimmen, wird die Schnittmenge S der beiden Polygone gebildet, nachdem das zum Zeitpunkt $i * \Delta t$ gelieferte Polygon um den Differenzvektor verschoben wurde. Mit Hilfe des

Differenzvektors wird für alle Zeitintervalle $(l*\Delta t, (l+1)*\Delta t)$, die zwischen den Positionsmeldungen des Hindernisses liegen $(i \leq l < l+1 \leq j)$, die von der Schnittmenge S überstrichene Fläche bestimmt. Dabei wird eine lineare Geschwindigkeit von S zwischen den beiden Positionsmeldungen vorausgesetzt. Für jedes Gitterelement $g(i,j)$, das innerhalb eines Zeitintervalls von mindestens einer solchen Fläche teilweise bedeckt ist, wird dieses Zeitintervall als besetzt markiert. Ist das Gitterelement $g(i,j)$ während der n_{int} Zeitintervalle dauernden Beobachtung l Zeitintervalle belegt, gilt $dyn\_occupied(g(i,j)) = l/n_{int}$.

Zu Beginn der Beobachtungen werden alle $flow(g(i,j),k)$ mit 0 initialisiert. Während eines Zeitintervalls ist ein bestimmtes Gitterelement $g(i,j)$ von n_{obs} unterschiedlichen Flächen p_l belegt, zu denen jeweils ein normierter Differenzvektor $\mathbf{d}_l$ gehört. Ist $g(i,j)$ von mindestens einer Fläche belegt $(n_{obs} \geq 1)$, wird zunächst jeder Vektor $\mathbf{d}_l$ als nicht negative Linearkombination der vier Basisrichtungen dargestellt ($\delta_i \geq 0$ mit $i \in \{1,2,3,4\}$). Anschließend werden die Werte für $flow(g(i,j),k)$ aktualisiert $(1 \leq k \leq 4,\ 1 \leq l \leq n_{obs})$. Dabei wird sichergestellt, daß am Ende des Beobachtungszeitraums die möglichen Werte für $flow(g(i,j),k)$ zwischen 0 und 1 liegen.

$$\mathbf{d}_l = \delta_1 * \begin{pmatrix} 1 \\ 0 \end{pmatrix} + \delta_2 * \begin{pmatrix} 0 \\ 1 \end{pmatrix} + \delta_3 * \begin{pmatrix} -1 \\ 0 \end{pmatrix} + \delta_4 * \begin{pmatrix} 0 \\ -1 \end{pmatrix}$$

$$flow(g(i,j),k) = flow(g(i,j),k) + \frac{1}{n_{int} * n_{obs}} * \delta_k$$

Die relativ aufwendige Berechnung des statistischen Flusses wird während der Initialisierungsphase des Gesamtsystems durchgeführt, indem der Arbeitsraum ohne Fahrzeuge und nur mit den dynamischen Hindernissen beobachtet wird. Zusätzlich kann während der Laufzeit des Systems die Halle beobachtet werden, während der Navigator noch mit dem alten statistischen Modell arbeitet. Die neue Statistik wird später zeitverzögert in die Planung integriert.

5.3.3 Berechnung der Potentialfelder

Die Berechnung der Potentialfelder beruht auf der in Abschnitt 5.2.3 beschriebenen simulierten Wellenausbreitung, wobei der statistische Fluß berücksichtigt wird. Dafür wird ein gerichteter Graph $G = (V, E)$ konstruiert, der in seiner Topologie dem Graphen G' aus Abschnitt 5.2.3 gleicht.

- Die Menge der Knoten V ist identisch mit der Knotenmenge V' von G'.

  $V = \{v_{i,j} | obstacle(g(i,j)) == none, 1 \leq i \leq m, 1 \leq j \leq n\}$

- Die Menge der gerichteten Kanten E wird erzeugt, indem jede ungerichtete Kante aus E' durch zwei gerichtete Kanten ersetzt wird. Da es sich bei G um einen gerichteten Graphen handelt, gilt $e_{i,j;k,l} \neq e_{k,l;i,j}$

$E = \{e_{i,j;k,l} | v_{i,j}, v_{k,l} \in V, ((l = j \wedge (k = i + 1 \vee k = i - 1)) \vee (k = i \wedge (l = j + 1 \vee l = j - 1)))\}$

- Das Gewicht eines Knotens hängt davon ab, wie häufig dieser von teilweise dynamischen und vollständig dynamischen Hindernissen besetzt ist. Der Einfluß der jeweiligen Häufigkeit kann durch λ_1 und λ_2 gesteuert werden.
  $weight(v_{i,j}) = \lambda_1 * occupied(g(i,j)) + \lambda_2 * dyn\_occupied(g(i,j))$

- Das Gewicht der gerichteten Kante $e_{i,j;k,l}$ wird durch den statistischen Fluß zwischen den Knoten $v_{i,j}$ und $v_{k,l}$ beeinflußt. Zur Vereinfachung der Schreibweise wird die Abkürzung $flow(g(i,j), g(k,l))$ eingeführt, die den statistischen Fluß von $g(i,j)$ nach $g(k,l)$ beschreibt. Liegt z.B. das Element $g(k,l)$ ein Element *nördlich* (oberhalb) von $v_{i,j}$, gilt $flow(g(i,j), g(k,l)) = flow(g(i,j), 2)$.

  Das Gewicht von $e_{i,j;k,l}$ wird durch das Mitschwimmen im Fluß verringert ($flow(g(i,j), g(k,l)))$ und durch das Schwimmen gegen den Strom erhöht ($flow(g(k,l), g(i,j))$). Liegt in beiden betrachteten Richtungen kein statistischer Fluß vor, wird für die Kombination der Werte eine Konstante *zeroflow* angenommen, die zwischen 0 und 1 liegen darf. Für diese Fallunterscheidung wird die Abkürzung $fl(i,j;k,l)$ eingeführt, deren Wert zwischen 0 und 1 variiert, da $0 \leq flow(\ldots,\ldots) \leq 1$ gilt.

  $$fl(i,j;k,l) = \begin{cases} \frac{1}{2} * (1 + flow(g(k,l), g(i,j)) - flow(g(i,j), g(k,l))) \\ \qquad \text{wenn} \quad flow(g(i,j), g(k,l)) + flow(g(k,l), g(i,j)) \neq 0 \\ zeroflow \quad \text{sonst} \end{cases}$$

  Für die Festlegung des Gewichtes wird zusätzlich der Summand μ_2 verwendet, um den Einfluß der zurückgelegten Wegstrecke zu berücksichtigen.

  $weight(e_{i,j;k,l}) = \mu_1 * fl(i,j;k,l) + \mu_2$

Durch die Wahl der Konstanten *zeroflow* kann eingestellt werden, wie Kanten bewertet werden, für die kein statistischer Fluß vorliegt. Wird *zeroflow* auf 0,5 gesetzt, so ist die Bewertung identisch mit dem Fall, für den $flow(g(i,j), g(k,l)) = flow(g(k,l), g(i,j))$ gilt. Für $zeroflow = 0$ ist die Bewertung minimal. Folglich entspricht sie dem Fall, daß auf der Verbindung zwischen $g(i,j)$ und $g(k,l)$ während sämtlicher Zeitintervalle der Beobachtungsphase ausschließlich diese Flußrichtung vorlag.

Die Berücksichtigung von $dyn\_occupied(g(i,j))$ bewirkt, daß die Überquerung von stark frequentierten Knoten erschwert wird. Dadurch wird das Überqueren einer stark befahrenen Straße erschwert, auch wenn für die zur Straße gehörenden Gitterelemente kein statistischer Fluß für die Überquerungsrichtung gemessen wurde. Durch $dyn\_occupied(g(i,j))$ wird ebenfalls verhindert, daß alle Fälle, für die $flow(g(i,j), g(k,l) = flow(g(k,l), g(i,j)$ gilt, gleich bewertet werden, unabhängig davon, wie groß der Wert von $flow(g(i,j), g(k,l))$ ist.

Die Berechnung des eigentlichen Potentialfeldes unterscheidet sich nicht von dem in Abschnitt 5.2.3 vorgestellten Verfahren. Da die Welle vom Ziel aus startet, ergibt sich der

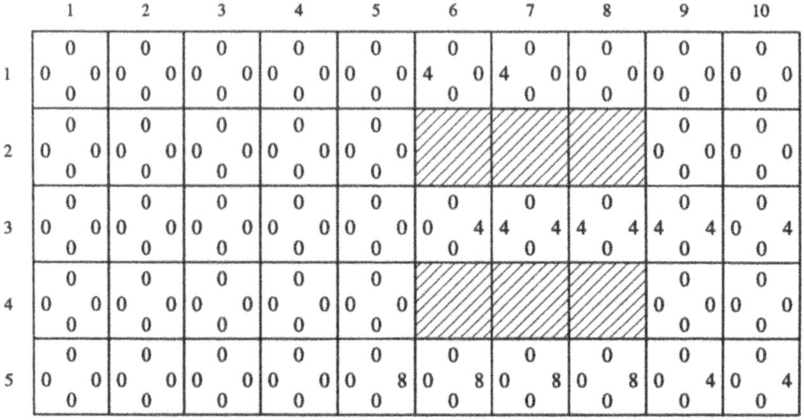

Abbildung 5.4: Der statistische Fluß für eine als Gitter dargestellte Welt, in der die schraffierten Hindernisse überlagert eingezeichnet sind. Die Werte innerhalb eines Gitterelementes müssen mit 0,1 multipliziert werden, um *flow*$(g(i,j),k)$ zu erhalten.

Vorgänger $v_{k,l}$ des aktuell expandierten Knotens $v_{i,j}$ über die Kante $e_{k,l;i,j}$ und nicht über die Kante $e_{i,j;k,l}$ (s. *Zeile 5* in Abbildung 5.1). Die verwendeten Faktoren λ und μ können entweder wie beschrieben eingesetzt oder konstant auf den Wert 1 gesetzt werden. Werden sie auf 1 gesetzt, kann ihre Wirkung durch ein entsprechendes Multiplizieren der Faktoren λ_1 und λ_2 bzw. μ_1 und μ_2 erreicht werden.

5.3.4 Beispiel für ein Potentialfeld

In Abbildung 5.4 ist eine Welt skizziert, in der die aktuellen Hindernisse schraffiert eingezeichnet sind und der statistische Fluß in jedem Gitterelement durch vier Zahlen angedeutet ist. Dabei sind die Werte mit 10 multipliziert worden. Für Gitterelement $g(3,10)$ gilt z.B. *flow*$(g(3,10),1) = 0{,}4$ (Richtung: Osten (rechts)). Für $\lambda = 0$, $\mu = 1$, $\mu_1 = 100$, $\mu_2 = 1$ und *zeroflow* $= 0{,}2$ ergibt sich das in Abbildung 5.5 skizzierte Potential. Wird für diesen Kontrollpunkt von einem Startpunkt $g(i,j)$ mit $1 \leq j \leq 5$ ein Weg zum Zielpunkt $g(3,10)$ gesucht, indem dem maximalen negativen Gradienten gefolgt wird, wird auf Grund des starken Flusses immer ein Weg gewählt, der die Gitterelemente $g(5,5)$, $g(5,6)$ bis $g(5,9)$ benutzt. Dieser Weg ist in Abbildung 5.5 durch kleine Pfeile angedeutet.

Unter der Annahme, daß während der Potentialberechnung der Vorgänger von Element $g(3,9)$ dem Element $g(3,10)$ entspricht, sind für die Bestimmung von *potential*$(g(3,9))$ folgende Schritte notwendig:

- Aus Abbildung 5.4 folgt *flow*$(g(3,9), g(3,10)) = 0.4$ und *flow*$(g(3,10), g(3,9)) = 0$.

	1	2	3	4	5	6	7	8	9	10
1	275	254	233	212	191	176	105	84	63	42
2	254	233	212	191	170				42	21
3	233	212	191	170	149	170	133	82	31	0
4	212	191	170	149	128				42	21
5	191	170	149	128	107 →	96 →	85 →	74 →	63	42

Abbildung 5.5: Ein Potentialfeld, das sich auf Grund des in Abbildung 5.4 dargestellten Weltmodells ergibt, wenn der Zielpunkt des Kontrollpunktes in $g(3,10)$ liegt. Die kleinen Pfeile deuten den Teilweg an, den ein punktförmiges Fahrzeug zum Zielelement $g(3,10)$ immer benutzt, wenn es bei $g(i,j)$ mit $1 \leq j \leq 5$ startet.

- Mit $fl(i,j;k,l) = \frac{1}{2} * (1 + flow(g(k,l), g(i,j)) - flow(g(i,j), g(k,l)))$ ergibt sich

  $fl(3,9;3,10) = \frac{1}{2} * (1 + flow(g(3,10), g(3,9)) - flow(g(3,9), g(3,10))) =$
  $\frac{1}{2} * (1 - 0.4) = 0.3$

  $fl(3,10;3,9) = \frac{1}{2} * (1 + flow(g(3,9), g(3,10)) - flow(g(3,10), g(3,9))) =$
  $\frac{1}{2} * (1 + 0.4) = 0.7$

- Da $g(3,10)$ dem Vorgänger von $g(3,9)$ entspricht (s. oben) und da $potential(g(3,10)) = 0$ gilt (s. Abbildung 5.4), ergibt sich das Potential von $g(3,9)$ aus:

  $potential(g(k,l)) = potential(g(i,j)) + \mu * weight(e_{k,l;i,j}) + \lambda * weight(v_{k,l})$, d.h.

  $potential(g(3,9)) = potential(g(3,10)) + 1 * weight(e_{3,9;3,10}) + 0 * weight(v_{3,9}) =$
  $= 0 + \mu_1 * fl(3,9;3,10) + \mu_2 + 0 = 100 * 0.3 + 1 = 31$

5.4 Beispiel für die auf statistischen Daten basierende Bahnplanung

Im vorgestellten Beispiel werden die für die Bahnplanung relevanten Parameter, wie z.B. λ_1 und μ_1, variiert, um ihren Einfluß auf die erzeugten Potentialfelder und auf die daraus resultierenden Wege zu demonstrieren. Bei allen Beispielen wird nur die Erzeugung der $\mathcal{PW}$-Felder für einen *Kontrollpunkt* betrachtet. Die in Abschnitt 5.4.2.3 vorgestellten Wege gelten somit nur für ein punktförmiges Hindernis. Die Erweiterung auf nicht punktförmige Hindernisse ist in Abschnitt 5.1 erläutert ($\mathcal{C}^{\mathcal{PW}}$-Suche).

Um die gewählte, grafische Darstellung der Potentialfelder und der Wege zu veranschaulichen, wird in Abschnitt 5.4.1 ein Weltmodell verwendet, das keine statischen und dynamischen Hindernisse enthält. Die gleichen Visualisierungstechniken werden anschließend für das komplexere Beispiel aus Abschnitt 5.4.2 eingesetzt.

5.4.1 Weltmodell ohne statische und dynamische Hindernisse

Wird mit Hilfe der in Abschnitt 5.3 vorgestellten Technik das Potentialfeld für eine vollständig leere Welt bestimmt, in der ebenfalls kein statistischer Fluß vorliegt, ergeben sich die in Abbildung 5.6 dargestellten Ergebnisse. Da keine Hindernisse und kein statistischer Fluß vorliegt, sind nur die Parameter μ und μ_2 von Bedeutung (s. Abschnitt 5.3.3). Im betrachteten Beispiel wurde $\mu = 0{,}1$ und $\mu_2 = 0{,}01$ gewählt.

Abbildung 5.6a zeigt das dreidimensionale Höhenprofil des vom Zielpunkt abhängenden Potentialfeldes. In Abbildung 5.6b ist in jedem Gitterpunkt ein kleiner Pfeil eingezeichnet, der auf den benachbarten Gitterpunkt mit dem geringsten Potential zeigt. Dabei wurde die Achternachbarschaft für einen Gitterpunkt verwendet. Besitzen mehrere der benachbarten Gitterpunkte das minimale Potential, wurde ein willkürlicher unter diesen gewählt.

Mit Hilfe von Abbildung 5.6b kann für jeden Startpunkt der Weg zum markierten Zielpunkt gefunden werden, indem in einem iterativen Prozeß die Pfeile bis zum Ziel verfolgt werden. Bei dem Ziel handelt es sich um das einzige lokale Minimum innerhalb des Potentialfeldes.

Für einen speziellen Startpunkt ist in Abbildung 5.7 der Weg zum Zielpunkt eingezeichnet. Die Struktur des Potentialfeldes ist dabei durch in der Ebene liegende Konturlinien angedeutet. Alle auf einer Konturlinie liegenden Punkte besitzen jeweils das gleiche Potential (vgl. Abbildung 5.6a). Um einen Weg zur Zielposition zu finden, wird beginnend mit dem Startpunkt jeweils der Nachbarpunkt des aktuell betrachteten Punktes als Nachfolger gewählt, der das geringste Potential besitzt. Diese Iteration bricht ab, sobald der Zielpunkt erreicht ist. In Abhängigkeit von der gewählten Nachbarschaft (Vierer- oder Achternachbarschaft) ergeben sich unterschiedliche Wege (s. Abbildung 5.7). Da die Achternachbarschaft die Struktur des Potentialfeldes besser widerspiegelt, wird diese in allen weiteren Beispielen ausschließlich verwendet.

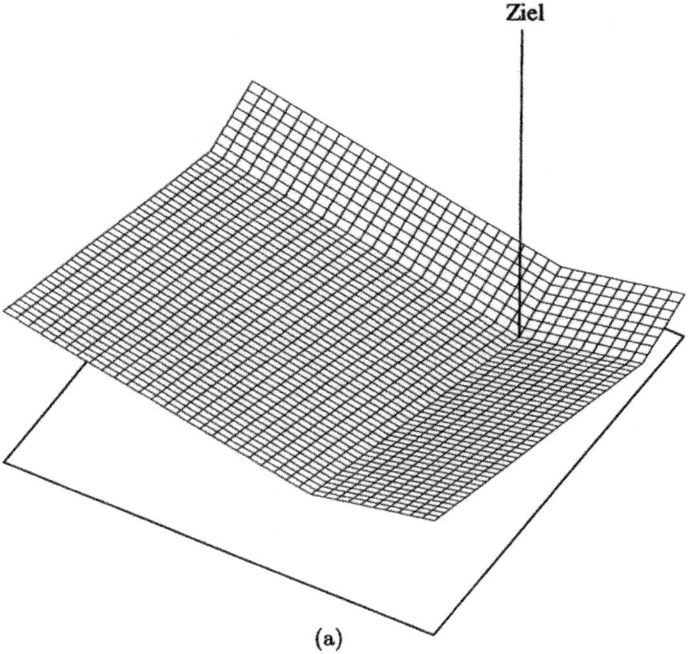

(a)

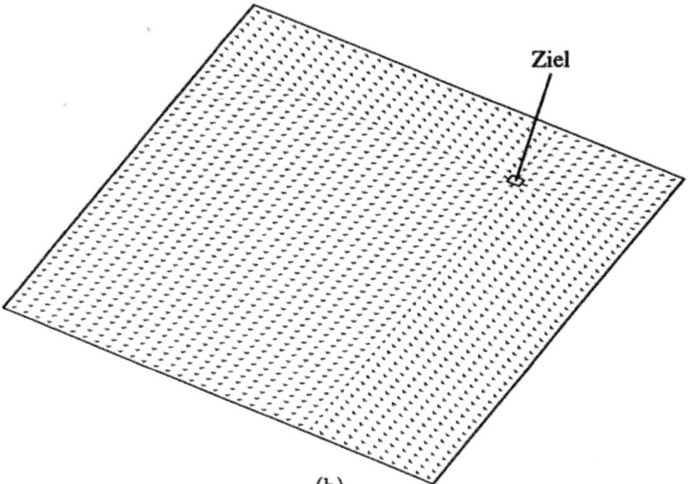

(b)

Abbildung 5.6: Potentialfeld für die leere Welt

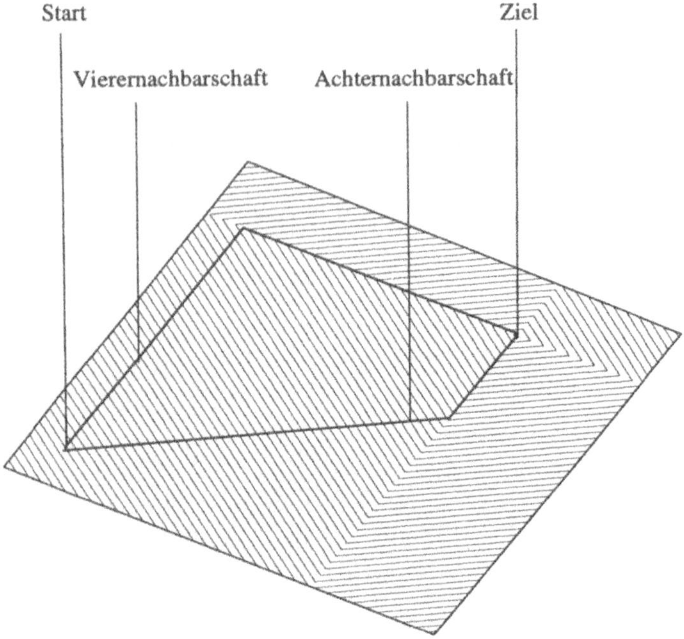

Abbildung 5.7: Berechneter Weg vom Start zum Ziel in Abhängigkeit der gewählten Nachbarschaft

5.4.2 Weltmodell mit statischen und dynamischen Hindernisse

Da das Überwachungssystem, das in einer parallelen Arbeit entwickelt wird, im Augenblick noch nicht in der Lage ist, Bewegungsdaten aus einer realen Umgebung zu liefern, werden simulierte Daten verwendet. Dafür werden interaktiv Bahnen von vollständig dynamischen Hindernisse Hindernissen eingegeben. Zusätzlich wird für bestimmte Regionen die Belegungshäufigkeit mit einem teilweise dynamischen Hindernis spezifiziert. Nachdem diese Daten mit Hilfe von Filtern bearbeitet wurden, bilden sie die Grundlage für die Berechnung der Potentialfelder. In Abschnitt 5.4.2.1 wird das in dem Beispiel verwendete Weltmodell zunächst beschrieben. Anschließend werden die von verschiedenen Parametern abhängenden Potentialfelder und Wege innerhalb dieser Felder vorgestellt (s. Abschnitt 5.4.2.2 und Abschnitt 5.4.2.3).

5.4.2.1 Beschreibung des Weltmodells

Abbildung 5.8 zeigt die rasterisierte Darstellung der verwendeten Welt. Die schraffierten Bereiche kennzeichnen dabei die statischen Hindernisse. Die potentielle Lage von teilweise dynamischen Hindernissen ist durch dicke Linien markiert. In Abbildung 5.9 ist die Lage der statischen Hindernisse als dreidimensionales Höhenprofil dargestellt. Die Belegungshäufigkeit mit teilweise dynamischen und mit vollständig dynamischen Hindernissen ist in Abbildung 5.10 skizziert (s. auch Tabelle 5.1).

Abbildung	Abkürzung	Berücksichtigte Parameter
5.9	–	Statische Hindernisse
5.10a	$occupied(g(i,j))$	Teilweise dynamische Hindernisse
5.10b	$dyn\_occupied(g(i,j))$	Vollständig dynamische Hindernisse
5.11a	$flow(g(i,j),1)$	Statistischer Fluß nach Osten
5.11b	$flow(g(i,j),3)$	Statistischer Fluß nach Westen
5.12a	$flow(g(i,j),2)$	Statistischer Fluß nach Norden
5.12b	$flow(g(i,j),4)$	Statistischer Fluß nach Süden
5.13	–	Statistischer Fluß in alle vier Richtungen

Tabelle 5.1: Die Einzelkomponenten des verwendeten Weltmodells

Für die Repräsentation des statistischen Flusses sind pro Gitterelement vier Basisrichtungen ($flow(,1)$, ..., $flow(,4)$) notwendig. Diese vier Einzelkomponenten sind in den Abbildungen 5.11 und 5.12 dargestellt (s. Tabelle 5.1).

Abbildung 5.13 zeigt die Überlagerung der vier Flußrichtungen, so daß für jedes Gitterelement ein Vergleich möglich ist, wie häufig eine bestimmte Richtung gewählt wurde. In jedem Gitterelement sind dafür maximal vier Linien eingezeichnet, die jeweils auf einen der vier Nachbarn zeigen (Vierernachbarschaft). Die Linien beginnen in der Mitte der Grenzkante zwischen den beiden Zellen und zeigen in Richtung der Mitte der betrachteten Zelle. Die Länge einer Linie entspricht dem statistische Fluß aus der betrachteten Zelle in die Nachbarzelle. Um die Übersichtlichkeit zu erhöhen, sind nur Linien eingezeichnet, die eine bestimmte Länge überschreiten. Zusätzlich wurde die Länge der Linien normiert. Aus der Summe der Länge aller Linien einer Zelle kann die Belegungshäufigkeit mit einem vollständig dynamischen Hindernis abgeleitet werden.

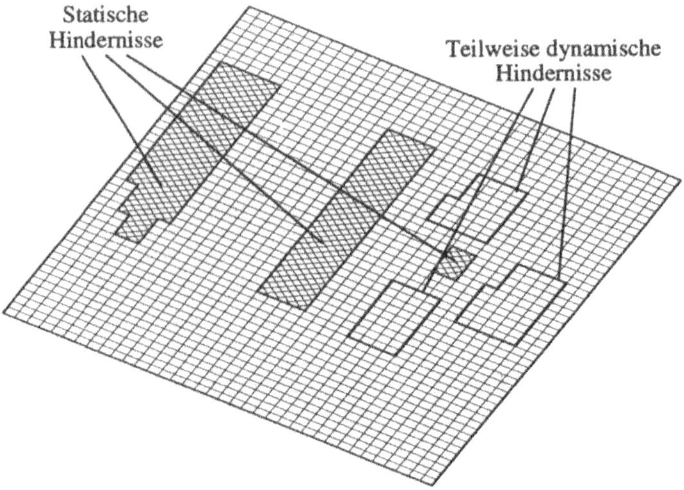

Abbildung 5.8: Welt mit statischen und teilweise dynamischen Hindernissen

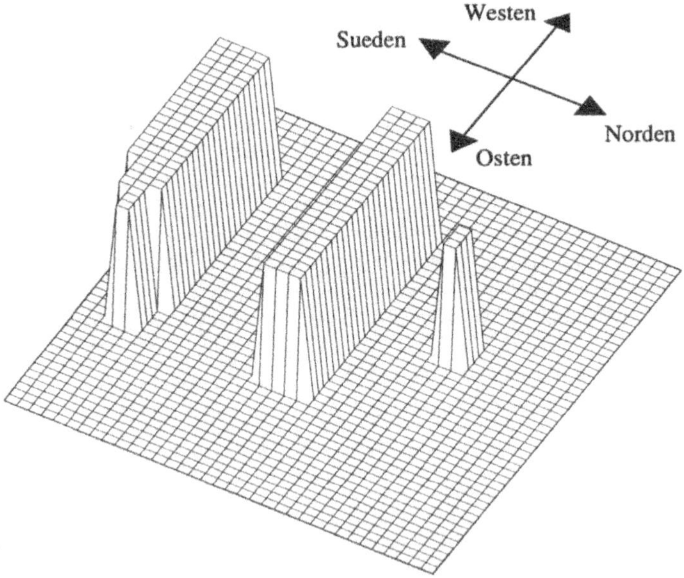

Abbildung 5.9: Statische Hindernisse innerhalb der Welt

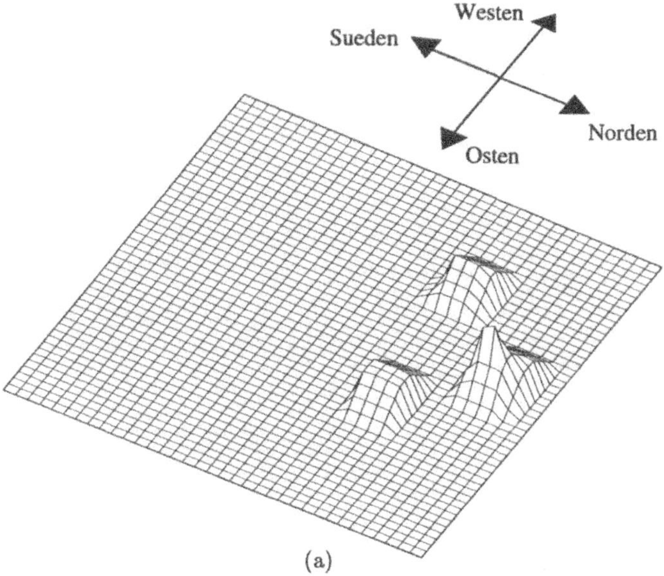

(a)

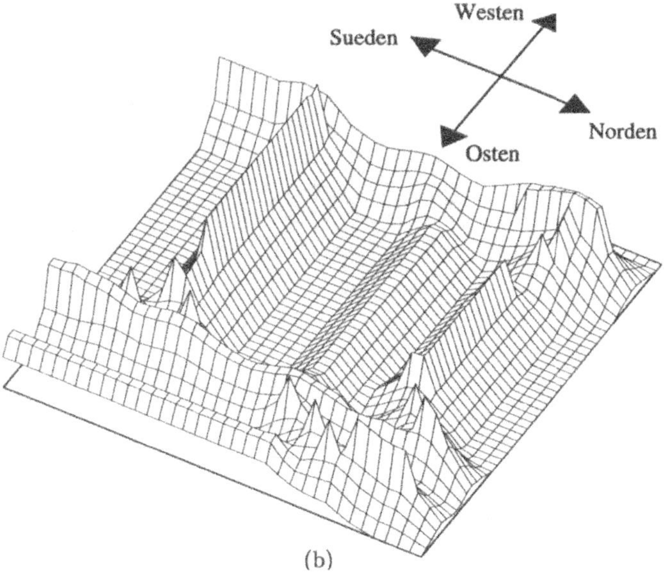

(b)

Abbildung 5.10: (a) Belegungshäufigkeit mit teilweise dynamischen Hindernissen; (b) Belegungshäufigkeit mit vollständig dynamischen Hindernissen

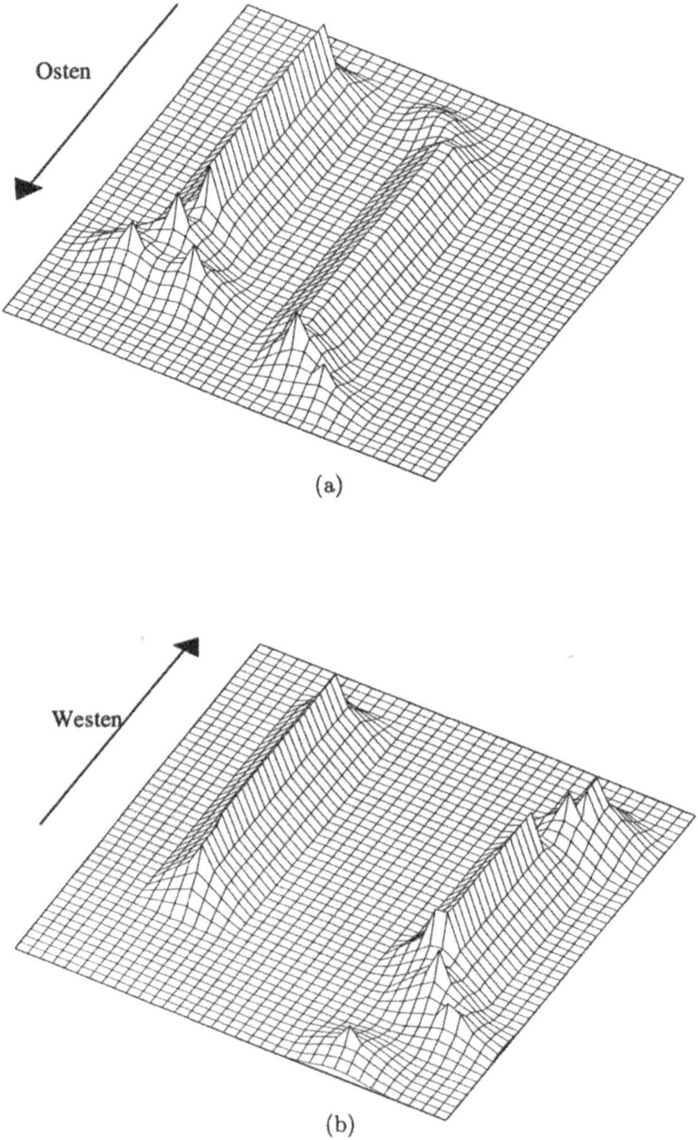

Abbildung 5.11: Statistischer Fluß nach (a) Osten und (b) Westen

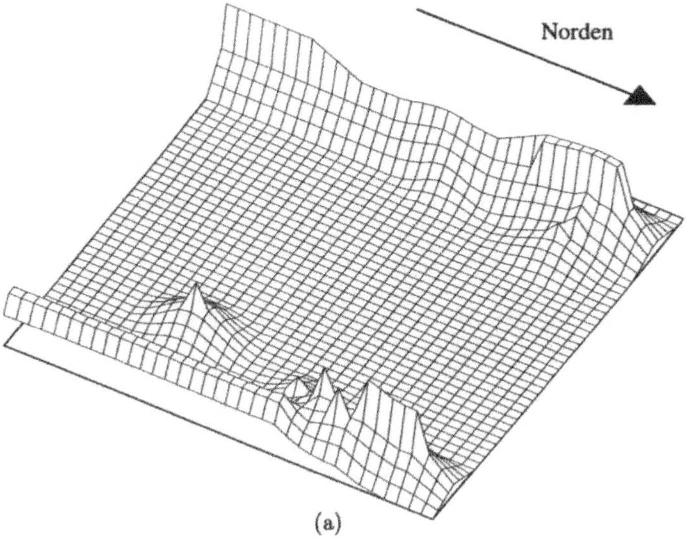

(a)

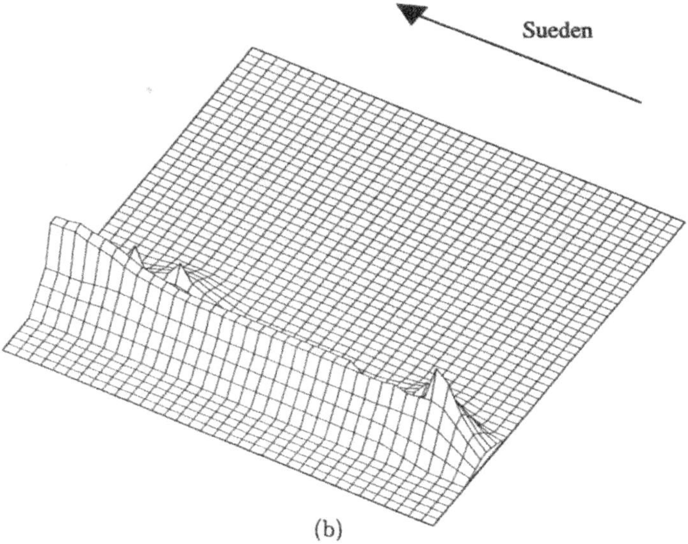

(b)

Abbildung 5.12: Statistischer Fluß nach (a) Norden und (b) Süden

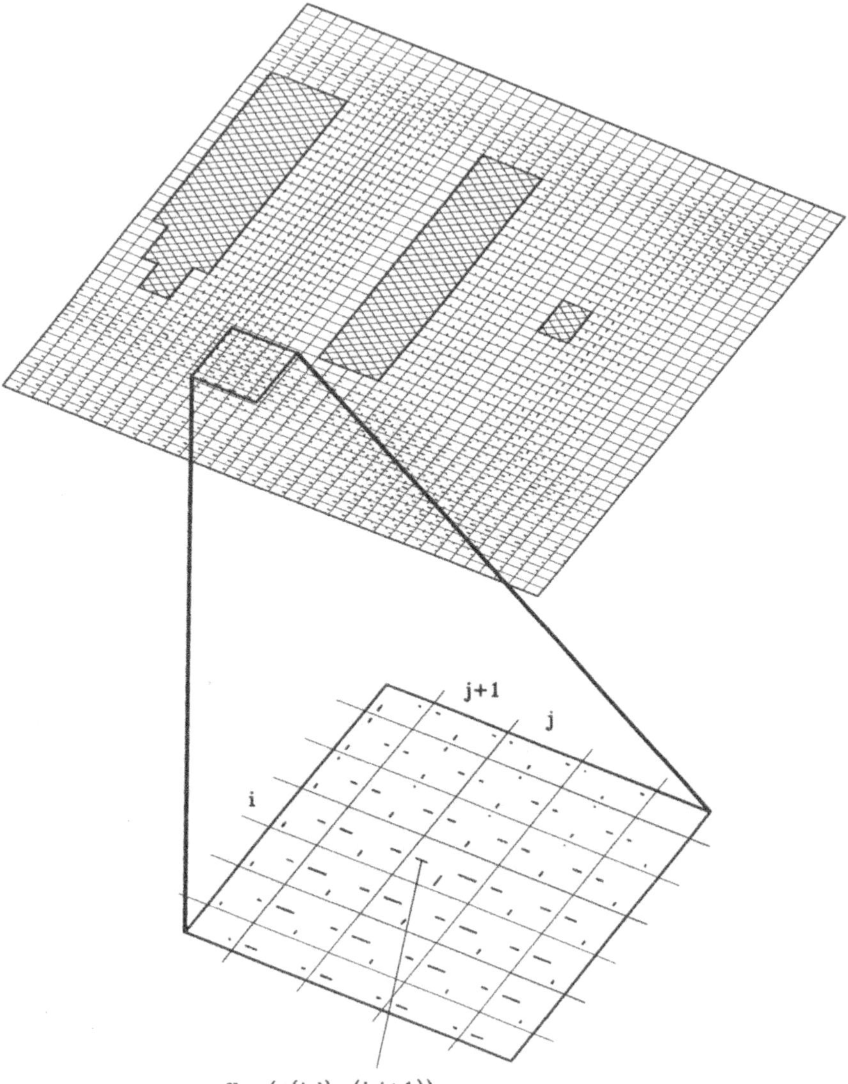

Abbildung 5.13: Überlagerter Darstellung des gesamten statistischen Flusses

5.4.2.2 Berechnete Potentialfelder

Abbildung 5.14 zeigt das Potentialfeld, wenn ausschließlich die statischen Hindernisse (s. Abbildung 5.9) und die Entfernung zum Zielpunkt berücksichtigt werden ($\mu = 0{,}10$, $\mu_2 = 0{,}01$, alle anderen Parameter auf 0,00 gesetzt). Das so erzeugte Potentialfeld ähnelt dem Potentialfeld, das auf Basis des leeren Weltmodells berechnet wurde (s. Abbildung 5.6). Durch die zusätzliche Berücksichtigung der teilweise dynamischen Hindernisse ($\lambda = 0{,}1$, $\lambda_1 = 0{,}1$) in dem in Abbildung 5.15 skizzierten Potentialfeld wird Regionen ein höheres Potential zugewiesen, in denen zeitweise teilweise dynamischen Hindernisse auftauchen (s. Abbildung 5.10a). Die Parameter weitere Potentialfelder und die Referenzen auf die entsprechenden Abbildungen sind in Tabelle 5.2 zusammengefaßt.

Abbildung	*Ziel*	μ	μ_1	μ_2	*zeroflow*	λ	λ_1	λ_2
5.14	(8,10)	0.10	0.00	0.01	0.00	0.00	0.00	0.00
5.15	(8,10)	0.10	0.00	0.01	0.00	0.10	0.10	0.00
5.16	(8,10)	0.10	1000.00	0.01	0.60	0.00	0.00	0.00
5.17	(8,10)	0.10	1000.00	0.01	0.60	0.10	5000.00	0.00
5.18	(8,10)	0.10	0.00	0.01	0.00	0.10	0.00	1.00
5.19	(43,32)	0.10	1000.00	0.01	0.60	0.00	0.00	0.00

Abbildung	Berücksichtigte Parameter
5.14	Entfernung
5.15	Entfernung, teilweise dynamische Hindernisse
5.16	Entfernung, statistischer Fluß
5.17	Entfernung, statistischer Fluß, teilweise dynamische Hindernisse
5.18	Entfernung, Belegungshäufigkeit mit vollständig dynamischen Hindernissen
5.19	Entfernung, statistischer Fluß

Tabelle 5.2: Berechnete Potentialfelder in Abhängigkeit von verschiedenen Parametern

Abbildung 5.16 zeigt ein Potentialfeld, bei dem der statistische Fluß berücksichtigt wurde. Dabei ist deutlich der Einfluß des gemessenen, statistischen Flusses nach Norden (s. Abbildung 5.12a) und nach Westen (s. Abbildung 5.11b) zu erkennen. Wird bei gleicher Parameterwahl ein anderer Zielpunkt gewählt, ergibt sich das Potentialfeld aus Abbildung 5.19.

Werden neben der Entfernung und dem statistischen Fluß auch die teilweise dynamischen Hindernisse (s. Abbildung 5.10a) berücksichtigt, steigen im Vergleich zu dem in Abbildung 5.16 dargestellten Potentialfeld die Werte in den Regionen an, in denen sich potentiell teilweise dynamische Hindernisse befinden (s. Abbildung 5.17).

In Abbildung 5.18 wurde nur die Entfernung zum Ziel und die Belegungshäufigkeit mit vollständig dynamischen Hindernissen berücksichtigt. Häufig belegte Gebiete sollten somit gemieden werden. Diese Gebieten entsprechen im wesentlichen denen aus Abbildung 5.10b, die einen hohen Wert besitzen.

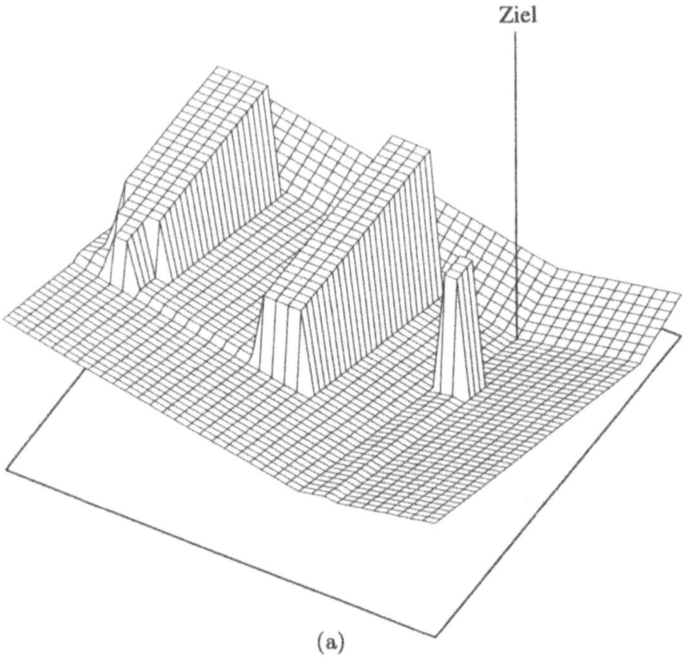

(a)

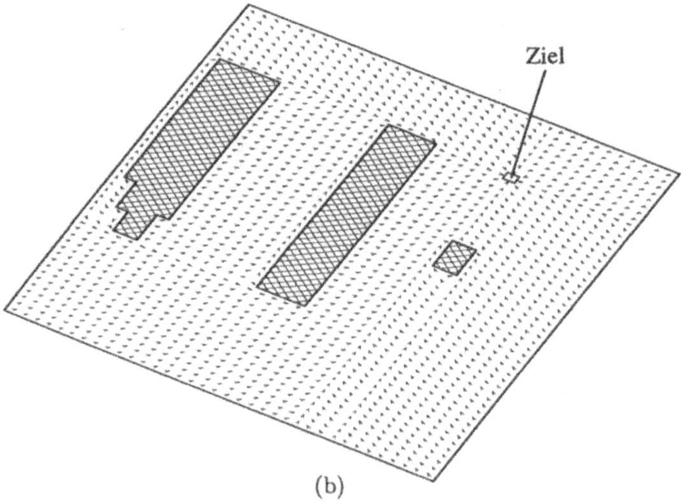

(b)

Abbildung 5.14: Potentialfeld unter Berücksichtigung der Entfernung

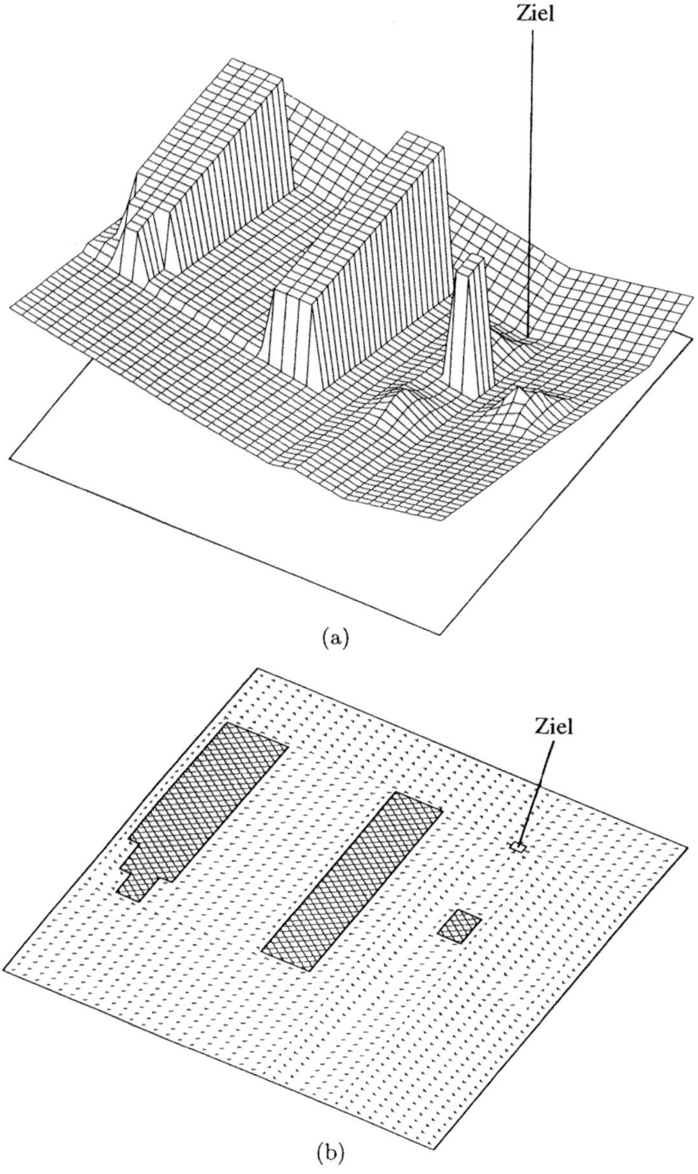

Abbildung 5.15: Potentialfeld unter Berücksichtigung der Entfernung und der teilweise dynamischen Hindernisse

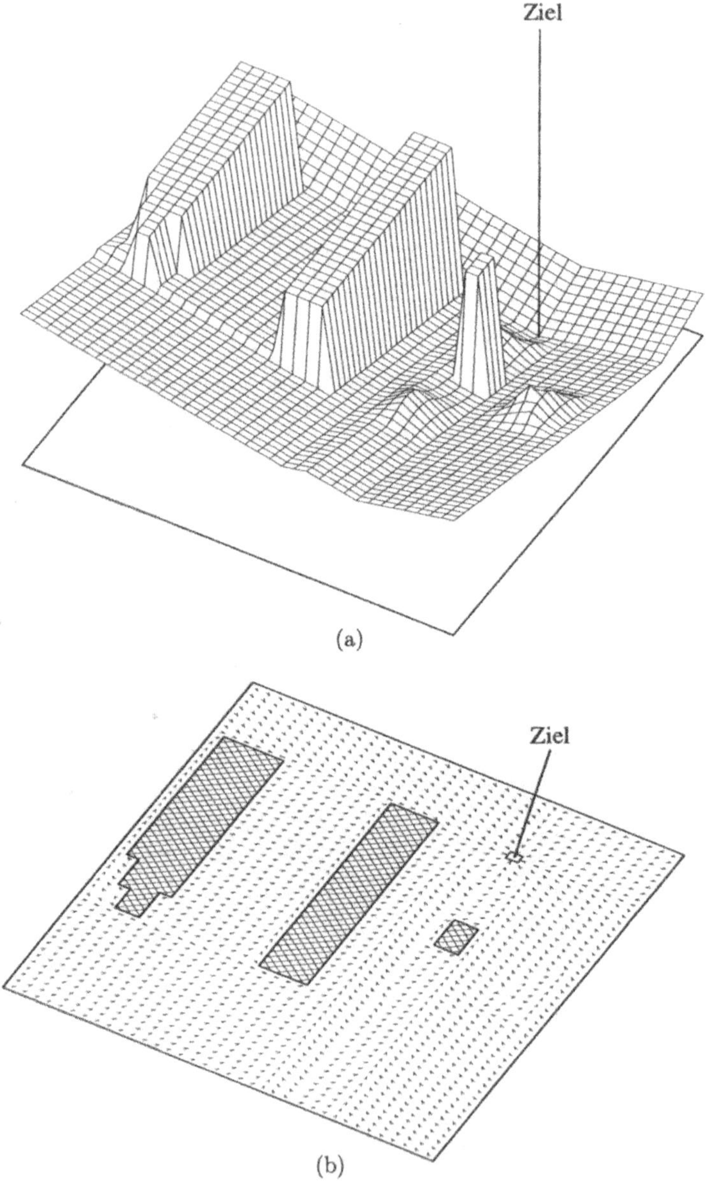

Abbildung 5.16: Potentialfeld unter Berücksichtigung der Entfernung und des statistischen Flusses

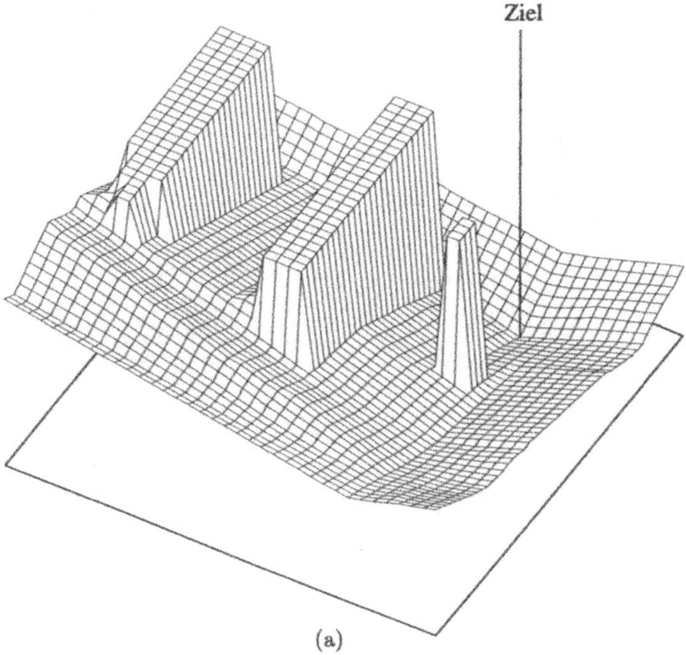

(a)

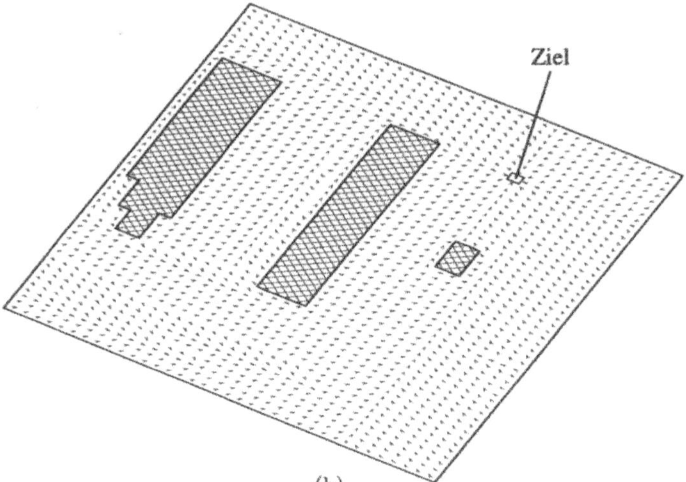

(b)

Abbildung 5.17: Potentialfeld unter Berücksichtigung der Entfernung, der teilweise dynamischen Hindernisse und des statistischen Flusses

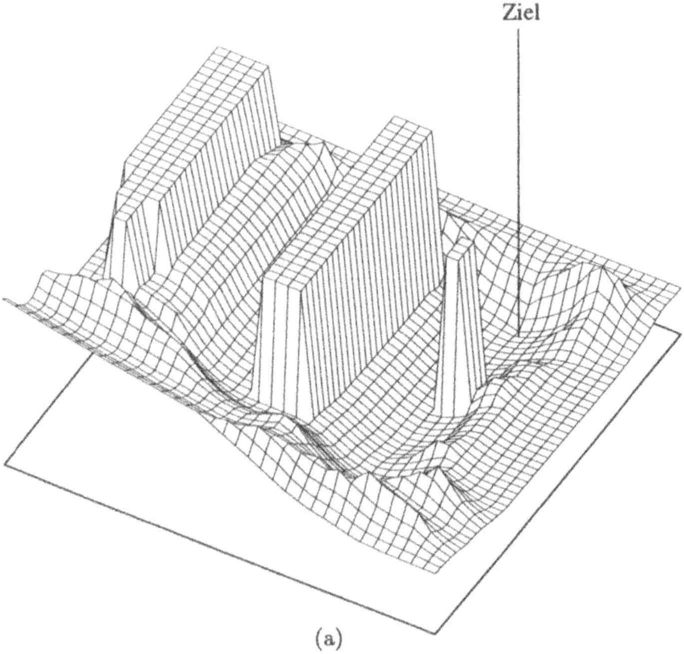

(a)

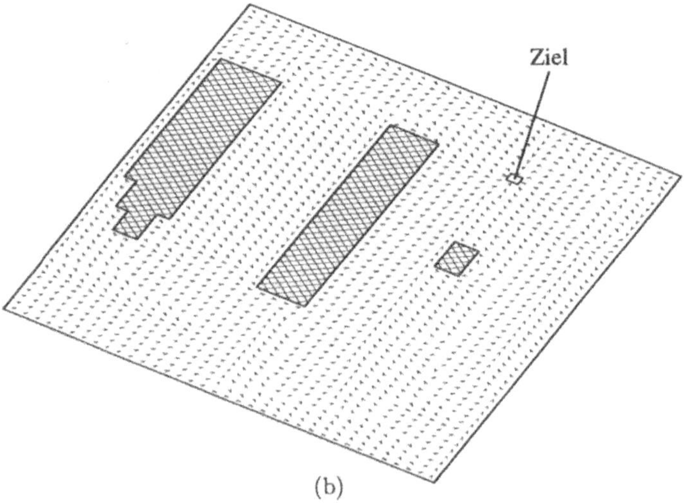

(b)

Abbildung 5.18: Potentialfeld unter Berücksichtigung der Entfernung und der Belegungshäufigkeit mit vollständig dynamischen Hindernissen

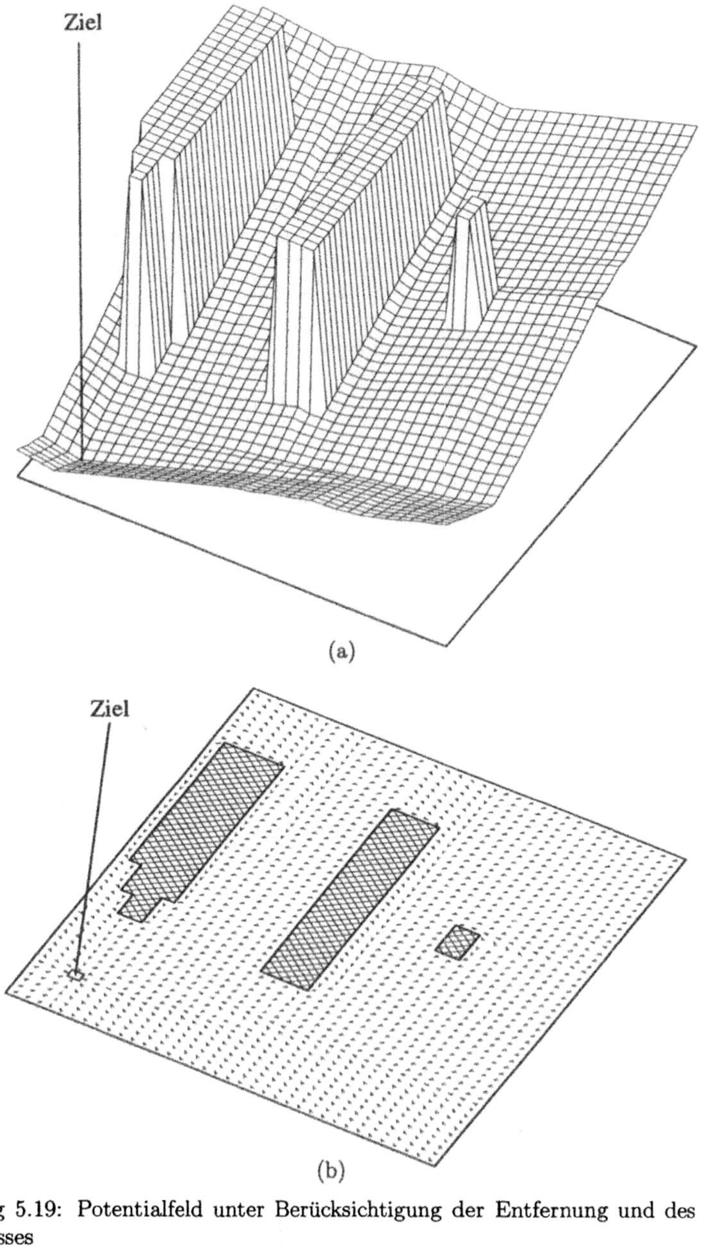

Abbildung 5.19: Potentialfeld unter Berücksichtigung der Entfernung und des statistischen Flusses

5.4.2.3 Wege innerhalb der berechnete Potentialfelder

Basierend auf den in Abschnitt 5.4.2.2 vorgestellten Potentialfeldern werden in diesem Abschnitt konkrete Wege in diesen Feldern dargestellt. Die Konturlinie der skizzierten Potentialfelder (s. z.B. Abbildung 5.20) liegen in der Nähe der statischen Hindernisse eng zusammen, da an diesen Stellen ein abrupter Sprung von den Potentialwerten zu den statischen Hindernissen vorliegt. Die statischen Hindernisse sind aus Visualisierungsgründen mit maximal hohem Potential eingezeichnet. Auf Grund dieser abrupten Sprünge sind in der Konturdarstellung der Potentialfelder in der Nähe der statischen Hindernisse breite schwarze Linien (verschmolzenen Einzelkonturlinien) zu sehen. Die gewählten Start- und Zielpunkte für die einzelnen Wege und die Referenzen auf die zu Grunde liegenden Potentialfelder sind in Tabelle 5.3 zusammengefaßt.

Abbildung	*Start*	*Ziel*	Potentialfeld	μ, μ_1, μ_2, *zeroflow* λ, λ_1, λ_2
5.20	(43,32)	(8,10)	vgl. Abb. 5.14	s. Tabelle 5.2
5.21	(43,32)	(8,10)	vgl. Abb. 5.15	
5.22	(43,32)	(8,10)	vgl. Abb. 5.16	
5.23	(43,32)	(8,10)	vgl. Abb. 5.17	
5.24	(43,32)	(8,10)	vgl. Abb. 5.18	
5.25	(8,10)	(43,32)	vgl. Abb. 5.19	

Abbildung	Berücksichtigte Parameter
5.20	Entfernung
5.21	Entfernung, teilweise dynamische Hindernisse
5.22	Entfernung, statistischer Fluß
5.23	Entfernung, statistischer Fluss, teilweise dynamische Hindernisse
5.24	Entfernung, Belegungshäufigkeit mit vollständigdynamischen Hindernissen
5.25	Entfernung, statistischer Fluß

Tabelle 5.3: Berechnete Wege in Abhängigkeit von verschiedenen Parametern

In Vergleich zum Potentialfeld aus Abbildung 5.20 werden im Potentialfeld aus Abbildung 5.21 zusätzlich die teilweise dynamischen Hindernisse berücksichtigt. Dadurch wird ein Weg gewählt, der präventiv den potentiell vorhandenen teilweise dynamischen Hindernissen ausweicht. Durch die Verwendung der Entfernung zum Ziel und des statistischen Flusses wird ein geometrisch längerer Weg gewählt (s. Abbildung 5.22), der vom Mitschwimmen im vorhandene Fluß profitiert (s. Abbildung 5.11 und Abbildung 5.12). Werden Start- und Zielposition vertauscht, ergibt sich der Weg aus Abbildung 5.25.

Werden neben der Entfernung und dem statistischen Fluß (s. Abbildung 5.22) auch die teilweise dynamischen Hindernisse berücksichtigt, ergibt sich der in Abbildung 5.23 skizzierte Weg (vgl. Abbildung 5.21). Um möglichst alle Regionen zu meiden, in denen sich vollständig dynamische Hindernisse bewegen, wird der in Abbildung 5.24 angegebene Weg gewählt. Dabei erfolgt z.B. das notwendige Überqueren der stark befahrenen Nord-Südverbindung (dicht zusammenliegende Konturlinien) senkrecht zur Hauptverkehrsrichtung, um die Aufenthaltsdauer in häufig befahrenen Gebieten zu minimieren.

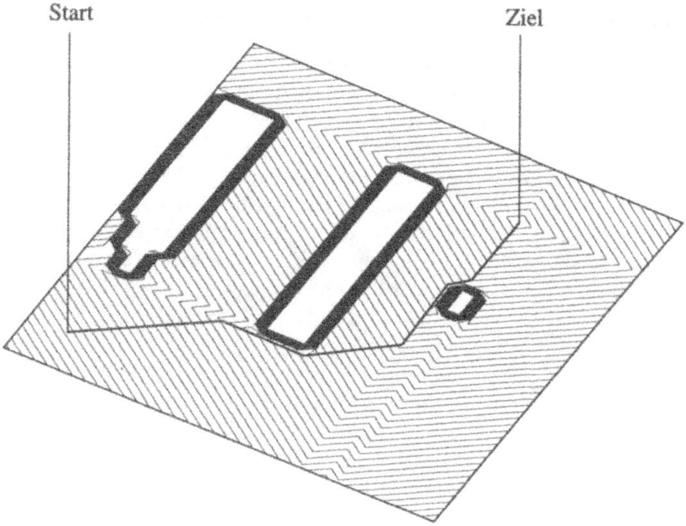

Abbildung 5.20: Berechneter Weg unter Berücksichtigung der Entfernung (vgl. Abbildung 5.14)

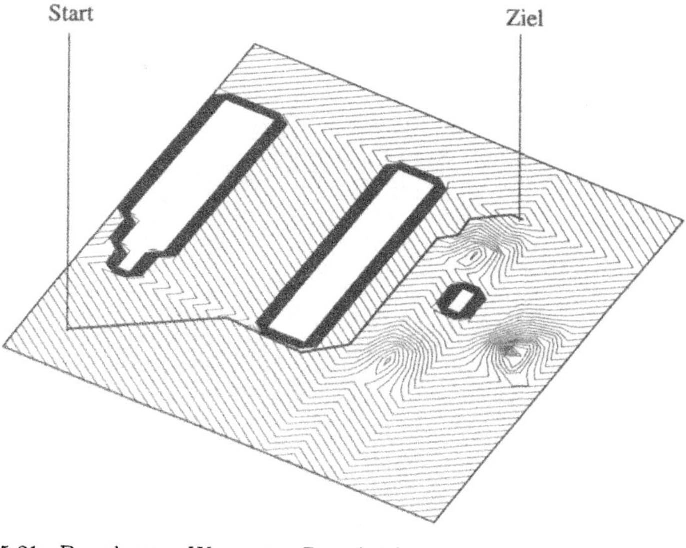

Abbildung 5.21: Berechneter Weg unter Berücksichtigung der Entfernung und der teilweise dynamischen Hindernisse (vgl. Abbildung 5.15)

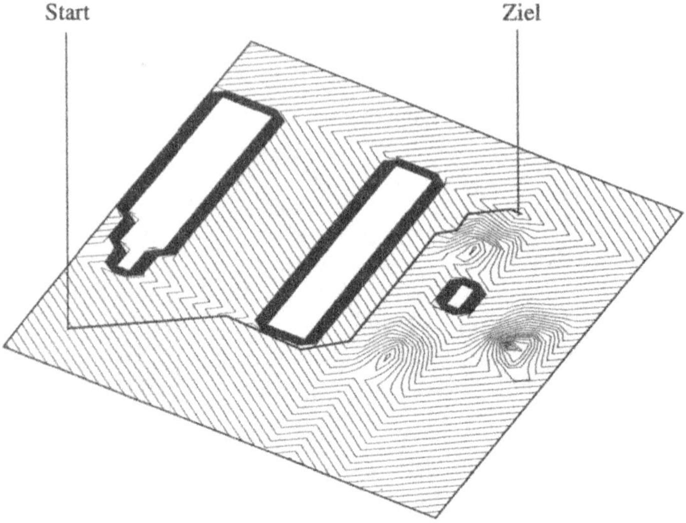

Abbildung 5.22: Berechneter Weg unter Berücksichtigung der Entfernung und des statistischen Flusses (vgl. Abbildung 5.16)

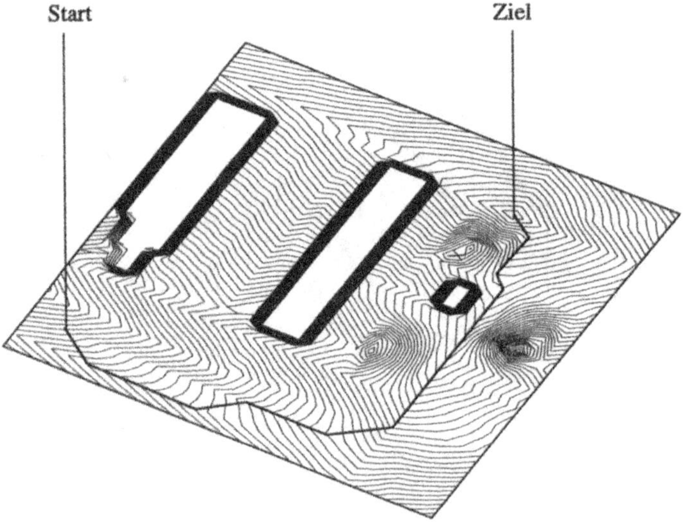

Abbildung 5.23: Berechneter Weg unter Berücksichtigung der Entfernung, der teilweise dynamischen Hindernisse und des statistischen Flusses (vgl. Abbildung 5.17)

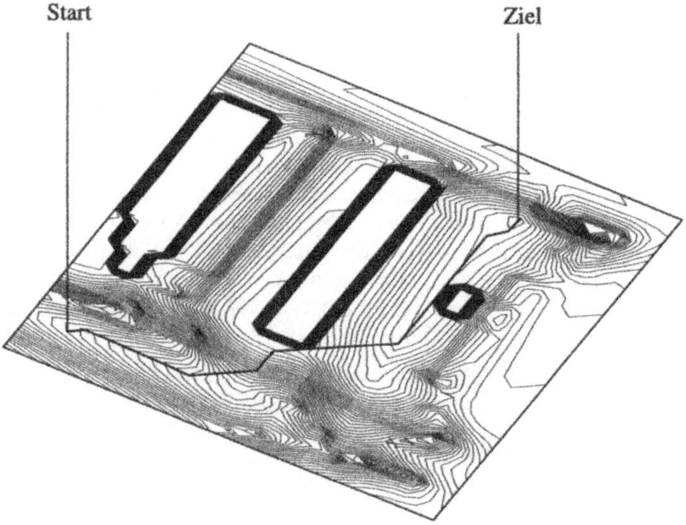

Abbildung 5.24: Berechneter Weg unter Berücksichtigung der Entfernung und der Belegungshäufigkeit mit vollständig dynamischen Hindernissen (vgl. Abbildung 5.18)

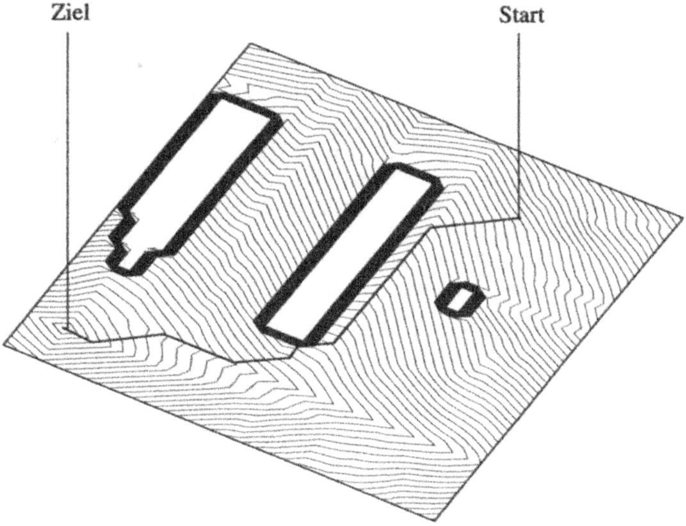

Abbildung 5.25: Berechneter Weg unter Berücksichtigung der Entfernung und des statistischen Flusses (vgl. Abbildung 5.19)

5.5 Nachbearbeitung des gefundenen Weges

Die für jeden Kontrollpunkt erzeugten numerischen Potentialfelder, die sowohl die Belegungshäufigkeit als auch den statistischen Fluß berücksichtigen (s. Abschnitt 5.3), bilden die Basis für die anschließende $\mathcal{C}^{\mathcal{PW}}$-Wegsuche (s. Abschnitt 5.1). Der damit bestimmte, ungeglättete initiale Weg τ_{init} besteht aus einer Folge von Punkten im Konfigurationsraum, wobei jeder dieser Punkte $\mathbf{q}_i$ auf einem Schnittpunkt innerhalb des dreidimensionalen Konfigurationsraumgitters $\mathcal{GC}$ liegt. Zwei aufeinanderfolgende Punkte $\mathbf{q}_i$ und $\mathbf{q}_{i+1}$ unterscheiden sich dabei genau in einer Koordinate q_j um den Betrag des für diese Richtung gültigen Gitterabstandes Δq_j. Liegt diese Abweichung z.B. in q_2 vor und ist die Konfiguration $\mathbf{q_i} = (q_{1,i}, q_{2,i}, q_{3,i})^T$, gilt $(q_{1,i}, q_{2,i}+/-\Delta q_2, q_{3,i})^T = (q_{1,i+1}, q_{2,i+1}, q_{3,i+1})^T = \mathbf{q_{i+1}}$.

Die durch diese Punkte definierte Liniensequenz entspricht einem kollisionsfreien Weg im Arbeitsraum, bei dem jedoch auf jedem Wegabschnitt immer nur ein Freiheitsgrad verändert wird. Um eine Überlagerung dieser Veränderungen zu erreichen und um Umwege, die auf Grund von lokalen Minima entstanden sind, abzukürzen, ist eine Glättung des Weges notwendig. In [Barraquand$^+$91] werden dazu in der Lösungssequenz $(\mathbf{q}_0, \mathbf{q}_1, \ldots, \mathbf{q}_n)$ vorhandene Teilwege durch im Konfigurationsraum liegende Geraden abgekürzt. Die zu einer Geraden gehörende Bewegung muß dabei kollisionsfrei im Arbeitsraum liegen. Die berechneten Abkürzungen werden dabei zunächst mit langen und später mit kurzen Geraden versucht.

Bei dem hier vorgestellten, auf statistischen Daten arbeitenden Verfahren sind bestimmte Umwege jedoch erwünscht, um z.B. häufig belegten Regionen präventiv auszuweichen. Deshalb sollte die maximale Anzahl der Punkte, die durch das Einfügen der Geraden übersprungen werden dürfen, auf einen konstanten Wert k beschränkt werden, der mit zunehmender Auflösung der Potentialfelder ansteigt. Verbindet die Gerade die Punkte $\mathbf{q}_i$ und $\mathbf{q}_j$ miteinander, muß somit neben der Kollisionsfreiheit im Arbeitsraum auch $j \leq i+k$ gelten. Die gültigen Abkürzungen können auch beschränkt werden, indem sowohl der abkürzenden Geraden als auch dem Originalweg Kosten zugeordnet werden, die vom Potential im Arbeitsraum abhängen. Verläuft die Abkürzung gegen den statistischen Fluß oder über häufig belegte Gebiete, sind die Kosten für die neu bestimmte Gerade u.U. höher, so daß sie keine gültige Abkürzung darstellt.

Nach dieser Glättung werden alle Konfigurationen aus der Lösung gestrichen, die im Konfigurationsraum auf einer Geraden liegen, die durch ihre beiden Nachbarn definiert ist. Mit Hilfe der verbleibenden Punkte $\mathbf{q}'_i$ ist im Konfigurationsraum eine Liniensequenz definiert, die in den Punkten $\mathbf{q}'_i$ nicht differenzierbar ist. Die Endgeschwindigkeiten für jeden Wegabschnitt zwischen $\mathbf{q}'_i$ und $\mathbf{q}'_j$ müssen deshalb Null sein. Somit beschränkt sich die Berechnung des maximalen Geschwindigkeitsprofils auf die Bestimmung aller Teilprofile zwischen zwei benachbarten Konfigurationen. Für einen Teilabschnitt wird dabei ein trapezförmiges Geschwindigkeitsprofil angesetzt, bei dem die Geschwindigkeit in den Endpunkten Null ist. Nach einer maximalen Beschleunigungsphase wird mit konstanter Geschwindigkeit gefahren bis die Abbremsphase eingeleitet wird (s. Abschnitt 4.7).

Eine weitere Möglichkeit der Nachbearbeitung besteht darin, auf Basis der ursprünglich gelieferten Folge von Konfigurationen einen kollisionsfreien Schlauch im dreidimensionalen Konfigurationsraum zu bestimmen, in dem anschließend die endgültige Bahn geplant wird. Für jede Konfiguration $\mathbf{q}_i$ wird die zu dieser Konfiguration gehörende dreidimensionale Konfigurationsraumzelle zum Schlauch hinzugefügt, wenn diese Matrixzelle komplett im Konfigurationsfreiraum liegt. Somit entsteht im Konfigurationsraum ein Schlauch, der i.a. aus mehreren hintereinandergeschalteten Teilsequenzen von Matrix- und Linienelementen besteht. Die aus Linienelementen bestehenden Teilsequenzen entsprechen den Regionen, bei denen keine Erweiterung möglich war. Die Erweiterung der aus Matrixelementen bestehenden Teilsequenzen kann bei Bedarf auf die Nachbarelemente ausgedehnt werden, um mehr Raum für die anschließende Planung zu erhalten.

Innerhalb jeder aus Matrixelementen bestehenden Teilsequenz steht somit ein Volumen im Konfigurationsraum zur Verfügung, in dem ein beliebiger kollisionsfreier Weg geplant werden kann, der die beiden Endkonfigurationen dieser Teilsequenz miteinander verbindet. Wird innerhalb dieses Volumens ein Weg mit stetiger Krümmungsänderung gefunden, muß die Geschwindigkeit nur noch an den Endpunkten dieses Teilweges auf Null reduziert werden.

Als Eingabe für dieses Glättungsverfahren können an Stelle der ursprünglichen Konfigurationen $\mathbf{q}_i$ auch die bereits vorverarbeiteten $\mathbf{q}'_i$ verwendet werden. Dabei muß für jede eingefügte Abkürzung jedes von dieser Geraden im Konfigurationsraum geschnittene Matrixelement zum Schlauch hinzugefügt werden, wenn dieses Element vollständig im Konfigurationsfreiraum liegt.

5.6 Diskussion

Die Grundlage des vorgestellten Navigators bilden numerische Potentialfelder ($\mathcal{PW}$-Felder), die in verschiedenen Auflösungsstufen über dem als Raster dargestellten Arbeitsraum definiert sind. Durch das Hinzufügen oder Löschen eines Hindernisses wird nur das Attribut $obstacle(g(i,j)$ der davon betroffenen Rasterelemente $g(i,j)$ beeinflußt. Folglich müssen innerhalb des aufgebauten Graphen einige Kanten und Knoten gelöscht bzw. hinzugefügt werden. Diese lokale Operation kann dadurch vereinfacht werden, daß ein Graph ohne teilweise dynamische Hindernisse generiert wird, bei dem durch Hinzufügen von Hindernissen die entsprechenden Knoten und Kanten als gelöscht markiert werden. Diese Marken werden bei Bedarf wieder aufgehoben. Somit ist die Forderung **F1** (**Dynamische zweidimensionale Welt**) aus Abschnitt 3.2 erfüllt (s. auch Kapitel 4, Anmerkungen zu den Forderungen). Dabei muß jedoch beachtet werden, daß bei jeder Veränderung innerhalb der Welt die Potentialfelder i.a. vollständig neu erzeugt werden müssen. Um diesen Einfluß zu verringern, wird zunächst mit dem zur Auftragserteilung gültigen Satz von Potentialfeldern gearbeitet und anschließend geprüft, ob der Weg in der veränderten Hinderniskonfiguration noch gültig ist. Somit ist ein Neuplanen auf Basis der modifizierten Potentialfelder nur nötig, wenn Veränderungen in der Nähe des ursprünglich gefundenen Weges stattfinden.

Bei der Erzeugung der Wege wird vom Navigator die Belegungshäufigkeit und der statistische Fluß berücksichtigt, wobei die Länge des erlaubten Umweges von den empirischen Parametern λ, λ_i, μ und μ_i abhängt (Forderung **F5**: **Anpassung der Planung an die Umgebung**). Da der statistische Fluß und die Belegungshäufigkeit mit Hilfe der vom Überwachungssystem gelieferten Informationen automatisch erzeugt wird, wird eine gute Integration in das Bewegungsmuster der dynamischen Hindernisse erreicht. Dabei wird vorausgesetzt, daß die Bewegungen der dynamischen Hindernisse Strukturen enthalten, die mit dem statistischen Fluß und der Belegungshäufigkeit dargestellt werden können. Befindet sich in einem breiten Gang in der Mitte eine Säule und bewegen sich alle Hindernisse jeweils rechts an der Säule vorbei, wird diese Bedingung mit hoher Wahrscheinlichkeit auch vom generierten Weg erfüllt.

Der Navigator kann für rechteckige Fahrzeuge unterschiedlicher Größe Wege planen und benutzt dabei einen großen Teil des zur Verfügung stehenden Freiraums (Forderungen **F2**: **Rechteckige Fahrzeuge mit drei Freiheitsgraden**, **F3**: **Fahrzeuge unterschiedlicher Größe** und **F4**: **Nutzung des gesamten Freiraums**). Somit hängt der gefundene Weg von der aktuellen Hinderniskonfiguration ab. Bei dem Navigator handelt es sich um einen auflösungsvollständigen Planer (Forderung **F10**: **Weg finden**), der deterministisch auflösungsvollständig oder im Sinne der Wahrscheinlichkeit auflösungsvollständig ist. Diese Unterscheidung hängt von der Behandlung der lokalen Minima ab (s. Abschnitt 5.1). Der Erfolg der Wegsuche wird somit von der Quantisierung des Arbeitsraums und der damit verbundenen Quantisierung des Konfigurationsraums beeinflußt.

Da die Bahnplanung auf dem Prinzip basiert, im Konfigurationsraum auf Basis eines diskreten Gitters einen Weg zu finden, kann eine Glättung des Weges nur durch eine Nachbearbeitung erreicht werden (s. Abschnitt 5.5). Wird diese Glättung mit Hilfe von Geraden erreicht, die den in der Initiallösung vorhandenen Weg abkürzen, kann i.a. kein Weg mit stetiger Krümmungsänderung erreicht werden, der in tangentialer Orientierung abgefahren werden kann (Forderung **F6**: **Tangentiale Orientierung** und **F7**: **Stetige Krümmungsänderung**). Diese Forderungen können eventuell mit verbesserten Glättungsmethoden erfüllt werden (s. Abschnitt 5.5). Da jede Glättungsmaßnahme jedoch vom initialen Weg abhängt, kann u.U. mit keinem Verfahren auf Basis des gelieferten Initialweges eine Bahn gefunden werden, die diese Forderungen erfüllt.

Das beschriebene Verfahren kann erweitert werden, indem an Stelle der Vierernachbarschaft die Achternachbarschaft eingesetzt wird. Da die Bahnplanung auf einer Matrixrepräsentation arbeitet und gut parallelisierbare Operationen verwendet, kann der Ansatz auf eine parallele Rechnerarchitektur übertragen werden.

Die potentielle Leistungsfähigkeit des vorgestellten, auf statistischen Daten arbeitenden Navigators wurde an Hand eines ausführlichen Beispiels dokumentiert (s. Abschnitt 5.4). Nach Fertigstellung des in einer parallelen Arbeit entwickelten Überwachungssystems können die für die Bahnplanung notwendigen statistischen Daten auf Grund von realen Messungen erzeugt werden. Damit wird die Voraussetzung geschaffen, reale Experimente durchzuführen und den auf statistischen Daten arbeitenden Navigator weiter zu untersuchen.

Kapitel 6

Mehrfahrzeugnavigatoren

In den Kapiteln 4 und 5 wurden zwei verschiedene Verfahren vorgestellt, um unter Berücksichtigung bestimmter Nebenbedingungen für ein Fahrzeug einen Weg zu planen. Da ein Transportsystem i.a. jedoch aus mehreren Fahrzeugen besteht, sind Erweiterungen notwendig, um die in Kapitel 3.2 aufgestellten Forderungen **F8** (**Koordination mehrerer Fahrzeuge**) und **F9** (**Iteratives Hinzufügen von Aufträgen**) zu erfüllen.

Verschiedene Erweiterungsmöglichkeiten, die den Navigator betreffen, werden in diesem Kapitel vorgestellt. Da der Navigator zur Vorausplanung gehört und somit nur auf Daten arbeiten sollte, die während der Ausführung noch gültig sind (s. Abschnitt 3.3.2), hängen die Planungsmöglichkeiten des Mehrfahrzeugnavigators von den Eigenschaften des Piloten ab. Die Mehrfahrzeugnavigation umfaßt die Berechnung verschiedener Bahnen für unterschiedliche Fahrzeuge.

Liegt eine strikte Hierarchie zwischen dem Piloten und dem Navigator vor und variiert der Pilot ausschließlich das Geschwindigkeitsprofil entlang der vom Navigator vorgegebenen Bahn, um auf dynamische Hindernisse zu reagieren (s. Abschnitt 3.3.4), kann der Navigator für die Koordination mehrerer Fahrzeuge den geometrischen Verlauf der verschiedenen Bahnen benutzen. Darf der Pilot jedoch den geometrischen Verlauf der vorberechneten Bahn ändern, um auf dynamische Hindernisse zu reagieren (überlappende hierarchische Planung), sollte der geometrische Verlauf der vorberechneten Bahnen nicht zur Koordination von mehreren Fahrzeugen verwendet werden, da vom Piloten die vorberechneten Bahnen nur als mögliche Wege betrachtet werden, die zur Laufzeit u.U. nicht genau eingehalten werden. Folglich muß in diesem Fall die Mehrfahrzeugkoordination auf den Piloten verlagert werden (s. Kapitel 7).

6.1 Literaturüberblick

Bei der Bahnplanung für mehrere unterschiedliche Fahrzeuge $\mathcal{A}_i$ in einem mit Hindernissen $\mathcal{B}_j$ belegten Arbeitsraum $\mathcal{W}$ muß nicht nur die Kollision der Fahrzeuge mit den Hindernissen vermieden werden, sondern auch die Kollision der Fahrzeuge untereinander.

Die Transformation dieses Problems in den Konfigurationsraum $\mathcal{C}$ erzeugt einen n-dimensionalen Raum, wobei sich die Dimension n aus der Summe der Freiheitsgrade aller Fahrzeuge $\mathcal{A}_i$ ergibt [Lozano-Pérez87, Latombe91]. Sind p unterschiedliche Fahrzeuge gegeben und wird die Konfiguration des Fahrzeuges $\mathcal{A}_i$ durch $\mathbf{q}_i$ beschrieben, ist ein Punkt im n-dimensionalen Konfigurationsraum durch den Vektor $\mathbf{q}^* = (\mathbf{q}_1, \ldots, \mathbf{q}_p)$ definiert. Durch diese Konfiguration $\mathbf{q}^*$ ist die Stellung aller Fahrzeuge eindeutig beschrieben. Das n-dimensionale Konfigurationsraumhindernis $\mathcal{CB}_{i,j}$ belegt alle Konfigurationen, bei denen im Arbeitsraum $\mathcal{W}$ eine Überlappung von Fahrzeug $\mathcal{A}_i$ mit dem Hindernis $\mathcal{B}_j$ vorliegt. Alle Konfigurationen, die eine Überlappung von zwei Fahrzeugen $\mathcal{A}_i$ und $\mathcal{A}_j$ $(i < j)$ erzeugen, bilden das n-dimensionale Konfigurationsraumhindernis $\mathcal{CA}_{i,j}$. Der Konfigurationsfreiraum $\mathcal{C}_{free}$ besteht aus allen in $\mathcal{C}$ liegenden Konfigurationen, die weder in einem $\mathcal{CB}_{i,j}$ noch in einem $\mathcal{CA}_{i,j}$ enthalten sind.

Das Bahnplanungsproblem für mehrere Fahrzeuge kann mit Hilfe des hochdimensionalen Konfigurationsraumes gelöst werden, indem die in Abschnitt 4.1 beschriebenen Verfahren auf den hochdimensionalen Raum angewendet werden. Als Lösung wird eine Funktion $\mathbf{q}^*(s)$ berechnet, die für jeden Punkt s $(0 \leq s \leq S)$ eine Konfiguration $(\mathbf{q}_1, \ldots, \mathbf{q}_p)$ liefert. Dabei entspricht $\mathbf{q}^*(0)$ der Startkonfiguration und $\mathbf{q}^*(S)$ der Zielkonfiguration. Bei der Ausführung der geplanten Wege müssen sich alle Fahrzeuge genau an die berechnete Funktion $\mathbf{q}^*(s)$ halten, um die Kollisionsfreiheit garantieren zu können. Kann ein Fahrzeug seine vorbestimmte Bahn nicht plangemäß einhalten und bleibt z.B. in der zu s_0 gehörenden Konfiguration stehen, müssen auch alle anderen Fahrzeuge in der entsprechenden Konfiguration anhalten. Somit liegt ein *enge Koppelung* zwischen den Fahrzeugen vor. Der große Vorteil liegt darin, daß auch schwierige Bahnplanungsprobleme gelöst werden können, die z.B. das aktive Ausweichen von Fahrzeugen verlangen, um alle Bahnen berechnen zu können. Sollen z.B. zwei Fahrzeuge in einem engen langen Korridor ihre Positionen tauschen, müssen sie erst den Korridor verlassen, um in einem anderen Bereich einen Positionswechsel vorzunehmen. Anschließend fahren sie in veränderter Reihenfolge in den Korridor und nehmen ihre Zielposition ein.

Dieser Ansatz, bei dem alle Bahnen gleichzeitig im gemeinsamen Konfigurationsraum bestimmt werden, wird als *zentralistisches Planen* (*engl.* centralized planning) bezeichnet. Da für die Berechnung der Bahnen alle möglichen Konfigurationen benutzt werden können, sind diese Verfahren *vollständig*, d.h. es wird immer eine Lösung gefunden, wenn eine existiert. Diese Vollständigkeit wird eingeschränkt, wenn eine Approximation des Konfigurationsraums benutzt wird oder eine mit Wahrscheinlichkeiten arbeitende Suchfunktion verwendet wird [Barraquand+91]. Ein gravierender Nachteil dieses Ansatzes besteht darin, daß der Zeitaufwand exponentiell mit der Dimension des Konfigurationsraumes wächst.

Neben dem zentralistischen Ansatz gibt es noch die *entkoppelte Planung* (*engl.* decoupled planning), bei der die Erzeugung der Gesamtlösung in einzelne Stufen aufgeteilt wird. Dabei geht jedoch die Vollständigkeit der Planung verloren.

In [Erdmann+87] wird das Bahnplanungsproblem für mehrere bewegte Körper $\mathcal{A}_i$ gelöst, indem die einzelnen Bahnen nacheinander berechnet werden. Bei der Planung der Bahn für den Roboter $\mathcal{A}_i$ werden bereits alle vorher geplanten Bahnen als Hindernisse betrachtet. Dafür wird der Konfigurationszeitraum $\mathcal{CT}$ (*engl.* configuration time space) eingeführt, der gegenüber dem Konfigurationsraum $\mathcal{C}$ um eine Dimension erweitert wurde, die die Zeit widerspiegelt. Durch diese Erweiterung kann ein sich im Arbeitsraum bewegendes Objekt im $\mathcal{CT}$-Raum als statisches Hindernis eingetragen werden. Wird die Bahn für den Roboter $\mathcal{A}_i$ geplant, wird der Konfigurationszeitraum $\mathcal{CT}_i$ für diesen Roboter berechnet, indem nicht nur die im Arbeitsraum statischen Hindernisse in den $\mathcal{CT}_i$ transformiert werden, sondern auch die sich bewegenden Roboter $\mathcal{A}_j$, für die die Bahn bereits geplant wurde.

Jeder Punkt im $\mathcal{CT}_i$ entspricht dabei einer Konfiguration des Roboters $\mathcal{A}_i$ zu einem Zeitpunkt. Da alle $\mathcal{A}_i$ eine identische Zeitskala besitzen, sind die einzelnen Roboter eng gekoppelt, so daß sich bei der Ausführung der Bahn alle Roboter genau an die Vorgabe halten müssen. Die Zeitachse kann jedoch während der Laufzeit für alle Roboter reskaliert werden. Durch das iterative Planen können schwierige Probleme u.U. nicht gelöst werden, da eine bereits berechnete Bahn die Lösung der nachfolgenden Probleme blockieren kann. Befinden sich z.B. zwei Fahrzeuge, die ihre aktuellen Positionen tauschen sollen, in einem engen langen Korridor und wurde für das erste Fahrzeug die direkte Bahn als Lösung gefunden, kann für das zweite Fahrzeug u.U. kein Weg mehr gefunden werden, obwohl eine Lösung für das Gesamtproblem existiert. Die Reihenfolge der Planung spielt also eine entscheidende Rolle, um zu einer Lösung zu gelangen.

Bei dem in [Kant+86] vorgestellten Verfahren wird zunächst unter Berücksichtigung der statischen Hindernisse ein Weg geplant und anschließend eine Geschwindigkeitsanpassung entlang des bereits gefundenen Weges vorgenommen, um den dynamischen Hindernissen auszuweichen, deren Bewegung bekannt ist. Hierbei können die bereits berechneten Roboterbahnen als sich bekannt bewegende Hindernisse integriert werden. Im Unterschied zu [Erdmann+87] wird jedoch dabei der geometrische Verlauf der Bahn nicht beeinflußt, sondern nur der Geschwindigkeitsverlauf entlang der vorgegebenen Bahn.

Bei fest vorgegebenem Streckennetz werden in [Grossmann88, Lin+91] Verfahren vorgestellt, um den Durchsatz des Gesamtsystems zu optimieren. Dafür wird in [Lin+91] angenommen, daß die Auftragsreihenfolge für jedes Fahrzeug feststeht und diese sich zyklisch wiederholt. In [Fok+92] werden die Bahnen mehrerer Fahrzeuge auf einem fest vorgegebenen Streckennetz koordiniert, indem einzelne Streckenabschnitte und Kreuzungen bei Bedarf exklusiv einem Fahrzeug zugewiesen werden.

Eine andere Variation der *entkoppelten Planung* besteht darin, zunächst die Wege für die einzelnen Roboter $\mathcal{A}_i$ vollständig unabhängig voneinander zu planen und anschließend die unabhängigen Wege zu koordinieren. Sind für zwei Roboter die beiden unabhängig bestimmten Bahnen $\mathbf{q}_1(s_1)$ und $\mathbf{q}_2(s_2)$ berechnet, werden in [O'Donnell+89] die beiden Bahnparameter s_1 und s_2 in Intervalle unterteilt. Wird diese Intervallunterteilung auf die Koordinatenachsen eines zweidimensionalen Koordinatensystems übertragen, entsteht ein reguläres Raster, in dem jedes Rasterelement als blockiert markiert wird, wenn die entsprechenden Stellungen der Roboter kollidieren. Auf Basis dieses Belegungsrasters wird die Koordination der Roboter geplant, wobei als Ergebnis eine feste Koppelung entsteht, die während der Ausführung eingehalten werden muß.

Nachdem für zwei unterschiedlich große, kreisförmige Fahrzeuge auf Basis einer Quadtree-Repräsentation voneinander unabhängige Wege berechnet wurden, werden in [Liu+89] Kreuzungsbereiche bestimmt, die mit Hilfe von Petrinetzen verwaltet werden. Ist eine Koordination der Fahrzeuge auf Basis der vorgegebenen Wege nicht möglich, wird versucht, die vorgegebenen Wege lokal anzupassen.

In [Caloud+90, Kato+92] werden die Bahnen der unterschiedlichen autonomen Fahrzeuge dadurch koordiniert, daß jedes Fahrzeug unabhängig von den anderen seinen Weg plant und bei der Ausführung bestimmte Regeln beachtet. Ein Fahrzeug soll z.B. anhalten, wenn mit den Sensoren ein anderes Fahrzeug erkannt wird und warten, bis dieses verschwunden ist [Kato+92]. Zusätzlich sollen sich die Fahrzeuge in Korridoren an der rechten Seite orientieren [Kato+92]. In [Caloud+90] darf ein Fahrzeug nicht in eine Kreuzung einfahren, wenn diese von einem anderen Fahrzeug besetzt ist. Die konkrete Realisierung dieser Regeln wird nicht genauer beschrieben.

Ein autonomer Zustand und ein kooperativer Zustand werden in [Premvuti+90, Yuta+92] verwendet, um eigenständig zu operieren, wenn keine anderen Roboter in der Nähe sind, und in einen kooperativen Zustand zu wechseln, um z.B. das gemeinsame Überqueren einer Kreuzung zu organisieren. Im kooperativen Zustand wird unter den beteiligten Fahrzeugen ein Führer bestimmt, der das Problem für alle gemeinsam löst. Ein ähnlicher Ansatz wird in [Yeung+87] beschrieben.

Bei der Kooperation verschiedener, autonomer mobiler Systeme ist nicht nur die gemeinsame Bahnplanung von Bedeutung, sondern auch das kooperative Verhalten aller autonomen Systeme untereinander, um gemeinsam ein Problem zu lösen (z.B. [Steels90, Arkin92, Pape90]). So können z.B. mehrere autonome Systeme gemeinsam eine schwere Kiste bewegen, die für jeden einzelnen Roboter allein zu schwer ist. Diese Art der Kooperation wird bei dem Transportsystem **MONAMOVE** nicht betrachtet (s. Forderungen aus Abschnitt 3.2).

6.1.1 Integration der Nebenbedingungen in den Mehrfahrzeugnavigator

Im Konzept von **MONAMOVE** ist der Navigator für die Vorausplanung verantwortlich und der Pilot für die Laufzeitplanung, wobei der Pilot Vorgaben des Navigators benutzt. Da der Navigator nur mit Daten arbeiten soll, die auch noch zur Laufzeit gültig sind, kann er eine Reaktion auf die sich unbekannt bewegenden dynamischen Hindernisse nicht vorausplanen. Folglich muß der Pilot gewisse Planungsfreiheiten besitzen, um auf die dynamischen Veränderungen in der Welt reagieren zu können.

Verwendet der Navigator für die Mehrfahrzeugkoordination einen Planungsansatz, bei dem zu jedem Zeitpunkt die Positionen und Orientierungen aller Fahrzeuge genau festgelegt sind, muß der Pilot diese Abfolge von Konfigurationen genau einhalten, um die Kollisionsfreiheit zu garantieren. Muß z.B. ein Fahrzeug auf Grund eines während der

Vorausplanung nicht berücksichtigten dynamischen Hindernisses anhalten, müssen auch alle anderen stoppen, um die *enge* Koppelung dieser vorausgeplanten Konfigurationen einzuhalten. Eine solche enge Koppelung ist in Kreuzungsbereichen, die während der Laufzeit von mehreren Fahrzeugen gleichzeitig überquert werden sollen, sicherlich sinnvoll und notwendig. Bewegen sich die Fahrzeuge in weitgehend getrennten Bereichen, ist eine solche Koppelung jedoch sehr inflexibel, da alle Fahrzeuge anhalten, wenn nur ein Fahrzeug auf ein Problem trifft. Die Erzeugung von eng gekoppelten Bahnen im Navigator ist nur dann sinnvoll, wenn sich alle Fahrzeuge in einem engen Arbeitsbereich bewegen und ständig Kreuzungen auftreten. Diese Voraussetzung ist bei Transportsystemen jedoch i.a. nicht erfüllt.

Aus den beschriebenen Gründen entfallen für die Mehrfahrzeugkoordination innerhalb des Navigators alle Ansätze, die eine enge Koppelung der Fahrzeuge untereinander verwenden, unabhängig davon, ob diese Verfahren auf der zentralistischen Planung oder der entkoppelten Planung basieren [Lozano-Pérez87, Erdmann+87, Kant+86]. Diese Ansätze können jedoch im Piloten lokal angewendet werden, um während der Laufzeit an Kreuzungen auftretende Probleme zu lösen (s. Kapitel 7).

Um den Piloten die notwendige individuelle Flexibilität beim Reagieren auf dynamische Hindernisse zu ermöglichen, beschränkt sich die in **MONAMOVE** verwendete Mehrfahrzeugnavigation auf die parallele Planung der individuellen Wege, ohne bei der Planung des einzelnen Weges den genauen individuellen Verlauf der anderen Bahnen zu berücksichtigen. Eine gewisse implizite Rücksichtnahme erfolgt dadurch, daß eine Rechtsorientierung oder der statistische Fluß in die Planung der individuellen Bahnen eingeht (Forderung **F5**: **Anpassung der Planung an die Umgebung**). Halten die Fahrzeuge die vom Navigator berechneten geometrischen Bahnen genau ein, kann der Mehrfahrzeugnavigator zusätzlich die durch die individuellen Wege entstehenden Kreuzungsbereiche berechnen, um das Laufzeitmodul zu vereinfachen (s. Abschnitt 6.2). Ist dieses Einhalten der Bahn nicht garantiert, muß die gesamte Kreuzungserkennung und -behandlung auf den Piloten übertragen werden (s. Kapitel 7).

Durch beide Ansätze wird eine *enge* Koppelung nur in den Kreuzungsbereichen erzwungen, während in den anderen Regionen jedes Fahrzeug im Rahmen seiner Fähigkeiten individuell agieren kann (vgl. [Premvuti+90, Yuta+92]). Das iterative Hinzufügen neuer Aufträge (Forderung **F9**: **Iteratives Hinzufügen von Aufträgen**) und die sich daraus ergebende Koordination mehrerer Fahrzeuge (Forderung **F8 Koordination mehrerer Fahrzeuge**) kann mit dem vorgestellten Prinzip vom Navigator geleistet werden, wobei entstehende Probleme auf den Piloten verlagert werden. Erkennt der Pilot z.B. während der Ausführung der Aufträge eine Verklemmung (*engl.* deadlock) zwischen zwei Fahrzeugen, muß er auf diese reagieren.

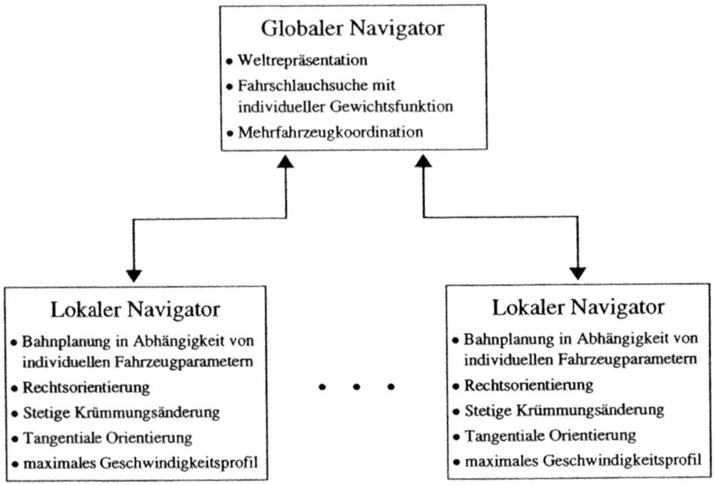

Abbildung 6.1: Aufteilung des auf geometrischen Daten arbeitenden Navigators in einen globalen und mehrere lokale Navigatoren

6.2 Koordination auf Basis von geometrischen Kreuzungen

Die für die Mehrfahrzeugkoordination verwendeten individuellen Wege werden mit einem der in Kapitel 4 und Kapitel 5 beschriebenen Verfahren erzeugt. Da das Weltmodell des jeweiligen Navigators unabhängig von der Größe des jeweiligen Fahrzeuges ist und da die Fahrzeugabmessungen erst in den tiefer liegenden Planungsschichten berücksichtigt werden, bietet sich eine Aufteilung des Navigators in einen globalen und mehrere lokale Navigatoren an.

In Abbildung 6.1 ist diese Aufteilung für den auf geometrischen Daten arbeitenden Navigator skizziert. Die Fahrschlauchsuche bildet die Verbindung zwischen dem globalen und dem jeweiligen lokalen Navigator, da sie zum einen auf der für alle Fahrzeuge gleichen Zerlegung der Welt arbeitet, aber zum anderen fahrzeugspezifische, blockierte Teilsequenzen während der Suche benutzt, um einen passenden Schlauch zu finden.

Eine Aufteilung für den auf statistischen Daten arbeitenden Navigator ergibt sich nach dem gleichen Schema, wobei die Erzeugung der Potentialfelder den ersten fahrzeug- und auftragsabhängigen Schritt bildet.

Die Kernidee bei der in diesem Abschnitt vorgestellten Mehrfahrzeugkoordination besteht darin, mit Hilfe der lokalen Navigatoren parallel mehrere individuelle Wege zu erzeugen und eine Approximation dieser Wege an den globalen Navigator zurückzuliefern. Der globale Navigator berechnet räumliche Kreuzungen, indem die einzelnen approximierten Wege nacheinander überlagert werden. Die so berechneten Kreuzungen entsprechen Betriebsmitteln, die während der Laufzeit nur maximal einem Fahrzeug zugeordnet werden können. Durch diesen iterativen Planungsansatz geht allerdings die Vollständigkeit der Mehrfahrzeugkoordination verloren, so daß nicht für alle Probleme eine Lösung garantiert werden kann (s. Abschnitt 6.2.4).

Eine Berechnung dieser Kreuzungen ist nur dann möglich und sinnvoll, wenn die zur Laufzeit eingesetzten Piloten die jeweils vorgegebenen Bahnen einhalten. Der von den Piloten zur Laufzeit gewählte Geschwindigkeitsverlauf entlang der vorgegebenen Bahn spielt bei der vom Navigator durchgeführten Kreuzungsberechnung keine Rolle, da ausschließlich geometrische Informationen verwendet werden. Die vom Fahrzeug veh_k während seiner gesamten Fahrt überstrichene Fläche wird mit $swept(veh_k)$ abgekürzt. Eine räumliche Kreuzung entsteht in den Bereichen, in denen sich mindestens zwei Flächen $swept(veh_k)$ und $swept(veh_l)$ überlappen ($k \neq l$). Bei räumlichen Kreuzungen wird somit nicht berücksichtigt, zu welchem Zeitpunkt ein Fahrzeug einen bestimmten Bereich belegt.

6.2.1 Weltmodell

Innerhalb des verwendeten Weltmodells müssen die von den lokalen Navigatoren berechneten Wege und die daraus berechneten Kreuzungen dargestellt werden. Hierfür kann entweder ein exaktes oder ein approximatives Modell eingesetzt werden. Ein Vorteil des exakten Modells liegt in der genauen Beschreibung der von den Fahrzeugen überstrichenen Fläche und der daraus folgenden genauen Darstellung der Kreuzungen. Der entscheidende Nachteil besteht jedoch in der aufwendigen genauen Berechnung der überstrichenen Flächen und der exakten Bestimmung der entstehenden Kreuzungen. Um diese Anforderungen zu erfüllen, müßte z.B. der exakte Schnitt zwischen zwei Flächen bestimmt werden, die auf Basis von beliebigen Kurvenfahrten der entsprechenden Fahrzeuge erzeugt wurden.

Auf Grund der beschriebenen Schwierigkeiten wird ein approximatives Modell verwendet, bei dem die dargestellten Flächen auf ein regelmäßiges Gitter G abgebildet werden. Dadurch wird die Bestimmung der Kreuzungen und die Beschreibung ihrer Form vereinfacht. Als Nachteil ergibt sich die auf Grund der Approximation entstehende Vergrößerung und Quantisierung der Flächen und Kreuzungen. Da diese Darstellung jedoch nur zur Berechnung von Synchronisationspunkten (s. Abschnitt 6.2.3.1) verwendet wird, wirkt sich der Nachteil nur auf die Lage der Synchronisationspunkte aus und nicht auf die bereits berechneten Bahnen.

In das regelmäßige Gitter G werden nur die Approximationen der aktuellen Wege und die entstehenden Kreuzungen eingetragen, so daß das für die Mehrfahrzeugkoordination verwendete Weltmodell vollständig unabhängig von der Hinderniskonfiguration ist. Jedes Element $g_{i,j}$ des Gitters entspricht einem quadratischen Flächenstück in der Welt, das von mehreren Bahnen überstrichen werden kann.

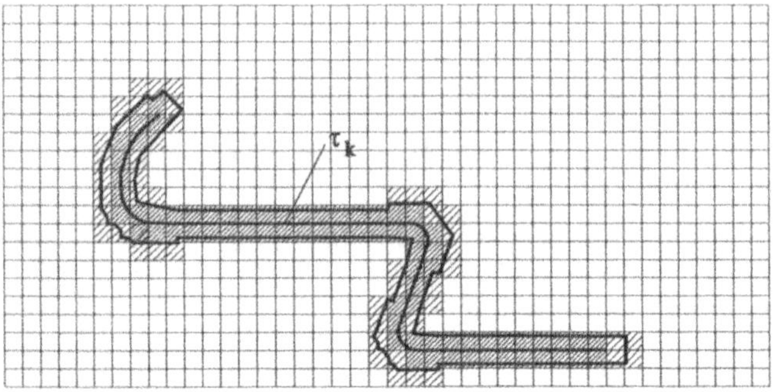

Abbildung 6.2: Die dicken Linien skizzieren den Verlauf einer exakten Bahn τ_k und die Approximation der von einem Fahrzeug beim Abfahren dieser Bahn überstrichenen Fläche. Der für diese Bahn relevante Ausschnitt des regelmäßigen Gitters G und die von der Approximation überstrichenen Gitterelemente sind überlagernd eingezeichnet.

Innerhalb dieses Weltmodells wird eine Menge A von Gitterelementen als zusammenhängend bezeichnet, wenn von jedem Element $g_{i,j} \in A$ zu jedem anderen Element $g_{k,l} \in A$ ein Weg $(a_1, \ldots, a_n)$ mit $a_i \in A$ existiert $(a_1 == g_{i,j}, a_n == g_{k,l})$, wobei zwischen a_i und a_{i+1} jeweils eine Vierernachbarschaft vorliegen muß.

6.2.2 Repräsentation einer Bahn

Innerhalb des Weltmodells wird jede Bahn τ_k durch eine aus Gitterelementen bestehende Menge $square(\tau_k)$ dargestellt. Die Menge $square(\tau_k)$ approximiert dabei die vom Fahrzeug während des Abfahrens der Bahn τ_k überstrichene Fläche. Alle Gitterelemente, die beim Abfahren der Bahn vom Schwerpunkt des Fahrzeuges überquert werden, werden in der Reihenfolge ihres Überquerens in der Sequenz $csquare(\tau_k) = (cs_{k,1}, \ldots, cs_{k,n})$ gespeichert. Somit sind alle Elemente $cs_{k,i}$ auch in $square(\tau_k)$ enthalten. Als Schwerpunkt wird der Mittelpunkt des Rechteckes gewählt, mit dem das Fahrzeug modelliert wurde. Die Teilmenge von $square(\tau_k)$, die nicht vom Schwerpunkt des Fahrzeuges überstrichen wird, wird mit $psquare(\tau_k)$ bezeichnet.

Die Berechnung von $square(\tau_k)$, $csquare(\tau_k)$ und $psquare(\tau_k)$ kann am einfachsten in die lokalen Navigatoren integriert werden, da diese den genauen Verlauf der Bahn kennen.

Bei dem in Kapitel 4 vorgestellten auf geometrischen Daten arbeitenden Navigator wird eine polygonale Approximation der einzelnen Kurven und Streckenabschnitte verwendet, um die Kollisionsfreiheit mit den aktuellen Hindernissen zu prüfen. Bei gegebener Granularität des Gitters G kann mit Hilfe dieser polygonalen Approximation der überstrichenen Fläche die Menge $square(\tau_k)$ berechnet werden. Durch den Verlauf der genau berechneten Bahn, die der Bewegung des Schwerpunktes entspricht, kann die Folge $csquare(\tau_k)$

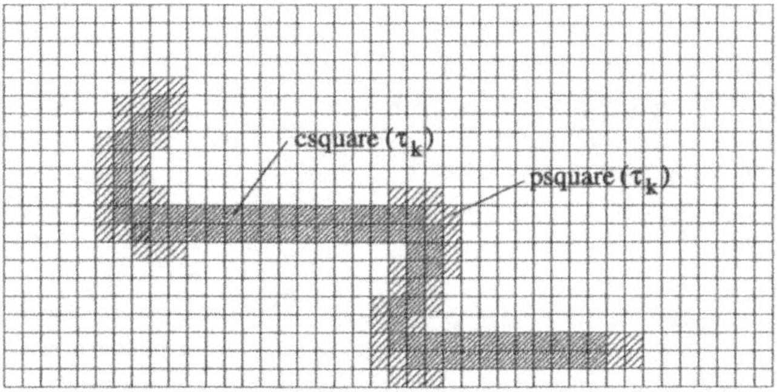

Abbildung 6.3: Die sich aus Abbildung 6.2 ergebenden Elemente der Menge *square* sind schraffiert markiert. Die engere Schraffur kennzeichnet Elemente aus der Folge *csquare*.

bestimmt werden. In Abbildung 6.2 sind eine exakte Bahn und die polygonale Approximation der für das Abfahren der Bahn notwendigen Fläche mit dicken Linien eingezeichnet. Durch die Überlagerung mit dem für diese Bahn relevanten Ausschnitt aus dem Gitter G ergeben sich die schraffierten Bereiche (s. Abbildung 6.2 und Abbildung 6.3). Die so bestimmten Elemente werden zur Mehrfahrzeugkoordination des globalen Navigators geliefert, der damit die Kreuzungsregionen bestimmt.

Der auf statistischen Daten arbeitende Navigator (s. Kapitel 5) liefert als Ergebnis einen kollisionsfreien Linienzug im Konfigurationsraum, der durch eine Folge von Konfigurationen $(\mathbf{q}_0, \ldots, \mathbf{q}_n)$ definiert ist. Um die für die Mehrfahrzeugkoordination wichtigen Gitterelemente zu berechnen, wird im Arbeitsraum für alle benachbarten Konfigurationen $\mathbf{q}_i$ und $\mathbf{q}_{i+1}$ die vom Fahrzeug überstrichene Fläche als Polygon approximiert. Da diese Approximation nur für die Definition der Kreuzungen benötigt wird und nicht für einen Kollisionstest, kann die Approximation relativ grob sein. Dazu wird zunächst nur die Fläche mit einem Polygon angenähert, die das Fahrzeug überstreicht, wenn die durch die beiden Nachbarkonfigurationen festgelegte Rotation in einem Punkt ausgeführt wird. Das so definierte Polygon wird anschließend entlang des Differenzvektors verschoben, der mit Hilfe der Translationsanteile der beiden Nachbarkonfigurationen berechnet wird. Sind diese Polygone für alle Nachbarkonfigurationen bestimmt worden, liegt eine polygonale Approximation der vom Fahrzeug im Arbeitsraum überstrichenen Fläche vor. Die berechneten Differenzvektoren beschreiben den Verlauf des Fahrzeugschwerpunktes. Unter Verwendung dieser Information können die für die Mehrfahrzeugkoordination wichtigen Gitterelemente bestimmt werden.

6.2.3 Berechnung der Kreuzungsbereiche

Eine Kreuzung Γ_k besteht aus einem zusammenhängenden Bereich von Gitterelementen. Diese Menge $square(\Gamma_k)$ unterteilt sich in einen zusammenhängenden Kernbereich

1: Die von der Bahn τ_k überstrichenen Elemente $psquare(\tau_k)$ und $csquare(\tau_k)$ werden im Gitter G eingetragen.

2: Alle Elemente $g_{i,j}$, die zu $square(\tau_k)$ und gleichzeitig zu mindestens einer der Mengen $square(\tau_i)$ mit $1 \leq i \leq k-1$ gehören, werden in der Menge B zusammengefaßt.

3: Die konsistente Menge der Kreuzungen $CROSS$ wird nach $CROSS'$ kopiert.

4: **if** $B \neq \emptyset$

5: **then**

6: Aus den in der Menge B enthaltenen Gitterelementen werden maximal große zusammenhängende Bereiche A_i gebildet. Dadurch wird sichergestellt, daß zwischen zwei unterschiedlichen Bereichen A_i und A_j keine Viterernachbarschaft vorliegt ($A = \{A_1, \ldots, A_n\}$).

7: **foreach** $A_i \in A$

8: Die in A_i enthaltenen Gitterelemente bilden den Kernbereich einer vorläufigen Kreuzung Γ^* ($kernel(\Gamma^*) = A_i$).

9: Auf Basis von $kernel(\Gamma^*)$ werden die Verwaltungszonen und die Synchronisationspunkte bestimmt (s. Abschnitt 6.2.3.1).

10: Die vorläufige Kreuzung Γ^* wird in die Menge $CROSS'$ integriert. Dabei müssen Kreuzungen verschmolzen werden, wenn sich Γ^* mit in $CROSS'$ enthaltenen Kreuzungen überlappt (s. Abschnitt 6.2.3.2).

11: **endforeach**

12: Nachdem die Elemente aus $CROSS$ durch die Elemente aus $CROSS'$ ersetzt wurden, liegt eine konsistente Menge von Kreuzungen vor und die Bahn τ_k ist in das Weltmodell integriert.

13: **endfi**

Abbildung 6.4: Hinzufügen der Bahn τ_k zu den Bahnen τ_1 bis τ_k

$kernel(\Gamma_k)$ und mehrere jeweils zusammenhängende Verwaltungszonen $manage_i(\Gamma_k)$. Bei $manage_i(\Gamma_k)$ handelt es sich entweder um eine Wartezone $wait_i(\Gamma_k)$ oder um eine Freigabezone $release_i(\Gamma_k)$. Im Kernbereich einer Kreuzung darf sich maximal ein Fahrzeug befinden. Eine Wartezone legt i.a. einen Bereich fest, in dem ein Fahrzeug warten kann, wenn der Kernbereich der Kreuzung mit einem anderen Fahrzeug besetzt ist. Deshalb dürfen sich der Kernbereich und die Wartezone nicht überlappen. Für bestimmte Fälle läßt sich jedoch keine überlappungsfreie Wartezone erzeugen (s. Abschnitt 6.2.3.1). Hat ein Fahrzeug den Freigabebereich einer Kreuzung erreicht, kann ein anderes Fahrzeug in die Kreuzung einfahren, wenn der Freigabebereich und der Kernbereich überlappungsfrei sind. Die Funktion $inkernel(manage_i(\Gamma_k))$ liefert alle Gitterelemente der Verwaltungszone, die gleichzeitig im Kernbereich von Γ_k liegen.

Die *reduzierte Verwaltungszone* von $manage_i(\Gamma_k)$ wird von allen Gitterelementen gebildet, die zu $manage_i(\Gamma_k)$ gehören und nicht zu $kernel(\Gamma_k)$, d.h. die reduzierte Verwaltungszone

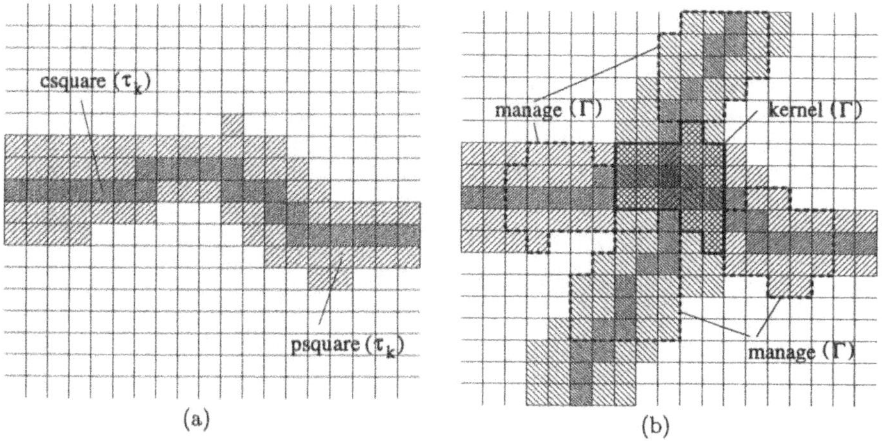

Abbildung 6.5: (a) Ein Ausschnitt aus dem globalen G, in das die Rasterisierung der Bahn τ_k eingetragen ist, (b) die Modifikation des Gitters, nachdem eine Bahn ergänzt wurde.

entspricht der Menge $manage(\Gamma_k) \setminus kernel(\Gamma_k)$. Eine Kreuzung heißt *konsistent*, wenn die Schnittmenge der zu dieser Kreuzung gehörenden reduzierten Verwaltungszonen leer ist. Eine Menge von verschiedenen Kreuzungen innerhalb einer Welt wird als konsistent bezeichnet, wenn alle Kreuzungen konsistent sind und wenn sich keine der in dieser Menge enthaltenen Kreuzungen überlappen ($\forall i, j : i \neq j, square(\Gamma_i) \cap square(\Gamma_j) = \emptyset$).

Die Berechnung der Kreuzungen zwischen mehreren Bahnen wird auf ein iteratives Verfahren zurückgeführt, wobei nacheinander immer nur eine Bahn zu den bis dahin im Weltmodell koordinierten Bahnen hinzugefügt wird. Das Ergänzen einer Bahn wird wiederum durch das iterative Hinzufügen der einzelnen Kreuzungen erreicht. Dabei wird die konsistente Menge der Kreuzungen in eine neue konsistente Menge überführt. Liegt eine konsistente Menge *CROSS* von Kreuzungen vor und sind dadurch die Bahnen $\tau_1, \ldots, \tau_{k-1}$ in das Weltmodell integriert, sind für das Hinzufügen von τ_k die in Abbildung 6.4 angegebenen Schritte notwendig.

Abbildung 6.5a zeigt einen Ausschnitt aus dem globalen Gitter G, in das bereits ein Weg integriert ist. Nach Hinzufügen eines zusätzlichen Weges entsteht eine Kreuzung Γ (s. Abbildung 6.5b). Der Kernbereich $kernel(\Gamma)$ ist mit einer dicken Linie markiert und die Verwaltungszonen mit einer dicken gestrichelten. Die Bestimmung der Verwaltungszonen wird in Abschnitt 6.2.3.1 beschrieben. In diesem Beispiel ist keine Verschmelzung mit bereits existierenden Kreuzungen notwendig.

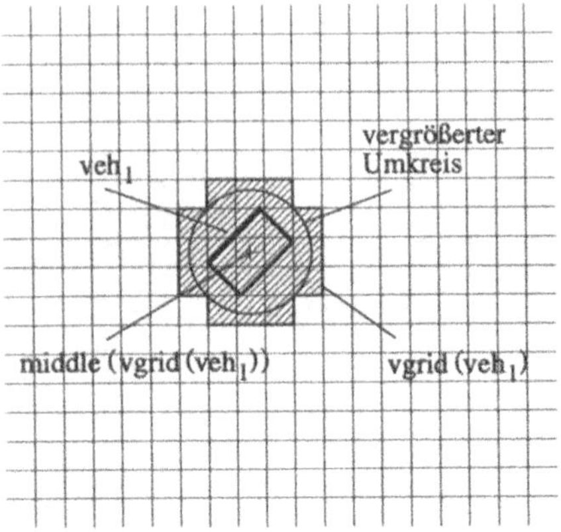

Abbildung 6.6: Rechteckiges Fahrzeug veh_l mit dem vergrößerten Umkreis und seine rasterisierte Approximation $vgrid(veh_l)$

6.2.3.1 Verwaltungszonen und Synchronisationspunkte

Die Verwaltungszonen und Synchronisationspunkte werden verwendet, um die exklusive Vergabe des Kernbereiches einer Kreuzung an ein Fahrzeug zu ermöglichen. Innerhalb jeder Verwaltungszone $manage_i(\Gamma_k)$ liegt ein Synchronisationspunkt $managep_i(\Gamma_k)$, wobei ein in $wait_i(\Gamma)$ liegender Punkt als Wartepunkt $waitp_i(\Gamma_k)$ und ein in $release_i(\Gamma_k)$ liegender Punkt als Freigabepunkt $releasep_i(\Gamma_k)$ bezeichnet wird. Befindet sich kein anderes Fahrzeug in der Kreuzung Γ_k und fährt das Fahrzeug auf der Bahn τ_l über den Wartepunkt $waitp_i(\Gamma_k)$, wird die Kreuzung Γ_k für alle anderen Fahrzeuge blockiert, bis das über die Kreuzung fahrende Fahrzeug den Freigabepunkt $releasep_i(\Gamma_k)$ passiert hat. Jeder der beiden Synchronisationspunkte entspricht genau einem Gitterelement $g_{i,j} \in csquare(\tau_l)$. Der Wartepunkt $waitp_i(\Gamma_k)$ und der Freigabepunkt $releasep_i(\Gamma_k)$ bilden ein festes Paar von Synchronisationspunkten, d.h. $releasep_i(\Gamma_k)$ kann die Kreuzung nur freigeben, wenn die Blockierung durch $waitp_i(\Gamma_k)$ hervorgerufen wurde.

Für eine Kreuzung Γ_k sollten die Synchronisationspunkte so positioniert werden, daß das in diesem Punkt stehende Fahrzeug keine Überlappung mit dem Kernbereich von Γ_k aufweist. Da innerhalb des Weltmodells unbekannt ist, in welcher Orientierung das Fahrzeug auf einem Rasterelement steht, wird der Radius des Umkreises des rechteckigen Fahrzeugs berechnet. Nachdem der Radius um einen bestimmten Betrag erhöht wurde, um die Quantisierungseffekte des Gitters zu berücksichtigen, wird der Kreis auf das Gitter abgebildet. Dabei werden alle Gitterelemente als belegt markiert, die teilweise von der Kreisfläche bedeckt sind. Diese rasterisierte Approximation des Fahrzeugs veh_l wird als $vgrid(veh_l)$ bezeichnet und der Mittelpunkt dieses Gitters mit $middle(vgrid(veh_l))$. In Abbildung 6.6 ist eine solche Approximation skizziert.

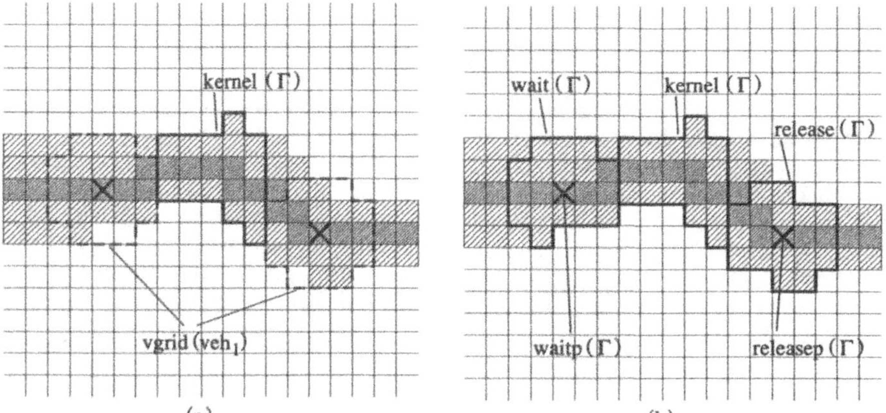

Abbildung 6.7: (a) Kernbereich einer Kreuzung und überlagerte Fahrzeugapproximation für die Bestimmung der Verwaltungszonen, (b) auf Basis des Kernbereichs entstandene Verwaltungszonen

Mit Hilfe des gegebenen Kernbereiches einer Kreuzung Γ_k werden nacheinander für alle an dieser Kreuzung beteiligten Bahnen die Synchronisationspunkte berechnet. Dazu wird die rasterisierte Approximation $vgrid(veh_l)$ einmal um die Kreuzung Γ_k geschoben, indem der Mittelpunkt $middle(vgrid(veh_l))$ auf der Außenkontur von $kernel(\Gamma_k)$ entlang geführt wird. Alle $g_{i,j} \in csquare(\tau_l)$ werden als erreichbar markiert, wenn $g_{i,j}$ in mindestens einer Stellung der Approximation $vgrid(veh_l)$ von einem Element aus $vgrid(veh_l)$ teilweise überdeckt ist. Zusätzlich muß ein zusammenhängender Weg von der aktuellen Position von $middle(vgrid(veh_l))$ zu $g_{i,j}$ existieren, der nur Elemente aus $vgrid(veh_l)$ verwendet, die in $kernel(\Gamma_k)$ oder in $square(\tau_l)$ enthalten sind. Dadurch wird sichergestellt, daß nur Verwaltungszonen erzeugt werden, die mit dem Kernbereich der Kreuzung zusammenhängen. Ein zusammenhängender Weg besteht aus einer Folge von Elementen, zwischen denen jeweils eine Vierernachbarschaft vorliegt. Alle $g_{i,j}$ mit $g_{i,j} \in kernel(\Gamma_k)$ und $g_{i,j} \in csquare(\tau_l)$ werden ebenfalls als erreichbar markiert.

Alle im Weltmodell als erreichbar gekennzeichneten Gitterelemente $g_{i,j}$ werden in der Sequenz $csquare(\tau_l) = \{cs_1, \ldots, cs_n\}$ markiert. Da innerhalb dieser Folge die gleichen Elemente an verschiedenen Stellen auftauchen können, werden auf Grund eines Elementes $g_{i,j}$ u.U. mehrere cs_i gekennzeichnet. Alle markierten Elemente aus $csquare(\tau_l)$ bezeichnen Positionen des Fahrzeugs, bei denen Überlappungen mit dem Kernbereich der Kreuzung Γ_k auftreten können. Innerhalb der Folge $csquare(\tau_l)$ wird das erste markierte Element cs_i und anschließend das erste nicht markierte Element cs_j mit $j > i$ gesucht. Existieren die Elemente cs_{i-1} und cs_j, ist das erste Paar von Synchronisationspunkten für den Weg τ_l und die Kreuzung Γ_k gefunden ($waitp_{l,1}(\Gamma_k) = cs_{i-1}, releasep_{l,1}(\Gamma_k) = cs_j$). Anschließend werden in dem Rest der Folge weitere Paare nach dem gleichen Schema gesucht. Handelt es sich bei cs_i um den Anfangspunkt cs_1, wird dieser als Wartepunkt ausgewählt und mit dem Attribut *inkernel* versehen. Existiert kein Punkt cs_j, wird der Endpunkt cs_n als Freigabepunkt ausgewählt und mit *inkernel* markiert.

Auf Basis der Synchronisationspunkte werden die Verwaltungszonen bestimmt, indem die Approximation $vgrid(veh_l)$ mit ihrem Mittelpunkt auf den entsprechenden Synchronisationspunkt $managep_{l,i}$ gelegt wird. Alle Gitterpunkte $g_{i,j} \in square(\tau_l)$, die von $vgrid(veh_l)$ überlagert werden, gehören zu $manage_{l,i}$. In Richtung des Kernbereichs wird $manage_{l,i}$ vergrößert, um für die Kreuzung einen zusammenhängenden Bereich zu erzeugen. Ist das Attribut *inkernel* für einen Synchronisationspunkt gesetzt, wird $inkernel(manage_{l,i})$ berechnet. Die Verwaltungszonen liegen genau dann im Kernbereich einer Kreuzung, wenn ein Synchronisationspunkt mit dem Start- oder Endpunkt einer Bahn zusammenfällt.

Abbildung 6.7a zeigt den mit einer dicken Linie dargestellten Kernbereich einer Kreuzung und einen Weg, für den die Synchronisationspunkte und die Verwaltungszonen bestimmt werden sollen. Die gestrichelten Linien markieren die Approximation $vgrid(veh_l)$ des Fahrzeuges in den beiden Verwaltungspunkten. In Abbildung 6.7b sind die beiden berechneten Verwaltungszonen mit dem zugehörigen Kernbereich skizziert.

6.2.3.2 Vereinigung von Kreuzungen

Die Integration der zusätzlichen Kreuzung Γ^* in die Menge $CROSS'$ erfolgt durch ein iteratives Verfahren, bei dem Γ^* nacheinander um die Kreuzungen aus $CROSS'$ erweitert wird, mit denen eine Überlappung vorliegt. Die erzeugte Ergebnismenge $CROSS''$ besteht aus der maximal erweiterten Kreuzung Γ^* und aus allen $\Gamma_i \in CROSS'$, die nicht für die Erweiterung von Γ^* verwendet wurden. Mit dem in Abbildung 6.8 angegebenen Verfahren wird garantiert, daß die Kreuzungen aus $CROSS''$ gegenseitig überlappungsfrei sind.

Nach Anwendung dieses Verfahrens sind alle in $CROSS''$ enthaltenen Kreuzungen überlappungsfrei. Es kann jedoch nicht garantiert werden, daß die zu einer Kreuzung gehörenden reduzierten Verwaltungszonen überlappungsfrei sind. Die reduzierte Verwaltungszone umfaßt alle Elemente der Verwaltungszone, die nicht im Kernbereich der Kreuzung liegen. Da jedoch in dem in Abschnitt 6.2.3 vorgestellten Algorithmus aus allen Überlappungsbereichen A_i Kreuzungen erzeugt werden, taucht die Überlappung der beiden reduzierten Verwaltungszonen als Teilmenge des Kernbereiches einer später zu integrierenden Kreuzung Γ^* auf. Zu diesem Zeitpunkt wird das Problem durch Verschmelzung der entsprechenden Kreuzungen gelöst.

6.2.3.3 Beispiel für das Hinzufügen mehrerer Bahnen

Abbildung 6.9a zeigt die Überlagerung der Bahnen τ_1 und τ_2 und die daraus resultierende Kreuzung mit ihrem Kernbereich (*kernel*) und den vier Verwaltungszonen (vgl. Abbildung 6.5b). Um die Übersichtlichkeit der Darstellung zu erhöhen, werden einfache Bahnverläufe gewählt, so daß symmetrische Kreuzungen entstehen. Die für jedes Fahrzeug benötigte Verwaltungszone ist dabei 5 Einheiten lang und 3 Einheiten breit.

$CROSS' = \{\Gamma_1, \ldots, \Gamma_n\}$

while $\exists \Gamma_i \in CROSS' : square(\Gamma_i) \cap square(\Gamma^*) \neq \emptyset$

do

Die Kernbereiche der beiden Kreuzungen Γ_i und Γ^* und alle Verwaltungszonen der beiden Kreuzungen, die teilweise im Bereich der anderen Kreuzung liegen, bilden den Kernbereich einer neuen Kreuzung Γ^{**}.

$$kernel(\Gamma^{**}) = kernel(\Gamma_i) \cup kernel(\Gamma^*) \cup \{manage_j(\Gamma^*) | manage_j(\Gamma^*) \cap square(\Gamma_i) \neq \emptyset\} \cup \{manage_j(\Gamma_i) | manage_j(\Gamma_i) \cap square(\Gamma^*) \neq \emptyset\}$$

Auf Basis von $kernel(\Gamma^{**})$ werden die Verwaltungszonen und die Synchronisationspunkte berechnet (s. Abschnitt 6.2.3.1). Dabei werden alle Bahnen berücksichtigt, die an dieser neuen Kreuzung beteiligt sind.

Die Kreuzungen Γ^* und Γ_i werden durch die neue Kreuzung Γ^{**} ersetzt.
$CROSS' = CROSS' \setminus \{\Gamma_i\}$
$\Gamma^* = \Gamma^{**}$

endwhile

$CROSS'' = \{\Gamma^*\} \cup CROSS'$

Die Menge $CROSS''$ wird in $CROSS'$ umbenannt, um den richtigen Übergang zu dem in Abschnitt 6.2.3 beschriebenen Algorithmus zu erhalten, der u.a. das eben vorgestellte Verfahren verwendet, um iterativ alle neu entstandenen Kreuzungen in die Kreuzungsmenge zu integrieren.

Abbildung 6.8: Vereinigung von Kreuzungen

Durch Hinzufügen der Bahn τ_3 (s. Abbildung 6.9b) entsteht eine vorläufige Kreuzung Γ^*, die im unteren rechten Quadranten von Abbildung 6.9c eingezeichnet ist (s. *Zeile 8* und *9* in Abbildung 6.4). Auf Grund des Algorithmus aus Abbildung 6.8 ergibt sich nach der Vereinigung von Γ^* mit den bereits vorhandenen Kreuzungen, die in Abbildung skizzierte 6.9d Konstellation. Die Bahn τ_3 ist damit vollständig in das Modell integriert.

Beim Hinzufügen von Bahn τ_4 (s. Abbildung 6.10a) entsteht ähnlich wie beim Hinzufügen von τ_3 eine vorläufige Kreuzung Γ^* (s. Abbildung 6.10b), die mit den bereits vorhandenen vereinigt wird (s. Abbildung 6.10c). Bei dieser Vereinigung kommt es zu einer Überlappung der reduzierten Verwaltungszonen einer Kreuzung (vgl. Abschnitt 6.2.3.2). Diese Überlagerung wird jedoch im nächsten Iterationsschritt aufgelöst, da eine neue noch zu τ_4 gehörende Kreuzung eingefügt wird. Durch die Überlagerung der vier Bahnen τ_1 bis τ_4 ist im skizzierten Weltausschnitt eine große Kreuzung entstanden (s. Abbildung 6.10d).

6.2.3.4 Integration von stehenden Fahrzeugen in das Weltmodell

Liegt für ein Fahrzeug kein Auftrag vor und befindet sich das entsprechende Fahrzeug in dem vom Navigator verwendeten Freiraum, werden die vom Fahrzeug in seiner aktuellen

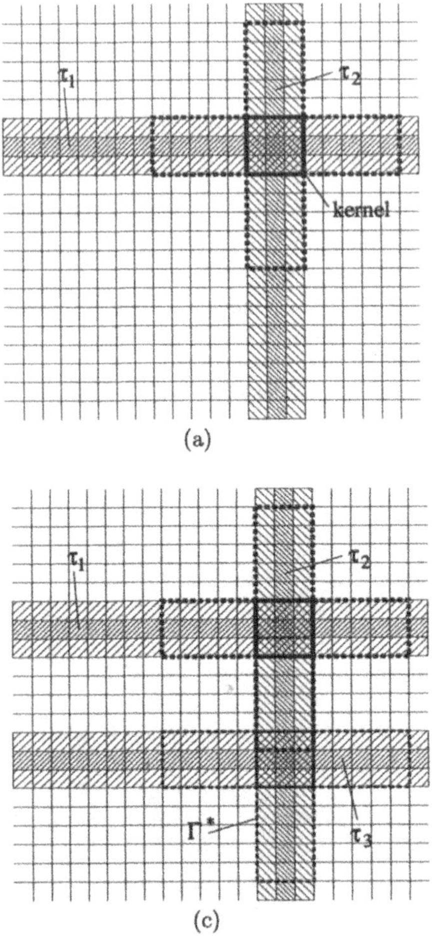

Abbildung 6.9: Iterative Überlagerung der Bahnen τ_1 bis τ_4; (a) Kreuzung mit Kernbereich (*kernel*) und Verwaltungszonen für die Überlagerung von τ_1 und τ_2; (b) Überlagerte Approximation von τ_3; (c) Zwischenergebnis während der Berechnung der Kreuzungen, die sich auf Grund des Hinzufügens von τ_3 ergeben; (d) Kreuzung für τ_1, τ_2 und τ_3; (Fortsetzung in Abbildung 6.10)

Position belegten Gitterelemente markiert. Diese Bereiche bilden eine spezielle Kreuzung, bei der die Wartezone und die Freigabezone übereinanderliegen. Sobald für das Fahrzeug veh_i eine Bahn in das Weltmodell integriert wird, wird diese vom Fahrzeug veh_i gebildete

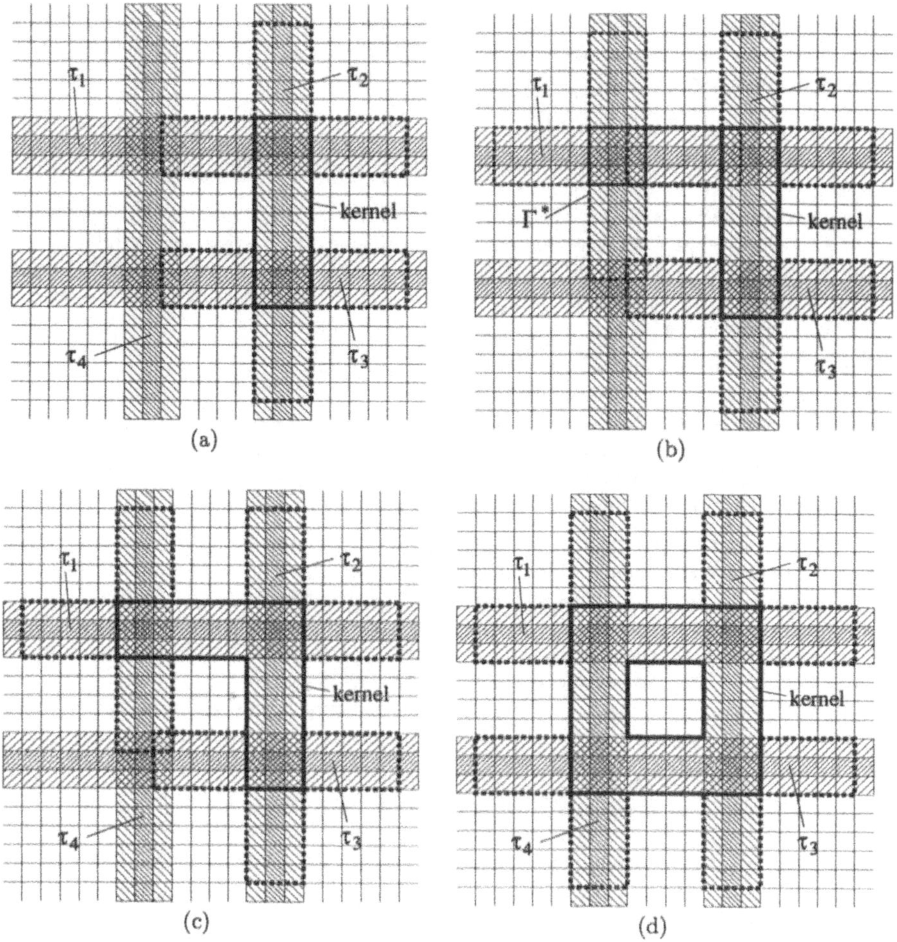

Abbildung 6.10: Fortsetzung von Abbildung 6.9; (a) Überlagerte Approximation von τ_4; (b) Zwischenergebnis während der Berechnung der Kreuzungen, die sich auf Grund des Hinzufügens von τ_4 ergeben; (c) Weiteres Zwischenergebnis während der Berechnung der Kreuzungen, die sich auf Grund des Hinzufügens von τ_4 ergeben; (d) Endgültige Kreuzung für τ_1, τ_2, τ_3 und τ_4;

spezielle Kreuzung gelöscht.

An der aktuellen Position des Fahrzeugs wird eine solche Kreuzung wieder eingefügt, wenn der Pilot eine Bahn komplett ausgeführt hat oder die Ausführung der Bahn abgebrochen wurde. Befindet sich die aktuelle Position des Fahrzeugs komplett außerhalb des Freiraums, also z.B. in einer reservierten Dockingzone, wird für das Fahrzeug keine spezielle Kreuzung eingefügt.

6.2.4 Grenzen der Mehrfahrzeugkoordination

Das vorgestellte Konzept zur Mehrfahrzeugnavigation wird durch eine *entkoppelte* Planung erreicht, bei der zunächst die einzelnen Aufträge unabhängig voneinander geplant werden und anschließend räumliche Kreuzungen zwischen den Aufträgen bestimmt werden. Dadurch geht, wie in allen entkoppelten Ansätzen, die Vollständigkeit der Planung für den allgemeinen Fall verloren (s. Abschnitt 6.1).

Während der Ausführung der koordinierten Bahnen können keine Verklemmungen auftreten, wenn jede der in der konsistenten Menge *CROSS* enthaltenen Kreuzungen Γ_k nach einer bestimmten Zeit freigegeben wird und wenn sich maximal ein Fahrzeug im Kernbereich einer Kreuzung befindet. Liegen alle Verwaltungszonen $manage_i(\Gamma_k)$ außerhalb der Kernbereiche der Kreuzungen $(inkernel(manage_i(\Gamma_k)) = \emptyset)$, sind beide Bedingungen erfüllt, so daß eine verklemmungsfreie Koordination erfolgen kann.

Befinden sich z.B. zwei Freigabezonen innerhalb des Kernbereichs einer Kreuzung, kommt es i.a. zu einer Verklemmung, da die Kreuzung blockiert bleibt, nachdem das erste Fahrzeug seine Endposition erreicht hat. Bei einem Freigabepunkt darf die Kreuzung nur freigegeben werden, wenn die entsprechende Freigabezone nicht im Kernbereich der Kreuzung liegt. Diese Verklemmung kann zur Laufzeit u.U. vermieden werden, wenn für das erste Fahrzeug ein Folgeauftrag vorliegt und die blockierte Kreuzung verklemmungsfrei verlassen werden kann. Ähnliche Verklemmungsprobleme treten auf, wenn andere Kombinationen von Verwaltungszonen im Kernbereich einer Kreuzung enthalten sind.

6.2.4.1 Koordination durch zusätzliche Nebenbedingungen

Das beschriebene Verklemmungsproblem wäre gelöst, wenn die Fahrzeuge in ihrem Startpunkt aus dem *Nichts* auftauchen würden, wenn die Kreuzung frei ist und wenn die Fahrzeuge im *Nichts* verschwinden würden, wenn sie ihren Endpunkt erreicht haben. Im Kernbereich einer Kreuzung liegende Verwaltungszonen können nur dann auftreten, wenn der entsprechende Synchronisationspunkt mit dem Start- oder Zielpunkt der Bahn zusammenfällt. Fällt er mit dem Zielpunkt zusammen, ist durch das Verschwinden des Fahrzeuges im *Nichts* eine Freigabe der Kreuzung sichergestellt. Stimmen der Startpunkt einer Bahn mit dem Wartepunkt $waitp_i$ überein und gilt $inkernel(waitp_i) \neq \emptyset$, wird die Kreuzung durch das aus dem *Nichts* auftauchende Fahrzeug erst blockiert, wenn sie vorher frei war. Dadurch können sich nie zwei Fahrzeuge im Kernbereich einer Kreuzung befinden.

Diese theoretischen Betrachtungen treffen annähernd zu, wenn sich die Erfüllung des gesamten Auftrages in zwei Dockingmanöver und die beschriebene Bahnplanung aufteilt.

Zusätzlich darf der für das Dockingmanöver benötigte Platz nicht für die vom Navigator durchgeführte Bahnplanung verwendet werden. Dies kann durch eine Zuordnung des vom Dockingvorgang benötigten Platzes zu den statischen Hindernissen erreicht werden. Ist der jeweilige Dockingvorgang abgeschlossen, muß sich das Fahrzeug vollständig auf der für das Dockingmanöver reservierten Fläche befinden. Steht das Fahrzeug z.B. in der gedockten Startposition und stimmt der Startpunkt der geplanten Bahn mit dem Wartepunkt $waitp_i(\Gamma_k)$ überein, wird die Kreuzung Γ_k nicht von diesem Fahrzeug blockiert. Die Reservierung der Kreuzung Γ_k wird erst dann benötigt, wenn das Fahrzeug mit dem Dockingmanöver beginnen möchte. Falls die Kreuzung Γ_k frei ist, wird der Reservierungswunsch erfüllt und der Dockingvorgang von der gedockten Position zur eigentlichen Startposition ausgeführt. Fallen der Endpunkt einer Bahn und ein Freigabepunkt zusammen, wird die Freigabe der Kreuzung erst durchgeführt, nachdem die gedockte Endposition erreicht ist.

Die Synchronisationspunkte, deren Verwaltungszonen im Kernbereich einer Kreuzung liegen, werden somit zu den Endpunkten der Dockingmanöver verschoben. Damit das beschriebene Verfahren funktioniert, dürfen sich die einzelnen für die jeweiligen Dockingprozesse benötigten Flächen nicht überlappen und die übergeordnete Auftragsverwaltung muß sicherstellen, daß innerhalb der aktuellen Aufträge alle als Start- oder Zielposition auftretenden Dockingstationen maximal einmal vertreten sind. Somit darf in der aktuellen Menge der Aufträge kein Auftrag enthalten sein, der als Zielposition eine Dockingstation besitzt, die von einem anderen Auftrag als Start- oder Zielposition verwendet wird. Auf Grund dieser Voraussetzung müssen z.B. keine Bahnen koordiniert werden, bei denen die Fahrzeuge ihre Startpositionen tauschen.

Werden die geforderten Nebenbedingungen erfüllt, taucht jedoch ein Problem auf, wenn der Pilot die Ausführung einer vorher berechneten Bahn auf Grund eines neuen Hindernisses abbrechen muß. Da der neue Startpunkt im Freiraum und nicht in einer Dockingzone liegt, kann das Fahrzeug nicht aus dem *Nichts* auftauchen. Folglich müßte die zusätzliche, aber unrealistische Forderung eingeführt werden, daß der Pilot die vorgegebenen Bahnen auf alle Fälle ausführen kann.

6.2.4.2 Koordination durch Heuristiken

Mit Hilfe der geometrischen Kreuzungen ist eine Koordination verschiedener, individuell geplanter Bahnen auf jeden Fall möglich, wenn keine Verwaltungszone innerhalb eines Kernbereichs einer Kreuzung liegt (s. Abschnitt 6.2.4). Befindet sich maximal eine Verwaltungszone in einer Kreuzung, kann durch eine Durchquerungsreihenfolge während der Laufzeit ein verklemmungsfreier Ablauf sichergestellt werden. Liegt z.B. die Freigabezone $release_{l,i}(\Gamma_k)$ als einzige Verwaltungszone innerhalb des Kernbereichs von Γ_k, darf das Fahrzeug erst in die Kreuzung einfahren, wenn alle anderen an dieser Kreuzung beteiligten Fahrzeuge die Kreuzung überquert haben. Dadurch wird die Ausführungszeit der Bahn τ_l u.U. verlängert. Liegt die Wartezone $wait_{l,i}(\Gamma_k)$ als einzige im Kernbereich, kann die Kreuzung Γ_k sofort für diese Bahn reserviert werden.

Erfüllt die aktuelle Menge *CROSS* die geforderten Bedingungen und wird auf Grund des Hinzufügens der Bahn τ_k eine Bedingung verletzt, können entweder die Bahnen umgeplant werden, so daß die Bedingungen erfüllt werden, oder die neue Menge $CROSS'$ wird zum Piloten übertragen, obwohl zur Laufzeit Verklemmungen auftreten können.

Ein simultane Umplanung aller aktuellen Aufträge im Navigator ist schwierig, da dafür alle Fahrzeuge angehalten werden müßten und eine Neuplanung mit einem zentralistischen Planer ausgeführt werden müßte. Bei einem zentralistischen Planer, der eine vollständige Planung garantieren könnte, ergeben sich jedoch die in Abschnitt 6.1.1 erläuterten Probleme. Ein heuristischer Ansatz besteht darin, nur die neu hinzugefügte Bahn τ_k umzuplanen, indem z.B. die entsprechenden Kreuzungen als temporäre Hindernisse in die Welt eingetragen werden. Somit wird u.U. eine Bahn gefunden, die ohne Verletzung der oben genannten Bedingung in die Welt integriert werden kann. Mit solchen heuristischen Ansätzen kann jedoch keine vollständige Planung garantiert werden. Außerdem werden dadurch Probleme gelöst, die zur Laufzeit u.U. überhaupt nicht auftauchen.

Die andere Strategie besteht darin, die neue Menge $CROSS'$ zum Piloten zu übertragen, obwohl eventuell Verklemmungen auftreten können. Der Vorteil besteht darin, daß die Verklemmungen nur dann aufgelöst werden müssen, wenn sie wirklich entstehen. Liegen z.B. zwei Freigabezonen in einer Kreuzung, kommt es zur Laufzeit zu keiner Kollision, wenn ein Fahrzeug auf Grund eines Folgeauftrages die Kreuzung schon wieder verlassen hat, bevor das andere Fahrzeug diese Kreuzung erreicht. Der Nachteil besteht darin, daß u.U. Verklemmungen auftreten können, die durch leichtes Umplanen während der Vorausplanung hätten vermieden werden können.

Tritt während der Laufzeit eine Verklemmung auf, werden vom Piloten keine neuen Aufträge mehr angenommen und alle aktuellen Aufträge werden ausgeführt, bis sie entweder beendet oder verklemmt sind. Nachdem dieser Zustand zum Navigator zurückgesendet wurde, werden dort heuristische Verfahren eingesetzt, um die Verklemmungen zu lösen. Dazu wird versucht, für jedes verklemmte Fahrzeug einen neuen Weg zu finden, indem die anderen Fahrzeuge als teilweise dynamische Hindernisse eingetragen werden. Ist dieses Vorgehen erfolglos, werden die Fahrzeuge nacheinander aus dem Freiraum entfernt, indem sie in spezielle Bereiche gefahren werden, die nicht zum Freiraum gehören, sondern im statischen Hindernisraum liegen. Können alle Fahrzeuge in solche Bereiche gefahren werden, wird für die ursprünglich verklemmten Fahrzeuge ein neuer Weg zum Ziel geplant. Führen diese Heuristiken nicht zum Erfolg, werden die verklemmten Aufträge als nicht erfüllbar zurückgewiesen und der Benutzer muß eingreifen. Dieses heuristische Vorgehen erfordert u.U. viel Zeit und ist nicht vollständig.

Bei der Mehrfahrzeugkoordination sollte der zuletzt vorgestellte Ansatz verwendet werden, da die Heuristiken zur Behebung der Verklemmung nur dann vom Navigator ausgeführt werden müssen, wenn diese Verklemmung zur Laufzeit tatsächlich aufgetreten ist. Verwendet die Auftragsausführung nicht im Freiraum liegende Dockingzonen, sollten zusätzlich die in Abschnitt 6.2.4.1 vorgestellten Erweiterungen der Kreuzungsverwaltung eingesetzt werden.

6.2.5 Schnittstelle zum Piloten

Eine neue bereits vom lokalen Navigator berechnete Bahn τ_l wird erst dann in die bestehende Menge der Kreuzungen integriert, wenn das entsprechende Fahrzeug seinen vorigen Auftrag abgearbeitet hat und sich somit in der Startposition des neuen Auftrages befindet. Dadurch wird sichergestellt, daß nur Bahnen koordiniert werden, die für die Piloten aktuell sind. Würden alle im voraus berechneten Bahnen sofort koordiniert, ohne daß ein Fahrzeug für ihre Abarbeitung bereit steht, würden i.a. größere Kreuzungsbereiche entstehen, die während der Ausführung nicht mehr aktuell sind.

Damit der Pilot die vom Mehrfahrzeugnavigator berechneten Kreuzungen einhalten kann, benötigt er nicht das komplette Weltmodell des Navigators, sondern nur die Lage der Synchronisationspunkte auf der jeweiligen Bahn und die Information, welche Synchronisationspunkte zu einer Kreuzung gehören. Folglich muß nur die Menge *CROSS* zum Piloten übertragen werden, wobei zu jeder Kreuzung $\Gamma_k \in CROSS$ eine Liste von Paaren von Synchronisationspunkten gehört. Das aus $waitp_{l,i}(\Gamma_k)$ und $releasep_{l,i}(\Gamma_k)$ bestehende Paar von Synchronisationspunkten gehört zu Bahn τ_l und Kreuzung Γ_k. Die zusätzliche Indizierung mit i ist notwendig, da eine Kreuzung mehrfach von der gleichen Bahn durchquert werden kann. Für jeden Synchronisationspunkt $manage_{l,i}(\Gamma_k)$ wird der entsprechende Punkt cs_j mit übertragen, so daß der Pilot die entsprechende Aktion an der richtigen Position der Bahn τ_l durchführen kann.

Ist die aktuelle Menge *CROSS* mit den zusätzlichen Informationen in den Piloten integriert und wird durch das Hinzufügen der Bahn τ_l vom Mehrfahrzeugnavigator eine neue Menge *CROSS'* erzeugt, muß diese zunächst in den Piloten integriert werden, bevor mit der Ausführung der Bahn τ_l begonnen werden kann. Dafür teilt der Pilot den für die Fahrzeuge verantwortlichen Prozessen die veränderten Synchronisationspunkte mit und liefert eine positive Antwort zum Mehrfahrzeugnavigator, wenn die Menge *CROSS'* integriert ist. Die positive Antwort kann sich u.U. verzögern, da eine Aktualisierung der Synchronisationspunkte für ein Fahrzeug nur möglich ist, wenn sich das Fahrzeug in keinem der in *CROSS* und *CROSS'* angegebenen Kreuzungsbereich befindet (s. Abschnitt 7.5).

Wird vom Piloten die vollständige Ausführung der Bahn τ_l oder deren Abbruch gemeldet, werden im Weltmodell des Mehrfahrzeugnavigators alle Markierungen der Gitterpunkte $g_{i,j} \in square(\tau_l)$ gelöscht und die in Abschnitt 6.2.3.4 beschriebenen Aktionen ausgeführt. Durch das Löschen einer Bahn werden alle zu dieser Bahn gehörenden Synchronisationspunkte und Verwaltungszonen gelöscht. Zusätzlich entfallen alle Kreuzungen, die nur noch ein Paar von Synchronisationspunkten besitzen. Die von der zu löschenden Bahn beeinflußten Kreuzungen, die jedoch nicht komplett entfallen, werden aus Effizienzgründen nicht neu berechnet, obwohl dadurch eine Verkleinerung des Kernbereichs erreicht werden könnte.

6.2.6 Diskussion

Der vorgestellte Mehrfahrzeugnavigator basiert auf der automatischen Berechnung von Kreuzungsbereichen, die mit Hilfe von Warte- und Freigabepunkten verwaltet werden. Eine Vorausberechnung der Kreuzungen ist jedoch nur dann möglich, wenn die Piloten die vorgegebenen räumlichen Bahnen einhalten. Im Gegensatz zu anderen Ansätzen, bei denen die Konfigurationen aller Fahrzeuge fest gekoppelt sind (s. Abschnitt 6.1), bleibt dem Piloten die Möglichkeit, die Geschwindigkeit entlang der Bahnen individuell zu variieren. Da die Mehrfahrzeugkoordination durch das sequentielle Einfügen von neuen Aufträgen und durch das individuelle Löschen von beendeten oder abgebrochenen Bahnen erfolgt, sind die Forderungen **F8** (**Koordination mehrerer Fahrzeuge**) und **F9** (**Iteratives Hinzufügen von Aufträgen**). Da dieses Ziel durch einen entkoppelten Planer erreicht wird, wird jedoch auch mit Hilfe von ausgefeilten Heuristiken nicht immer eine Lösung gefunden, wenn eine existiert (Forderung **F10**: **Weg finden**).

Bei dem beschriebenen Verfahren wird von der sehr pessimistischen Annahme ausgegangen, daß sich alle an einer Kreuzung beteiligten Fahrzeuge zur Laufzeit gleichzeitig an dieser Kreuzung treffen. Dadurch wächst die Größe der Kreuzungen und somit die Wahrscheinlichkeit, daß eine große Kreuzung mit mehreren im Kernbereich liegenden Verwaltungszonen entsteht. Diese Tendenz wird durch eine hohe Anzahl von Fahrzeugen verstärkt, die in einem relativ kleinen Raum kooperieren.

Durch die Berücksichtigung der Rechtsorientierung oder durch die Verwendung von statistischen Daten bei der Planung der individuellen Wege (Forderung **F5**: **Anpassung der Planung an die Umgebung**) wird i.a. erreicht, daß bei Gegenverkehr in nicht zu schmalen Gängen nur kleine Kreuzungsbereiche entstehen und daß bei Fahrten in eine ähnliche Richtung Kolonnenverkehr möglich wird. Bei Gegenverkehr in einem Gang werden mit dem vorgestellten Verfahren i.a. nur kleine geometrische Kreuzungen bestimmt. Verlaufen die geplanten individuellen Wege jedoch auf einer gemeinsamen Bahn und wird diese in gleicher Richtung durchfahren, entsteht ein langgezogener Kreuzungsbereich, der zur Laufzeit von ausschließlich einem Fahrzeug blockiert wird. Diese exklusive Reservierung zur Laufzeit wäre in diesem speziellen Fall nicht notwendig, da die Fahrzeuge in einer Kolonne hintereinander herfahren könnten. Diese Situation kann jedoch nicht erkannt werden, da bei der Bestimmung der Kreuzungen die Durchquerungsrichtung der beteiligten Fahrzeuge nicht verwendet wird. Folglich wirkt sich in diesem speziellen Fall die an die Umgebung angepaßte Planung (Forderung **F5**: **Anpassung der Planung an die Umgebung**) in Verbindung mit der auf geometrischen Kreuzungen basierenden Mehrfahrzeugkoordination negativ auf die Wartezeiten der einzelnen Fahrzeuge an den Kreuzungen aus.

Findet die vorgestellte Mehrfahrzeugkoordination eine Menge von Kreuzungen, die überhaupt keine potentiellen Verklemmungen enthält, wird die Koordination mehrerer Fahrzeuge durch den Piloten sehr einfach. Diese Bedingung wird i.d.R. erfüllt, wenn relativ wenig Fahrzeuge innerhalb eines weitläufigen Freiraums kooperieren und wenn viele Bahnen zwischen Dockingstationen geplant werden, die nicht im Freiraum liegen. Erfolgt zusätzlich eine gut an die jeweilige Welt angepaßte Planung (Forderung **F5**: **Anpassung der Planung an die Umgebung**), wird die erzeugte Bahn i.a. nicht abgebrochen, so daß die Wahrscheinlichkeit von Sonderfällen abnimmt. Die bei Verklemmungen notwendigen Heuristiken finden meistens eine Lösung, wenn die Welt relativ weiträumig ist. Somit ist diese Art der Mehrfahrzeugnavigation für weitläufige Welten mit relativ wenig Fahrzeugen geeignet, wobei die vom Navigator erzeugten Wege nicht zu oft durch den Piloten abgebrochen werden sollten.

6.3 Mehrfahrzeugnavigator ohne Koordination

Die gleichzeitige Erzeugung mehrerer Bahnen für unterschiedliche Fahrzeuge erfolgt mit dem in Abschnitt 6.2 beschriebenen Ansatz, bei dem ein aus einem globalen Navigator und mehreren lokalen Navigatoren bestehender Mehrfahrzeugnavigator aufgebaut wird. Jede von einem lokalen Navigator erzeugte individuelle Bahn erfüllt die in Kapitel 4 bzw. in Kapitel 5 vorgestellten Eigenschaften. Bei der Planung einer individuellen Bahn wird der Verlauf der anderen Bahnen nicht berücksichtigt.

Liegt eine überlappende Hierarchie zwischen dem Navigator und dem Piloten vor, die es dem Piloten erlaubt, die vom Navigator berechnete Bahn während der Laufzeit zu verlassen, hat der globale Navigator keine Möglichkeit, die individuellen Bahnen zu koordinieren, da er den genauen Verlauf der zur Ausführungszeit abgefahrenen Bahnen nicht kennt. Aus diesem Grund wird auf jegliche Mehrfahrzeugkoordination zur Zeit der Vorausplanung verzichtet und das Problem auf den Piloten verlagert, der eine Mehrfahrzeugkoordination durchführen muß, wenn sie zur Laufzeit notwendig wird (s. Kapitel 7). Dafür wird ein lokaler zentralistischer Planer eingesetzt, der die an einer Kreuzung beteiligten Fahrzeuge koordiniert.

Bei dieser Art der Mehrfahrzeugnavigation handelt es sich um einen optimistischen Planer, der davon ausgeht, daß zur Laufzeit wenig Kreuzungen entstehen. Während der Ausführungszeit der Aufträge tritt nur dann eine Kreuzung auf, wenn sich mindestens zwei Bahnen räumlich überlappen und dieser Kreuzungsbereich zum gleichen Zeitpunkt von mindestens zwei Fahrzeugen benutzt werden möchte. Durch die angepaßte Planung (Forderung **F5**: **Anpassung der Planung an die Umgebung**) wird das Auftreten dieser Art der Kreuzungen i.a. minimiert, da die lokalen Navigatoren bei ihrer Planung den Verlauf der anderen möglichen Bahnen berücksichtigen, ohne den genauen Verlauf der gerade aktuellen Bahnen zu kennen. Bei Gegenverkehr in einem nicht zu schmalen Gang treten durch die Rechtsorientierung zur Laufzeit u.U. überhaupt keine Kreuzungen auf. Auch bei Kolonnenverkehr, bei dem mehrere Fahrzeuge auf einer Spur hintereinander herfahren, wird eine Koordination durch den Piloten erst nötig, wenn der Abstand zwischen den Fahrzeugen zu klein wird. Das in Abschnitt 6.2.6 beschriebene Problem, bei dem bei möglichem Kolonnenverkehr die Kreuzungen zu groß werden, wird somit vermieden.

Bei dem Mehrfahrzeugnavigator ohne Koordination treten Schwierigkeiten auf, wenn sich die individuell generierten Bahnen großflächig überlappen und diese Kreuzungsbereiche in unterschiedlichen Richtungen von den Fahrzeugen durchfahren werden. Liegt z.B. eine Welt vor, bei der zwei große Bereiche durch einen schmalen langen Korridor verbunden sind, fahren u.U. zwei Fahrzeuge von unterschiedlichen Seiten in den Korridor ein und bemerken ihren gemeinsam benötigten Kreuzungsbereich erst, wenn sie beide in der Mitte des Korridors sind. Für die Auflösung dieser Verklemmung muß somit ein Fahrzeug den bereits zurückgelegten Weg zurückfahren. Diese Umplanung muß entweder vom Piloten geleistet werden oder vom Navigator, wenn der Pilot mit einer Fehlermeldung abbricht. Auf Navigatorebene können dafür die in Abschnitt 6.2.4.2 beschriebenen Heuristiken verwendet werden.

Die zur Laufzeit auftretenden Probleme hängen somit von der Struktur der Welt ab und von der Fähigkeit der an die Umwelt angepaßten Planung, Kreuzungen zu vermeiden. Der vorgestellte Mehrfahrzeugnavigator erfüllt die Forderungen **F8** (**Koordination mehrerer Fahrzeuge**) und **F9** (**Iteratives Hinzufügen von Aufträgen**), wobei nicht garantiert werden kann, daß diese Wege zur Laufzeit verklemmungsfrei ausführbar sind (Forderung **F10**: **Weg finden**). Dem Piloten bleibt zusätzlich die Flexibilität, die vorgegebene Bahn zu modifizieren.

Ein Mehrfahrzeugnavigator ohne Koordination kann auch bei einer strikten Hierarchie zwischen dem Navigator und dem Piloten verwendet werden. Dabei entstehen jedoch oft zeitliche Probleme, da jede zur Laufzeit entstehende Verklemmung vom Navigator mit Heuristiken aufgelöst werden muß. Folglich ist das in Abschnitt 6.2 vorgestellte Verfahren günstiger, wenn die Piloten die vorgegebenen Bahnen einhalten.

Kapitel 7

Konzepte für verschiedene Piloten

Die Hauptaufgabe des Piloten besteht darin, die anstehenden Aufträge unter Berücksichtigung der vom Navigator berechneten Vorgaben auszuführen. Dabei muß auf Veränderungen innerhalb der Welt, die z.B. durch dynamische Hindernisse hervorgerufen werden, reagiert werden (s. Forderung **F1**: **Dynamische zweidimensionale Welt** aus Abschnitt 3.2). Dafür stehen dem Piloten die vom globalen Überwachungssystem gelieferten Informationen zur Verfügung.

In Abhängigkeit von der gewählten Hierarchie zwischen Navigator und Pilot werden zwei Konzepte für einen *Einfahrzeugpiloten* vorgestellt. Der eine Pilot hält sich genau an die vom Navigator vorgegebene Bahn (s. Abschnitt 7.3), während der andere diese nur als grobe Orientierung benutzt, von der bei Bedarf abgewichen wird (s. Abschnitt 7.4).

Für den *Mehrfahrzeugpiloten* werden ebenfalls zwei unterschiedliche Modelle vorgestellt. Der eine Pilot benutzt die vom Navigator vorberechneten geometrischen Kreuzungen (s. Abschnitt 7.5) und der andere berechnet die während der Laufzeit auftretenden Kreuzungen eigenständig, um die beteiligten Fahrzeuge zu koordinieren (s. Abschnitt 7.6).

Die in diesem Kapitel beschriebenen Konzepte entsprechen den Modulen **Planung & Ausführung** und **Planung & Ausführung erfolgreich?** aus Abschnitt 3.3.4.

7.1 Literaturüberblick

Die Integration von vollständig dynamischen Hindernissen wird bei vielen, in der Literatur vorgestellten Verfahren möglich, wenn die Bewegung der Hindernisse genau im voraus bekannt ist (z.B. [Erdmann⁺87, Kant⁺86, Fujimura⁺89b]). Die Umgebung, in der **MONAMOVE** eingesetzt werden soll, erfüllt diese Voraussetzung i.a. nicht. Da jedoch die aktuellen Bewegungen vom globalen Überwachungssystem für einen kurzen Zeitraum vorausgeschätzt werden, können diese Ansätze in der lokalen Umgebung des Fahrzeuges eingesetzt werden. Der Berechnungsaufwand muß jedoch möglichst gering gehalten werden, um eine zügige Ausführung zu ermöglichen.

In [Erdmann+87] werden die dynamischen Hindernisse in die Planung integriert, indem der Konfigurationsraum um eine die Zeit repräsentierende Dimension erweitert wird (s. Abschnitt 6.1). Um das Bahnplanungsproblem für einen punktförmigen Roboter in einer aus sich bewegenden Polygonen bestehenden Welt zu lösen, erweitert [Fujimura+89a] den Arbeitsraum um die Zeitdimension und stellt diesen als Octree dar. Bei der Berechnung der Bahn werden zusätzlich Geschwindigkeits- und Beschleunigungsbegrenzungen berücksichtigt.

Von [Kant+86] wird ein Zerlegungsverfahren verwendet, um zuerst die Bahn unter Berücksichtigung der statischen Hindernisse zu planen und anschließend das Geschwindigkeitsprofil entlang der vorbestimmten Bahn zu berechnen. Die Berechnung des Geschwindigkeitsprofils erfolgt in Abhängigkeit der dynamischen Hindernisse (s. Abschnitt 6.1).

Die Erweiterung des Sichtbarkeitsgraphen (*engl.* visibility graph) auf den Erreichbarkeitsgraphen (*engl.* accessibility graph) wird von [Fujimura+89b, Fujimura91] vorgeschlagen, um den kürzesten Weg von einem Startpunkt zu einem sich bewegenden Zielpunkt in einer zweidimensionalen Welt zu finden. Dabei darf sich jedes Polygon nur mit konstanter Geschwindigkeit in eine gleichbleibende Richtung bewegen.

In [Tsubouchi+92] wird die Bahnplanung durch einen iterativen Prozeß erreicht, bei dem zunächst die Geschwindigkeit und die Bewegungsrichtung der dynamischen Hindernisse geschätzt wird. Nachdem diese Information in den um die Zeitdimension erweiterten Arbeitsraum eingetragen wurde, wird die Bahn geplant. Während der Ausführung der Bahn wird diese Planung ständig wiederholt, da sich die Bewegung der dynamischen Hindernisse ändern kann.

Zur Steuerung mobiler Roboter können auch verhaltensbasierte Ansätze eingesetzt werden, bei denen verschiedene grundlegende Verhaltensmuster verwendet werden, um komplexere Funktionen zu erreichen. In [Brooks86] wird eine Architektur vorgestellt, bei der sich in Abhängigkeit von den aktuellen Sensoreingaben alle Verhaltensmuster dem aktuell stärksten unterordnen (*engl.* subsumption architecture). Melden z.B. die Sensoren in der unmittelbaren Nähe ein Hindernis, übernimmt die Kollisionsvermeidung die aktuelle Kontrolle. Ist das Hindernis verschwunden und ein anderes Verhaltensmuster stärker, übernimmt dieses die Steuerung des Fahrzeugs. Dadurch wird eine unmittelbare Reaktion auf die Umgebung erreicht. Bei [Arkin89b, Arkin89a] wird ein reaktives Verhalten durch die Überlagerung verschiedener Verhaltensmuster erreicht. [Anderson+90] führt ein reflexives Grundverhalten ein, bei dem die Reaktion nur von den aktuellen Eingaben abhängt und nicht von einem internen Modell.

Durch die Verwendung einer aus drei Schichten (functional level, control level, planning) bestehenden Architektur versucht [Noreils+91], die Vorteile des reaktiven Verhaltens mit denen des Planens zu vereinen, indem die Verhaltensmuster in Abhängigkeit vom aktuellen Plan von einer Zwischenschicht programmiert werden. Innerhalb der reaktiven Ebene muß die automatische Kollisionsvermeidung z.B. abgeschaltet werden, wenn der aktuelle Plan ein Annähern an dieses Objekt vorsieht, um ein vorher gegriffenes Teil kontrolliert abzulegen. Ein ähnliches Vorgehen wird auch von [Watanabe+92] vorgeschlagen.

Für die Koordination mehrerer Fahrzeuge, die sich auf individuellen Bahnen bewegen, können die in Abschnitt 6.1 beschriebenen Ansätze verwendet werden (z.B. [Caloud+90, Premvuti+90, Kato+92, Yuta+92]).

Die bei **MONAMOVE** verwendeten Piloten sollten möglichst die vom Navigator vorberechneten Bahnen einhalten, da diese einige der geforderten Nebenbedingungen erfüllen. Deshalb werden für die Piloten Verfahren verwendet, die sich im Normalfall an die vorberechnete Bahn halten und nur bei Bedarf ein Ausweichmanöver planen. Dazu wird in einem *Zeit/Orts-Fenster* die Gültigkeit der aktuellen Bahn geprüft und bei Bedarf ein Umplanen vorgenommen. Die in dieser Arbeit vorgestellten Piloten beschränken sich somit auf die Bahnplanung und weisen kein reflexives Verhalten auf.

Der bahntreue Pilot aus Abschnitt 7.3 variiert dabei zur Laufzeit ausschließlich das Geschwindigkeitsprofil entlang der vom Navigator vorberechneten Bahn (vgl. [Kant+86]). In Abschnitt 7.4 wird eine lokale Umplanung vorgenommen, wobei bei Bedarf der Arbeitsraum in einem Fenster um die Zeitdimension erweitert wird, um eine Reaktion auf dynamische Hindernisse zu ermöglichen (vgl. [Erdmann+87, Tsubouchi+92]). Da die lokale Planung auf der in [Barraquand+91, Barraquand+92] vorgestellten Idee beruht, kann eine aufwendige Transformation der Hindernisse in den $\mathcal{CT}$-Raum vermieden werden (s. Abschnitt 5.1: $\mathcal{PW}$-Berechnung und $\mathcal{C}^{\mathcal{PW}}$-Wegsuche). Für die Überwachung der aktuellen Bahn liegen die vom Überwachungssystem gelieferten Polygone bereits in rasterisierter Form vor (s. Abschnitt 7.3), so daß für die Planung keine zusätzliche rasterisierte Hindernisdarstellung erzeugt werden muß.

Die Koordination mehrerer Fahrzeuge auf Pilotenebene wird mit der in [Premvuti+90, Yuta+92] beschriebenen Grundidee erreicht, wobei zwischen den Fahrzeugen nur dann eine Koordination stattfindet, wenn eine Problemsituation entsteht (s. Abschnitt 7.6). In [Premvuti+90, Yuta+92] wird jedoch nicht beschrieben, wie das Bahnplanungsproblem gelöst werden kann, nachdem es erkannt wurde.

7.2 Basismerkmale für alle Piloten

Die Konzepte der unterschiedlichen Piloten weisen bestimmte Gemeinsamkeiten auf, wie z.B. das Weltmodell oder die Schnittstelle zum Navigator. Die vorgestellten Basismerkmale werden bei Bedarf von den einzelnen Piloten erweitert, um ihre individuellen Konzepte verwirklichen zu können.

7.2.1 Weltmodell

Das globale Überwachungssystem liefert ständig aktuelle Informationen über die dynamischen Hindernisse und über die verschiedenen Fahrzeuge. Da während der Laufzeit des Systems schnell getestet werden muß, ob sich ein Hindernis in der Nähe der aktuellen Position des Fahrzeugs befindet, muß ein Weltmodell gewählt werden, das schnelle

Überlappungstests garantiert. Aus diesem Grund wird ähnlich wie in Abschnitt 5.2.1 die gesamte Welt auf ein reguläres Gitter abgebildet, bei dem ein Rasterelement $g_{i,j}$ die von ihm überdeckte Fläche repräsentiert.

Für jedes Gitterelement $g_{i,j}$ stehen die Funktionen $static(g_{i,j})$, $partly(g_{i,j})$, $complete(g_{i,j})$ und $veh(g_{i,j})$ zur Verfügung, die genau dann **wahr** zurückliefern, wenn $g_{i,j}$ teilweise von mindestens einem Hindernis des entsprechenden Typs belegt ist. Die Funktion *static* berücksichtigt nur statische Hindernisse, *partly* nur teilweise dynamische Hindernisse, *complete* nur vollständig dynamische Hindernisse und *veh* nur Fahrzeuge.

Die rasterisierte Darstellung der statischen Hindernisse kann während der Initialisierung berechnet werden, da sich die Position dieser Hindernisse nicht ändert. Das rasterisierte Weltmodell für die anderen Hindernisse kann entweder global oder lokal aktualisiert werden. Bei der globalen Aktualisierung wird das Gitter immer dann aktualisiert, wenn das Überwachungssystem eine Veränderung meldet. Da vom Überwachungssystem geometrische Informationen als Polygone gesendet werden, ist bei jeder Veränderung eine Transformation der Darstellung notwendig. Bei der lokalen Aktualisierung wird das rasterisierte Weltmodell nur in den Bereichen modifiziert, die vom Piloten benutzt werden. Dazu werden die vom Überwachungssystem gelieferten Polygone gespeichert und bei Bedarf auf den vom Piloten verwendeten Gitterausschnitt abgebildet. Die dafür notwendige Rechenzeit hängt von der Anzahl der gespeicherten Polygone ab. Da sich die vollständig dynamischen Hindernisse und die Fahrzeuge schnell bewegen, ist für sie eine lokale Aktualisierung des Gitters von Vorteil, während sich für die teilweise dynamischen Hindernisse eine globale Aktualisierung anbietet. Die konkrete Erzeugung des Gitters ist jedoch für die nachfolgende Arbeitsweise der Piloten nicht von Bedeutung.

7.2.2 Schnittstelle zum Navigator

Für die Bearbeitung eines Auftrages erhält der Pilot vom Navigator eine parameterisierte Beschreibung der Bahn, die z.B. den mit gestaucht tangentialer Orientierung abzufahrenden Kurventyp $r_{1,t}$ enthält (s. Abschnitt 4.6). Der Navigator berechnet zusätzlich die rasterisierte Approximation der vom Fahrzeug während der Fahrt überstrichenen Fläche. Dazu wird das in Kapitel 6.2 beschriebene Verfahren eingesetzt. Stimmt die Gittergröße des vom Piloten verwendeten Weltmodells mit der des Mehrfahrzeugnavigators überein, muß die Approximation nur einmal berechnet werden. Falls mehrere Fahrzeuge eingesetzt werden und die Koordination dieser Fahrzeuge auf geometrischen Kreuzungen basiert, die vom Navigator berechnet wurden, sind die aktuellen Synchronisationspunkte im Weg enthalten. Zusätzlich werden an den Enden der Bahnen bei Bedarf Dockingbefehle hinzugefügt.

7.2.3 Schnittstelle zum Fahrzeug

Die unterste Ebene des Piloten erzeugt kurze parameterisierte Kurvenstücke, die vom Fahrzeug relativ zur aktuellen Position auszuführen sind. Das Fahrzeug führt mit Hilfe seiner an allen Rädern montierten Inkrementalgeber eine Regelung aus, um die vorgegebene Bahn möglichst genau einzuhalten. Da sich die verbleibenden Fehler jedoch über die Zeit akkumulieren, muß die unterste Ebene des Piloten ebenfalls eine Fehlerkompensation zwischen dem berechneten Weg und der tatsächlich gefahrenen Bahn, die vom globalen Überwachungssystem gemeldet wird, durchführen.

Die Sensorik liefert dem Piloten dafür eine Folge von Fahrzeugpositionen und Geschwindigkeiten, die im gleichen globalen Koordinatensystem gegeben sind wie die vorberechnete Bahn. Da eine fahrzeuginterne Regelung vorliegt, reicht für die in den Piloten integrierte Regelung ein grobes Zeitraster aus, wobei nur Abweichungen korrigiert werden müssen, die größer sind als der in den Sensordaten enthaltene Fehler. Die Bestimmung dieser Ausgleichsbewegungen, die z.B. mit einem Fuzzy-Regler erfolgen kann [Kamada$^+$91], ist nicht Gegenstand dieser Arbeit und wird als gegeben vorausgesetzt.

7.3 Bahntreuer Pilot

Der bahntreue Pilot hält sich genau an die vom Navigator vorgegebene geometrische Bahn und variiert die Geschwindigkeit entlang der Bahn, um auf dynamische Hindernisse zu reagieren. Dabei darf die vom Piloten gewählte Geschwindigkeit nicht die positionsabhängige, vom Navigator berechnete Maximalgeschwindigkeit überschreiten.

In jedem Schritt seines Arbeitszyklus (s. Abbildung 3.3) erzeugt der bahntreue Pilot auf Basis der vorgegebenen parameterisierten Bahn τ_l und unter Berücksichtigung der aktuellen Position das nächste kleine Bahnelement für die untere Ebene des Piloten. Zusätzlich wird ein von der aktuellen Hinderniskonfiguration abhängiges Geschwindigkeitsprofil hinzugefügt, das die Maximalgeschwindigkeit nicht überschreitet und die Fahrzeugparameter berücksichtigt. Die untere Ebene des Piloten führt basierend auf diesen Informationen die Fehlerkompensation und die Ansteuerung des Fahrzeuges aus. Ist die Abweichung zwischen der vorgegebenen und der gefahrenen Bahn zu groß, wird die Ausführung der Bahn gestoppt und eine Fehlermeldung zum Navigator gemeldet.

Um den konkreten Geschwindigkeitsverlauf entlang des kleinen Bahnelementes vorzugeben, muß die aktuelle Umgebung der Bahn τ_l berücksichtigt werden. Befindet sich das Fahrzeug im Gitterpunkt $g_{i,j}$, wird ein rechteckiges Fenster $window(g_{i,j}, \tau_l)$ aus dem Weltmodell betrachtet. Die Größe dieses mit den Achsen des Weltgitters ausgerichteten Fensters hängt von der Fahrzeugabmessung und der aktuellen Geschwindigkeit des Fahrzeuges ab.

Die aus $psquare(\tau_l)$ und $csquare(\tau_l)$ bestehende Rasterisierung der aktuellen Bahn τ_l ist in Abbildung 7.1 eingezeichnet. Die Bahn des Fahrzeuges und das aktuelle Fenster $window(g_{i,j}, \tau_l)$ sind mit dicken Linien markiert.

Da das Fahrzeug auf Grund der Vorausplanung allen statischen Hindernissen ausweicht und sich nur ein Fahrzeug in der Welt befindet, brauchen nur die Funktionen *partly* und *complete* verwendet zu werden. Das Geschwindigkeitsprofil wird auf Grund der folgenden Bedingungen berechnet:

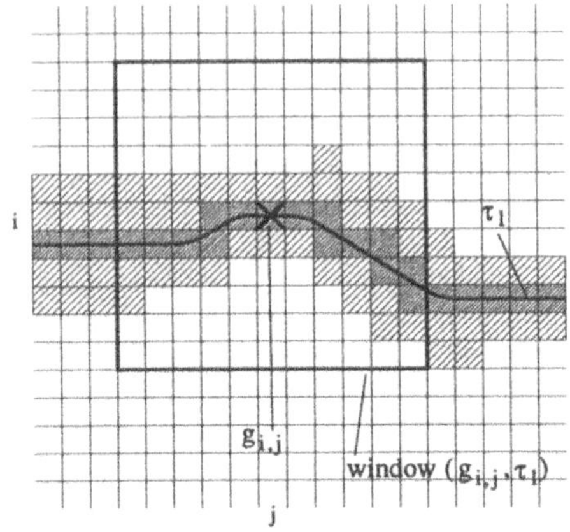

Abbildung 7.1: Das Fenster $window(g_{i,j}, \tau_l)$ um die aktuelle Fahrzeugposition $g_{i,j}$

- $\forall g_{m,n} \in window(g_{i,j}, \tau_l) : partly(g_{m,n}) ==$ **falsch** $\wedge$ $complete(g_{m,n}) ==$ **falsch**

  Da sich keine unbekannten Hindernisse im Ausschnitt der aktuellen Welt befinden, wird das maximal mögliche Geschwindigkeitsprofil vorgegeben, das die Maximalgeschwindigkeit nicht überschreitet und die Eigenschaften des Fahrzeugs berücksichtigt.

- $\exists g_{m,n} \in window(g_{i,j}, \tau_l) : complete(g_{m,n}) ==$ **wahr**

  Da sich mindestens ein vollständig dynamisches Hindernis im Fenster und somit in der Nähe des Fahrzeuges befindet, wird das Fahrzeug angehalten, bis entweder alle vollständig dynamischen Hindernisse im Fenster zu teilweise dynamischen Hindernissen geworden sind oder bis ein bestimmtes Zeitintervall verstrichen ist.

  Befinden sich keine vollständig dynamischen Hindernisse mehr im Fenster, trifft eine andere der beschriebenen Bedingungen zu, die das weitere Verhalten regelt. Ist das Zeitintervall verstrichen, ohne daß alle vollständig dynamischen Hindernisse aus dem Fenster verschwunden sind, bricht der Pilot die Ausführung der Bahn mit einer Fehlermeldung ab. Diese Fehlermeldung enthält alle Gitterelemente, die während des gesamten Zeitintervalls mit vollständig dynamischen Hindernissen besetzt waren, so daß der Navigator für die notwendige Umplanung diese Hindernisse u.U. als teilweise dynamische Hindernisse temporär eintragen kann.

- ($\exists g_{m,n} \in window(g_{i,j}, \tau_l) : partly(g_{m,n}) ==$ **wahr**) $\wedge$
  ($\forall g_{m,n} \in window(g_{i,j}, \tau_l) : complete(g_{m,n}) ==$ **falsch**)

  Gilt $\forall g_{m,n} \in window(g_{i,j}, \tau_l) : partly(g_{m,n}) ==$ **wahr** $\Rightarrow g_{m,n} \notin square(\tau_l)$, wird wie im ersten Fall mit maximaler Geschwindigkeit weitergefahren.

Liegt jedoch innerhalb des quantisierten Weltmodells eine Überlappung zwischen der Bahn und den teilweise dynamischen Hindernissen vor, wird das Fahrzeug zunächst gestoppt und überprüft, ob diese Überlappung auch in der polygonalen Darstellung gültig ist. Ist diese Bedingung nicht erfüllt, wird die Bahn mit verlangsamter Geschwindigkeit abgefahren. Im anderen Fall bricht der Pilot die Ausführung der Bahn mit einer entsprechenden Meldung ab.

Das auf einem Fenster basierende Grundprinzip kann auf eine Hierarchie von Fenstern verschiedener Größe erweitert werden. Tauchen Hindernisse ausschließlich in den größeren Fenstern auf, wird die Geschwindigkeit zunächst nur geringfügig reduziert. Das kleinste Fenster wirkt wie ein virtueller Notausschalter. Das Fahrzeug wird sofort gestoppt, wenn ein Hindernis in diesem Fenster auftaucht. Die Form und Größe der Fenster kann ebenfalls in Abhängigkeit vom maximal möglichen Geschwindigkeitsprofil und vom Verlauf der Bahn gewählt werden. Zusätzlich kann bei der Wahl der Fensterparameter die Verteilung der statischen Hindernisse berücksichtigt werden. Außerdem kann die vom Überwachungssystem geschätzte Geschwindigkeit der dynamischen Hindernisse verwendet werden, um die Geschwindigkeit des Fahrzeuges zu beeinflussen, wenn dynamische Hindernisse nur in den äußeren Fenstern auftauchen. Diese Verbesserungen erhöhen jedoch u.U. den für die Reaktion notwendigen Zeitbedarf.

Eine Reaktion auf teilweise dynamische Hindernisse, die auf dem noch abzufahrenden Teil der Bahn τ_k liegen und nicht innerhalb des aktuellen Fensters, kann durch eine Erweiterung des Weltmodells erreicht werden. Dazu wird die rasterisierte Approximation $square(\tau_k)$ in das Weltmodell eingetragen. Wenn zur Laufzeit ein zur Menge $square(\tau_l)$ gehörendes Element gleichzeitig von einem teilweise dynamischen Hindernis belegt ist, wird das Fahrzeug angehalten und geprüft, ob diese Überlappung auch in der polygonalen Welt gültig ist. Ist diese Bedingung erfüllt, wird die Ausführung des Auftrages abgebrochen. Im anderen Fall wird unter Berücksichtigung der anderen Regeln weitergefahren.

7.4 Pilot mit eigenständiger Wegplanung

Die Erweiterung des in diesem Abschnitt vorgestellten *Einfahrzeugpiloten* im Vergleich zu dem aus Abschnitt 7.3 besteht darin, ein lokales Ausweichmanöver zu planen, wenn die vom Navigator vorgegebene Bahn nicht eingehalten werden kann. Dadurch entsteht eine überlappende hierarchische Planung zwischen dem Navigator und dem Piloten.

Der Pilot basiert auf der in Abschnitt 7.3 vorgestellten Fenstertechnik. Befinden sich innerhalb des Fensters bzw. innerhalb der Hierarchie von Fenstern keine dynamischen Hindernisse, wird die zur Zeit aktuelle Bahn mit maximaler Geschwindigkeit abgefahren. Um die Kernidee klar darzustellen, wird zunächst vorausgesetzt, daß das Fahrzeug anhält, wenn ein dynamisches Hindernis im Fenster auftaucht. Der Pilot plant anschließend während des Stillstandes des Fahrzeugs ein lokales Ausweichmanöver (s. Abschnitt 7.4.1

und Abschnitt 7.4.2). Eine Erweiterung dieses Ansatzes auf ein präventives Vorausplanen während der Fahrt wird in Abschnitt 7.4.3 vorgeschlagen.

Für die Planung des lokalen Ausweichmanövers, das in der aktuellen Fahrzeugposition g_{m_s,n_s} beginnt, wird eine Zielposition g_{m_g,n_g} bestimmt, die auf der vom Navigator vorberechneten Bahn liegt und einen Mindestabstand zur Startposition aufweist. Zusätzlich darf sich das Fahrzeug in der Zielposition mit keinem Hindernis des aktuellen Weltmodells überlappen. Mit Hilfe der beiden Positionen g_{m_s,n_s} und g_{m_g,n_g} wird ein lokales Planungsfenster $window_p$ festgelegt. Liegen im Planungsfenster keine vollständig dynamischen Hindernisse, wird in einer temporär statischen Umgebung ein Weg geplant (s. Abschnitt 7.4.1). Im anderen Fall wird der Planungsraum um die Dimension der Zeit erweitert (s. Abschnitt 7.4.2).

7.4.1 Umplanen mit teilweise dynamischen Hindernissen

Da sich im Planungsfenster $window_p$ keine vollständig dynamischen Hindernisse befinden, werden nur die Gitterelemente $g_{i,j} \in window_p$ als besetzt markiert, für die $static(g_{i,j}) ==$ **wahr** oder $partly(g_{i,j}) ==$ **wahr** gilt. Auf Basis dieses lokalen zweidimensionalen Gitters werden zunächst mit Hilfe einer simulierten Wellenausbreitung die Potentialfelder im $\mathcal{W}$-Raum berechnet ($\mathcal{PW}$-Berechnung) und anschließend eine $\mathcal{C}^{\mathcal{PW}}$-Suche durchgeführt (s. Abschnitt 5.1). Dabei werden jedoch keine statistischen Informationen verwendet, da diese das durchschnittliche Bewegungsmuster über einen längeren Zeitraum widerspiegeln und nicht die aktuell gültige Konfiguration.

Wurde ein neuer Weg zu einem Zwischenpunkt gefunden, der auf der vom Navigator vorberechneten Bahn liegt, wird diese neue Bahn ausgeführt. Während der Ausführung dieses lokalen Manövers laufen ständig die Überwachungsprozesse im jeweils gültigen Fenster $window(g_{i,j})$ weiter, so daß dieser Weg u.U. erneut unterbrochen werden kann.

Die schraffierten Bereiche in Abbildung 7.2 entsprechen den statischen und den teilweise dynamischen Hindernissen, wobei die teilweise dynamischen Hindernisse zusätzlich mit einer dicken Linie umrandet sind. Die aktuell auszuführende Bahn ist in Abbildung 7.2a mit einer dicken Linie markiert. Da sich innerhalb des aktuellen Fensters $window(g_{m,n}, \tau_k)$ das teilweise dynamische Hindernis P und die aktuelle Bahn überlappen, wird im lokalen Planungsfenster $window_p$ eine lokale Ausweichbahn berechnet, die im Punkt $g_{m_g,n_g}(veh_k)$ auf die ursprüngliche Bahn mündet (s. Abbildung 7.2b). In Abbildung 7.2 sind nur kleine Fahrzeuge angedeutet worden, um das Abbildung übersichtlich zu gestalten. Da der eingesetzte Bahnplaner mehrere, auf der Fahrzeugkontur liegenden Kontrollpunkte verwendet ($\mathcal{C}^{\mathcal{PW}}$-Wegsuche), können auch Wege für Fahrzeuge geplant werden, die größer als ein Gitterelement sind.

Findet der verwendete Planer keinen Weg, wird das Planungsfenster iterativ vergrößert und u.U. die Zielposition g_{m_g,n_g} variiert, bis die Fenstergröße eine vorgegebene Grenze überschritten hat oder bis in der gesamten Welt geplant wird. Ein zu großes Fenster ist jedoch nicht sinnvoll, da die erzeugten Bahnen nicht alle Forderungen aus Abschnitt 3.2 erfüllen (vgl. Abschnitt 5.6).

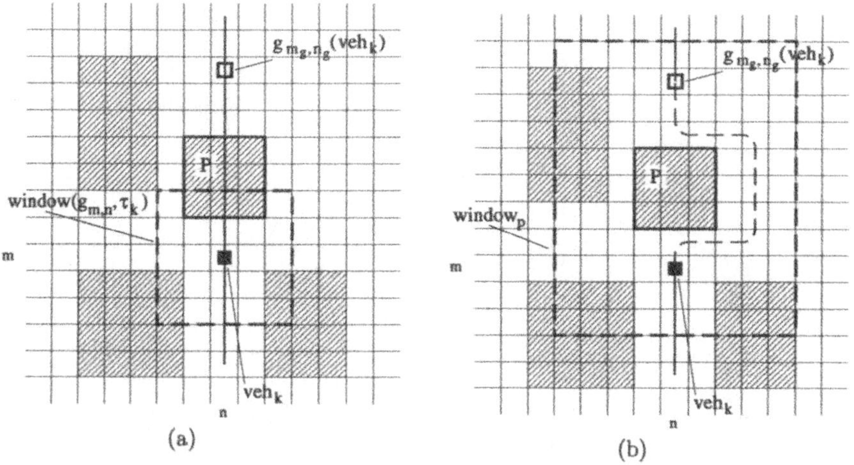

Abbildung 7.2: (a) Das Überwachungsfenster $window(g_{m,n}, \tau_k)$ und die vom Navigator vorberechnete Bahn, die das teilweise dynamisches Hindernis P schneidet, (b) lokale Umplanung innerhalb des Fensters $window_p$

7.4.2 Umplanen mit vollständig dynamischen Hindernissen

Für die Integration der vollständig dynamischen Hindernisse wird das Planungsfenster um die Zeitdimension erweitert. Dadurch entsteht über dem lokalen Planungsfenster $window_p$ ein lokaler dreidimensionaler Planungsraum $window_p^*$. Diese lokale Erweiterung des Arbeitsraums $\mathcal{W}$ zum Arbeitszeitraum $\mathcal{WT}$ (*engl.* working time space) entspricht im Prinzip dem lokalen Übergang vom Konfigurationsraum $\mathcal{C}$ zum Konfigurationszeitraum $\mathcal{CT}$ [Erdmann+87].

Im dreidimensionalen $\mathcal{WT}$-Raum ist die Zeitachse in Δt lange Intervalle aufgeteilt. Das Volumenelement $g_{i,j}(t_l)$ spiegelt die Belegung des Gitterelementes $g_{i,j}$ im Zeitintervall $[t_l, t_l + \Delta t)$ wider. Ist das Element $g_{i,j}(t_l)$ im dreidimensionalen $\mathcal{WT}$-Raum als frei markiert, kann das Element $g_{i,j}$ im entsprechenden Zeitintervall vom Fahrzeug in Anspruch genommen werden.

Der Planungsraum $window_p^*$ wird über dem Planungsfenster $window_p$ aufgebaut, indem alle Elemente $g_{i,j}(t_l) \in window_p^*$ als besetzt markiert werden, für die $static(g_{i,j}) ==$ **wahr** oder $partly(g_{i,j}) ==$ **wahr** gilt ($g_{i,j} \in window_p$). Für jedes vollständig dynamische Hindernis, das im Planungsfenster liegt, werden mit Hilfe der vom globalen Sensorsystem geschätzten Geschwindigkeiten die Elemente $g_{i,j}(t_l)$ als besetzt makiert, die von dem Hindernis in dem jeweiligen Zeitintervall berührt werden. In der Nähe des Planungsfensters liegende dynamische Hindernisse werden in den Planungsraum integriert, da diese Hindernisse sich u.U. in den Planungsraum bewegen können.

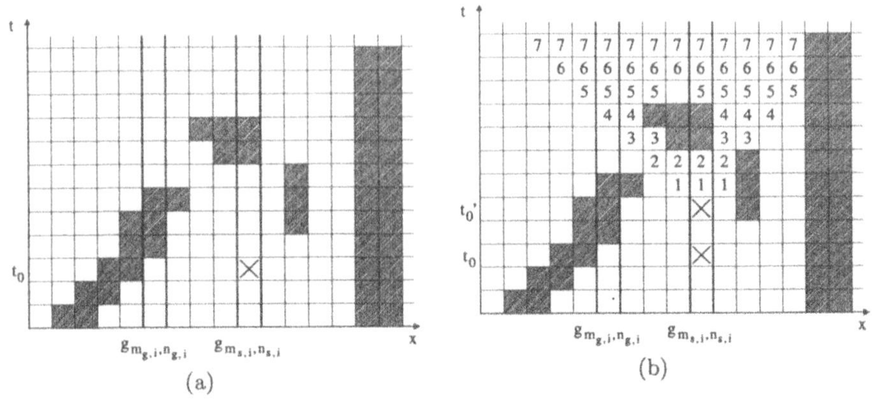

Abbildung 7.3: (a) Schnitt durch den dreidimensionalen $\mathcal{WT}$-Raum, (b) das Potentialfeld für einen Kontrollpunkt in diesem Raum, wobei der Startpunkt des Kontrollpunktes in $g_{m_{s,i},n_{s,i}}(t_0') = g_{m_{s,i},n_{s,i}}(t_0 + 2 * \Delta t)$ liegt und der potentielle Zielpunkt auf dem Streifen $g_{m_{g,i},n_{g,i}}(t_l)$

Abbildung 7.3a zeigt einen Schnitt durch den zweidimensionalen Planungsraum. Um die Darstellung zu vereinfachen, besitzen die Startposition $g_{m_{s,i},n_{s,i}}$ und die Zielposition $g_{m_{g,i},n_{g,i}}$ gleichen y-Wert ($n_{s,i} = n_{g,i}$). Die Abszisse repräsentiert die x-Achse und die Ordinate die Zeitdimension. Die schraffierten Bereiche markieren die Hindernisse im $\mathcal{WT}$-Raum. Das Kreuz deutet die aktuelle Position des auf der Fahrzeugkontur liegenden Kontrollpunktes cv_i an.

Innerhalb dieses lokalen dreidimensionalen Planungsraumes wird ein Planer eingesetzt, der auf dem in [Barraquand+91, Barraquand+92] vorgeschlagenen Ansatz basiert. Die dort veröffentlichten Verfahren müssen jedoch für den $\mathcal{WT}$-Raum erweitert werden, da der Zeitpunkt, zu dem das Ziel erreicht werden kann, unbekannt ist und da beim Abfahren des Weges die Zeit kontinuierlich vorwärts laufen muß.

Um die Unidirektionalität der Zeit im Potentialfeld ($\mathcal{PW}$-Feld) zu kodieren, wird bei der Generierung des Potentialfeldes für einen am Fahrzeug befestigten Kontrollpunkt cv_i eine Wellenausbreitung simuliert, die auf einen Kegel beschränkt ist. Die Hauptachse des Kegels liegt parallel zur Zeitachse und seine Neigung begrenzt die Geschwindigkeit des Kontrollpunktes. In Abbildung 7.3b ist das Potentialfeld für einen Kontrollpunkt skizziert, wobei die schraffierten Hindernisbereiche und die leeren Gitterelemente ein unendlich hohes Potential besitzen.

Die Berechnung des Potentialfeldes U_i für den auf der Fahrzeugkontur liegenden Kontrollpunkt cv_i beginnt im Element $g_{m_{s,i},n_{s,i}}(t_0 + l * \Delta t)$, wobei t_0 den aktuellen Zeitpunkt bezeichnet. Der Start wird um $l * \Delta t$ Zeiteinheiten verschoben, um genügend Zeit für die Planungsphase zu besitzen, denn die voll dynamischen Hindernisse bewegen sich während der Planung weiter. Die Berechnung von U_i bricht ab, wenn ein Element $g_{m,n}(t_l)$ erreicht wird, das bei seiner Projektion auf das Planungsfenster mit $g_{m_{g,i},n_{g,i}}$ übereinstimmt. Der Zeitpunkt $t_{l,i}$, in dem die Berechnung gestoppt wurde, bezeichnet den Zeitpunkt, zu dem der Kontrollpunkt cv_i frühestens sein Ziel $g_{m_{g,i},n_{g,j}}$ erreichen kann. Das Verfahren wird abgebrochen, wenn nach einer bestimmten Anzahl von Zeitschritten die Zielposition nicht erreicht werden konnte.

Nachdem für alle Kontrollpunkte cv_i die Zeitpunkte $t_{l,i}$ berechnet wurden, wird das Maximum $max(t_{l,i})$ bestimmt. Die Potentialfelder aller Kontrollpunkte werden bis zum Zeitintervall $max(t_{l,i}) + k * \Delta t$ aufgefüllt, wobei $k * \Delta t$ eine Planungsreserve darstellt. Auf Basis dieser Potentialfelder wird unter Verwendung der $\mathcal{C}^{\mathcal{PW}}$-Suche der Weg von $g_{m_g,n_g}(max(t_{l,i}))$ nach $g_{m_s,n_s}(t_0 + l * \Delta t)$ bestimmt. Dabei wird für jeden Kontrollpunkt cv_i der individuelle Startpunkt $g_{m_{s,i},n_{s,i}}(max(t_{l,i}))$ und der individuelle Zielpunkt $g_{m_{g,i},n_{g,i}}(max(t_{l,i}))$ verwendet. Wurde kein Weg gefunden, werden in einem iterativen Verfahren neue, weiter in der Zukunft liegende Zielzeitpunkte ausgewählt. Nach der Modifikation der Potentialfelder U_i wird eine neue Bahnsuche gestartet.

Wenn ein Weg gefunden wurde, wird mit seiner Ausführung zum Zeitpunkt $t_0 + l * \Delta t$ begonnen. Während der Ausführung des Weges laufen die beschriebenen Überwachungsprozesse im Fenster *window* weiter, so daß bei Bedarf eine Umplanung erfolgt. Wurde kein Weg gefunden, wird eine Fehlermeldung zum Navigator zurückgeliefert.

Bevor die Planung im $\mathcal{WT}$ gestartet wird, kann zunächst ähnlich wie in Abschnitt 7.3 einen Moment gewartet werden, bis alle vollständig dynamischen Hindernisse verschwunden sind. Ist diese Bedingung erfüllt, kann das Verfahren aus Abschnitt 7.3 oder aus Abschnitt 7.4.1 eingesetzt werden. Im anderen Fall wird die Planung im $\mathcal{WT}$-Raum ausgeführt.

7.4.3 Erweiterungen

Bei den vorgestellten Verfahren beginnt die Planung erst, wenn das Fahrzeug bereits angehalten hat und sich in der aktuellen Position g_{m_s,n_s} befindet. Das Anhalten kann vermieden werden, wenn der Pilot das im Punkt g_{m_s,n_s} startende Ausweichmanöver bereits plant, während sich das Fahrzeug diesem Punkt nähert. Dazu müssen jedoch die Bewegungen der vollständig dynamischen Hindernisse langfristig und genau bekannt sein.

Eine Reaktion auf teilweise dynamische Hindernisse, die auf dem noch abzufahrenden Teil der Bahn liegen und nicht innerhalb des aktuellen Fensters, kann durch ein weiter vorausschauendes Verfahren erreicht werden (s. Abschnitt 7.3).

7.5 Mehrfahrzeugpilot auf Basis vorgegebener Kreuzungen

Der *Mehrfahrzeugpilot* unterteilt sich in einen globalen Piloten und mehrere lokale Piloten. Der globale Pilot ist im wesentlichen für die Verwaltung der vom Mehrfahrzeugnavigator berechneten Kreuzungen verantwortlich (s. Abschnitt 6.2), während jeder lokale Pilot genau ein Fahrzeug steuert. Die lokalen Piloten müssen dabei die vom Navigator vorgegebene Bahn genau einhalten, damit die vorberechneten Kreuzungen ihre Gültigkeit behalten und die für diese Art der Mehrfahrzeugkoordination notwendige strikte Hierarchie zwischen Navigator und Pilot eingehalten wird (s. Abschnitt 6.2).

7.5.1 Lokale Piloten

Jeder lokale Pilot entspricht dem in Abschnitt 7.3 vorgestellten bahntreuen Piloten, der um die Behandlung der Synchronisationspunkte erweitert wird. Dazu wird ausgehend von der aktuellen Position $g_{i,j}$ des Fahrzeugs auf der Bahn τ_l nach vorn geschaut. Wenn ein Wartepunkt $wait_i(\Gamma_k)$ registriert wird und momentan keine Kreuzung von diesem lokalen Piloten reserviert ist, wird ein Reservierungswunsch zum globalen Piloten gesendet. Erhält der lokale Pilot keine rechtzeitige oder eine negative Antwort, bremst er das Fahrzeug ab, bis es am Wartepunkt $waitp_i(\Gamma_k)$ zum Stillstand kommt. Der Zeitpunkt, zu dem der Reservierungswunsch gesendet wird, hängt von der aktuellen Fahrzeuggeschwindigkeit ab und von der mittleren Zeitdauer, die für die Bearbeitung eines solchen Wunsches benötigt wird.

Wird dem Reservierungswunsch stattgegeben, fährt das Fahrzeug in die Kreuzung Γ_k ein und folgt der vorberechneten Bahn. Nach Erreichen des Freigabepunktes $releasep_i(\Gamma_k)$ wird eine Meldung zum globalen Piloten geschickt. Die Sicherheit des Datentransfers zwischen dem globalen und den lokalen Navigatoren wird durch entsprechende Protokolle garantiert.

Da jeder Pilot maximal eine Kreuzung blockieren darf, sendet der Pilot nur dann einen Reservierungswunsch für die nächste Kreuzung, wenn er zum aktuellen Zeitpunkt keine Kreuzung reserviert hat. Liegen somit die Freigabe- und die Wartepunkte von verschiedenen Kreuzungen dicht hintereinander, muß die Geschwindigkeit auf alle Fälle reduziert werden.

Durch das Hinzufügen neuer Aufträge im Mehrfahrzeugnavigator wird die Menge der gültigen Kreuzungen verändert, so daß während der Laufzeit im lokalen Piloten i.a. einige Synchronisationspunkte gelöscht und andere hinzugefügt werden müssen. Dazu sendet der globale Pilot dem lokalen Piloten die für ihn relevanten Änderungen und wartet auf eine positive Antwort. Der Pilot führt den Übergang von der alten zur neuen Kreuzungsmenge durch, wenn sich das Fahrzeug weder in einer der alten Kreuzungen noch in einer der neuen Kreuzungen befindet. Dadurch wird sichergestellt, daß alte reservierte Kreuzungen an ihren vorgesehenen Punkten freigegeben werden und daß für neue Kreuzungen ein Reservierungswunsch gesendet wird, bevor sich das Fahrzeug in der Kreuzung befindet.

7.5.2 Globaler Pilot

Der globale Pilot verwaltet die Menge der vom Mehrfahrzeugnavigator berechneten Kreuzungen, indem jede Kreuzung als exklusives Betriebsmittel behandelt wird, das maximal von einem lokalen Piloten genutzt werden kann. Für jede Kreuzung Γ_k, die in der aktuellen Kreuzungsmenge $CROSS$ enthalten ist, wird eine Warteschlange $queue(\Gamma_k)$ und ein Semaphor $sem(\Gamma_k)$ eingeführt.

Empfängt der globale Pilot einen Reservierungswunsch für die Kreuzung Γ_k und zeigt der Semaphor $sem(\Gamma_k)$ an, daß die Kreuzung frei ist, wird dem Reservierungswunsch stattgegeben und der Semaphor entsprechend gesetzt. Ist die Kreuzung schon vorher durch ein anderes Fahrzeug belegt, wird der neue Reservierungswunsch in die Warteschlange eingetragen und eine negative Antwort zum lokalen Piloten gesendet.

Wenn der globale Pilot ein Freigabesignal für die Kreuzung Γ_k erhält, wird dem ersten in der Warteschlange $queue(\Gamma_k)$ stehenden lokalen Piloten die Kreuzung zugeordnet. Der Semaphor wird zurückgesetzt, wenn die Warteschlange leer ist. Nach jeder Freigabe einer Kreuzung wird das entsprechende Paar von Synchronisationspunkten gelöscht. Liegen für eine Kreuzung keine Synchronisationspunkte mehr vor, wird die Kreuzung gelöscht.

Wird vom Mehrfahrzeugnavigator ein Übergang von der alten Kreuzungsmenge $CROSS$ zur neuen Menge $CROSS'$ gefordert, überträgt der globale Pilot die Modifikationen zu jedem lokalen Piloten. Die lokalen Piloten antworten, sobald sie sich nach der neuen Kreuzungsmenge $CROSS'$ richten. Während des Zeitintervalls, in dem einige lokale Piloten mit den alten Kreuzungen und andere mit den neuen Kreuzungen arbeiten, werden Anfragen an die alte Kreuzungsmenge wie im Normalbetrieb behandelt, während jeder Reservierungswunsch für eine neue Kreuzung in die Warteschlange eingereiht wird, auch wenn die Kreuzung nicht besetzt ist. Sobald alle lokalen Piloten die neuen Kreuzungen akzeptiert haben, werden diese für das normale Vergabeverfahren freigegeben. Zusätzlich werden die alten Kreuzungen gelöscht. Für dieses Verfahren ist es notwendig, daß die lokalen Piloten nur dann eine positive Antwort liefern, wenn sie sich weder in einem alten noch in einem neuen Kreuzungsbereich befinden (s. Abschnitt 7.5.1).

Der globale Pilot überwacht zusätzlich die lokalen Piloten, um potentielle Verklemmungen zu erkennen. Wird die Ausführung einer Bahn durch einen lokalen Piloten z.B. auf Grund eines dynamischen Hindernisses abgebrochen (s. Abschnitt 7.3) und befindet sich das Fahrzeug gerade in einer Kreuzung, bleibt die Kreuzung i.a. blockiert. Ein ähnliches Problem kann auftreten, wenn die vom Mehrfahrzeugnavigator gelieferten Kreuzungen potentielle Verklemmungen enthalten (s. Abschnitt 6.2.4). Ist auf Grund einer der beiden Fälle eine Verklemmung aufgetreten, nimmt der globale Pilot keine weiteren Aufträge vom Mehrfahrzeugnavigator mehr entgegen. Alle lokalen Piloten verfolgen ihre Bahn weiter, bis sie ihre Ziele erreicht haben oder bis sie in einer Verklemmung stecken. Diese gesamte Fehlersituation wird dem Mehrfahrzeugnavigator übertragen, der das Problem mit heuristischen Mitteln zu lösen versucht (s. Abschnitt 6.2.4.2).

7.6 Mehrfahrzeugpilot mit eigenständiger Mehrfahrzeugkoordination

Der *Mehrfahrzeugpilot* unterteilt sich in einen globalen und mehrere lokale Piloten. Der globale Pilot verwaltet das Weltmodell (s. Abschnitt 7.2) und jeder lokale Pilot steuert ein Fahrzeug. Die eigenständige Mehrfahrzeugkoordination auf Pilotenebene wird erreicht, indem sich mehrere unabhängige lokale Piloten temporär zusammenschließen, wenn der Abstand zwischen den zu den lokalen Piloten gehörenden Fahrzeugen zu gering wird.

Die in diesem Ansatz verwendeten lokalen Piloten basieren auf den im Abschnitt 7.4 vorgestellten Piloten. Zusätzlich kontrolliert der für das Fahrzeug veh_l verantwortliche Pilot pil_l, ob sich andere Fahrzeuge im aktuellen Fenster $window(g_{m,n}, \tau_l)$ befinden ($\exists g_{i,j} \in window : veh(g_{i,j}) = \textbf{wahr}$). Ist diese Bedingung nicht erfüllt, verhält sich der Pilot pil_l genauso wie der in Abschnitt 7.4 vorgestellte Pilot.

Befinden sich mehrere Fahrzeuge im aktuellen Fenster des Piloten pil_l, werden alle in diesem Fenster *window* fahrenden Fahrzeuge angehalten und unter die gemeinsame Kontrolle eines Piloten gestellt. Alle Piloten, deren Fahrzeuge im Fenster *window* enthalten sind, werden in der Menge $pil(window)$ zusammengefaßt.

Jeder Pilot $pil_i \in pil(window)$ legt eine neue lokale Zwischenposition $g_{m_g,n_g}(veh_i)$ fest, die möglichst außerhalb von *window* liegt und sich auf der vom Navigator vorgegebenen Bahn befindet. Ein lokales Planungsfenster $window_p$ wird festgelegt, in dem sowohl die aktuellen Fahrzeugpositionen als auch die neuen Zwischenpositionen liegen. Befinden sich zusätzliche Fahrzeuge in diesem Planungsfenster, werden sie zu der Menge $pil(window)$ hinzugefügt und es wird ein neues Planungsfenster berechnet.

Abbildung 7.4a zeigt das gestrichelt eingezeichnete Fenster $window(g_{m,n}, \tau_k)$ für Fahrzeug veh_k. Innerhalb dieses Fensters befindet sich in Gitterelement $g_{m-2,n-2}$ das Fahrzeug veh_l. Der geplante Verlauf des jeweiligen Fahrzeugschwerpunktes ist mit einer dicken Linie angedeutet. Die beiden Zwischenziele und das sich daraus ergebende Planungsfenster $window_p$ sind in Abbildung 7.4b skizziert. Für die anschließende Planung haben die eingezeichneten alten Bahnen keine Bedeutung.

Innerhalb des Planungsfensters $window_p$ wird ein *zentralistischer Planungsansatz* verwendet, der für vollständig dynamische Hindernisse geeignet ist (s. Abschnitt 7.6.2) oder der nur statische und teilweise dynamische Hindernisse berücksichtigt (s. Abschnitt 7.6.1). Nach erfolgreicher Planung wird die Ausführung aller Bahnen von einem gemeinsamen Piloten übernommen, der die Aufgaben aller Piloten $pil_i \in pil(window)$ übernimmt, bis alle Fahrzeuge ihre Zwischenposition erreicht haben. Während dieser Ausführung liegt eine *enge* Koppelung zwischen den Fahrzeugen vor, so daß eine Umplanung nur im gemeinsamen Rahmen erlaubt ist. Die in Abschnitt 7.4 beschriebenen Überwachungsfunktionen

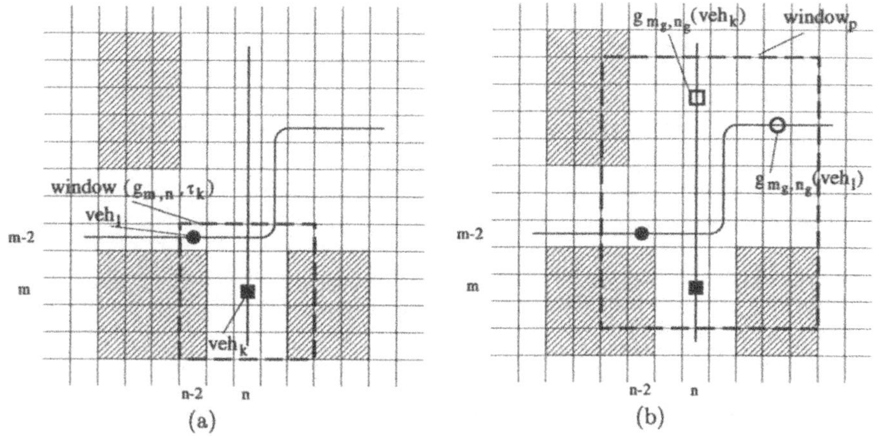

Abbildung 7.4: (a) Fenster $window(g_{m,n}, \tau_k)$ für ein Fahrzeug, (b) Planungsfenster $window_p$ für die Koordination beider Fahrzeuge

werden für alle Piloten $pil_i \in pil(window)$ von dem gemeinsamen Piloten übernommen. Nachdem alle Piloten ihre Zwischenposition erreicht haben, wird jedem Fahrzeug wieder sein eigener Pilot zugeordnet.

Wenn die zentralistische Planung keine Lösung gefunden hat, wird sie erneut gestartet, nachdem die Fenstergröße $window_p$ und die Lage der Zwischenziele verändert wurden.

7.6.1 Mehrfahrzeugkoordination mit teilweise dynamischen Hindernissen

Innerhalb des Fensters $window_p$ wird der gleiche Planungsansatz verfolgt wie in Abschnitt 7.4.1. Nachdem die statischen und die teilweise dynamischen Hindernisse in das Planungsfenster $window_p$ übernommen wurden, wird für jeden Kontrollpunkt jedes Fahrzeuges ein Potential generiert. Auf Basis dieser Potentialfelder wird mit der $\mathcal{C}^{PW}$-Suche ein Weg geplant.

7.6.2 Mehrfahrzeugkoordination mit vollständig dynamischen Hindernissen

Der in Abschnitt 7.4.2 beschriebene Ansatz zur Integration der vollständig dynamischen Hindernisse kann auf mehrere Fahrzeuge erweitert werden, indem für jeden Kontrollpunkt jedes Fahrzeuges ein Potential im Planungsraum $window_p^*$ berechnet wird. Dabei müssen wie in Abschnitt 7.4.2 die Besonderheiten des $\mathcal{WT}$-Raums beachtet werden.

Für die Flucht aus lokalen Minima sollte auf Grund der hohen Anzahl der Freiheitsgrade eine auf Zufallsbewegungen basierende Technik verwendet werden [Barraquand+91]. Die Verbindung dieser Technik mit den im $\mathcal{WT}$-Raum liegenden Potentialfeldern wirft Probleme auf, da auf Grund der Zufallsbewegungen Wege im $\mathcal{WT}$-Raum erzeugt werden, die u.U. große Zeitsprünge enthalten. Dieses Problem kann eventuell durch eine nachträgliche Bearbeitung vermieden werden.

Die im lokalen $\mathcal{WT}$-Raum geplanten Wege behalten nur dann ihre Gültigkeit, wenn sich die Bewegungsschätzung der vollständig dynamischen Hindernisse während der Ausführung als richtig erweist. Deshalb sollte in einem ersten Schritt geprüft werden, ob nicht alle vollständig dynamischen Hindernisse nach einem bestimmten Zeitintervall aus dem Planungsfenster verschwunden sind. Ist diese Bedingung erfüllt, kann das vereinfachte Verfahren aus Abschnitt 7.6.1 verwendet werden.

7.7 Ergänzende Bemerkungen

Die vorgestellten Piloten verwenden ein Fenster *window*, um vorausschauend zu prüfen, ob die aktuelle Bahn in der aktuellen Umgebung ausführbar ist. Kann die Ausführung der aktuellen Bahn τ_k durch den Piloten pil_k nicht sichergestellt werden, wird das Fahrzeug zunächst angehalten und anschließend eine von den Fähigkeiten des Piloten abhängende Lösung gesucht. Unter der Voraussetzung, daß auch alle dynamische Hindernisse bei einer potentiellen Kollision ihre Bewegung rechtzeitig abbrechen, kann durch das Anhalten der Fahrzeuge eine Kollision vermieden werden.

Ein rechtzeitiges Anhalten der Fahrzeuge ist nur möglich, wenn die dafür notwendigen Operationen während der Laufzeit effizient ausgeführt werden können. Da die in einem lokalen Fenster durchzuführenden Operationen relativ einfach sind, kann ein rechtzeitiges Anhalten erfolgen, wenn der Pilot ständig aktuelle Daten aus dem Weltmodell erhält, das vom Überwachungssystem aktualisiert wird. Wenn das Überwachungssystem bei jeder Aktualisierung eine Zeitmarke setzt, kann der Pilot überprüfen, ob die Daten für seine Anwendung noch aktuell sind. Bei zu alten Daten wird das Fahrzeug angehalten. Auf Grund des vom globalen Piloten verwalteten, zentralen Weltmodells kann es ebenfalls zu Problemen kommen, wenn zu viele lokale Piloten gleichzeitig Fenster aus dem Modell beantragen. Folglich müssen die lokalen Piloten ihre Fahrzeuge auch dann anhalten, wenn sie den Weltzustand innerhalb ihres Fensters nach einer gewissen Zeit nicht erhalten haben.

Der bahntreue Pilot (s. Abschnitt 7.3) besitzt nur die beschriebene Grundfunktion des Anhaltens, um auf dynamische Veränderungen zu reagieren. Löst sich das vorliegende Problem nicht durch einfaches Warten, muß der Navigator von der aktuellen Position zur bekannten Zielposition einen neuen Weg planen, obwohl u.U. ein lokales Ausweichen möglich ist. Dadurch wird die Ausführung der Bahn verlangsamt. Der große Vorteil liegt jedoch in der einfachen Realisierbarkeit dieses Piloten und dem geringen Planungsaufwand. Die einzelnen Merkmale der Piloten sind in Tabelle 7.1 zusammengefaßt. Der

Merkmal	**Piloten**			
	Einfahrzeugpiloten		Mehrfahrzeugpiloten	
	Absch. 7.3	Absch. 7.4	Absch. 7.5	Absch. 7.6
Einfahrzeugbetrieb	ja	ja	ja	ja
Mehrfahrzeugbetrieb	nein	nein	ja	ja
Bahntreue Ausführung vorberechneter Wege	ja	nein	ja	nein
Eigenständige Bahnplanung	nein	ja	nein	ja
Beachtung der vom Navigator vorberechneten Kreuzungen	*entfällt*	*entfällt*	ja	nein
Automatische Bestimmung von Kreuzungen	*entfällt*	*entfällt*	nein	ja
Planungsaufwand	gering	mittel	gering	hoch

Tabelle 7.1: Merkmale der vorgestellten Piloten

Eintrag *entfällt* bedeutet, daß diese Merkmal für den Piloten nicht notwendig ist, wie z.B. die automatische Berechnung von Kreuzungen für einen Einfahrzeugpiloten.

Da der in Abschnitt 7.4 vorgestellte Pilot einen eigenen Planer besitzt, können lokale Ausweichmanöver schnell vom Piloten erzeugt werden, ohne daß der Navigator eingreifen muß. Dafür ist jedoch ein eigener Planer auf Pilotenebene zu realisieren. Da die Bahnen der vollständig dynamischen Hindernisse im $\mathcal{WT}$-Raum auf Schätzungen des globalen Überwachungssystems basieren, haben die lokalen Ausweichmanöver u.U. nur eine kurze Gültigkeit. Deshalb sollte möglichst gewartet werden, bis die vollständig dynamischen Hindernisse aus dem Fenster verschwunden sind. Der Vorteil der überlappenden hierarchischen Planung besteht darin, daß im Normalfall der vom Navigator vorberechnete Weg ausgeführt wird und nur bei Problemen eine i.a. lokale Umplanung erfolgt, die sich auf Grund der Berechnung der Zwischenziele an der vorgegebenen Bahn des Navigators orientiert. Dadurch wird sichergestellt, daß die vom Navigator berücksichtigten Forderungen, wie z.B. die Rechtsorientierung, auch während der Ausführung der modifizierten Bahn teilweise erfüllt werden (s. Tabelle 7.1).

Der Mehrfahrzeugpilot, der die vom Navigator vorberechneten Kreuzungen verwendet, läßt sich einfach realisieren, wenn in der Kreuzungsmenge keine potentiellen Verklemmungen enthalten sind und wenn kein Fahrzeug ausfällt. Werden diese Bedingungen nicht erfüllt und treten während der Laufzeit Verklemmungen auf, müssen Navigator und Pilot gemeinsam eine aufwendige Lösungsstrategie durchführen. Deshalb sollte diese Mehrfahrzeugkoordination nur verwendet werden, wenn wenig Fahrzeuge in einer weitläufigen Umgebung fahren und die Sonderfälle somit selten vorkommen.

Der Mehrfahrzeugpilot mit der eigenständigen Mehrfahrzeugkoordination arbeitet in einem lokalen Fenster, in dem das Problem gelöst werden kann, wenn für die an der

Kreuzung beteiligten Fahrzeuge innerhalb dieses Fensters genügend Planungsraum zur Verfügung steht. Begegnen sich aber z.B. zwei Fahrzeuge in einem langen, engen Korridor, muß das Planungsfenster solange vergrößert werden, bis ein Ende des Korridors in ihm enthalten ist. Dadurch werden die Planungszeit und die Planungskomplexität erhöht und ein Fahrzeug muß den bereits teilweise zurückgelegten Weg vorübergehend zurückfahren, um dem anderen Platz zu machen. Durch die angepaßte Planung (Forderung **F5**: **Anpassung der Planung an die Umgebung**) kann das Auftreten von Kreuzungen während der Laufzeit jedoch oft minimiert werden. Um eine bessere Anpassung des Planungsfensters an die Umgebung zu erreichen, können die Fenstergröße und die Fensterform variiert werden. Dafür kann z.B. die Anzahl der Gitterelemente verwendet werden, die von der aktuellen Fahrzeugposition innerhalb des Fensters kollisionsfrei erreicht werden können, ohne daß ein statisches oder ein teilweise dynamisches Hindernis überquert werden muß.

Aus den angeführten Gründen sind die in den Abschnitten 7.4 und 7.6 vorgestellten Piloten im Zusammenspiel mit dem Navigator am flexibelsten, da genau dann eine Planung bzw. Umplanung auf Pilotenebene erfolgt, wenn sie zur Laufzeit notwendig ist. Die auf Basis der $\mathcal{C}^{\mathcal{PW}}$-Suche erzeugten Bahnen erfüllen jedoch nicht die Forderungen **F6** (**Tangentiale Orientierung**) und **F7** (**Stetige Krümmungsänderung**), so daß die Länge dieser Ausweichbahnen kleingehalten werden sollte. Eine lokale Planung im $\mathcal{WT}$-Raum sollte möglichst vermieden werden, da für die Ausführbarkeit dieser Lösung die vom globalen Überwachungssystem geschätzten Bewegungen der dynamischen Hindernisse auch tatsächlich eingehalten werden müssen. Die geplante und anschließend ausgeführte Bewegung des Fahrzeuges beeinflußt wahrscheinlich ihrerseits wieder die tatsächliche Bewegung der Hindernisse, so daß die Grundlage für die geplante Bewegung des Fahrzeuges u.U. verloren geht.

Bei der flexibleren überlappenden Planungshierarchie erzeugt der Navigator globale Pläne, die von den Piloten bei Problemen lokal modifiziert werden. Die Mehrfahrzeugkoordination wird durch einen lokalen und zeitlich begrenzten Zusammenschluß der beteiligten Fahrzeuge erreicht. Der Pilot führt zusätzlich einen Positions- und Geschwindigkeitsabgleich aus und hält das Fahrzeug an, wenn Hindernisse in einem Umgebungsfenster auftauchen. Bei Verfügbarkeit des Überwachungssystems werden die für die verschiedenen Piloten vorgestellten Verfahren in das Gesamtsystem integriert. Zusätzlich wird ihr Realzeitverhalten an Hand von Fahrexperimenten untersucht.

Kapitel 8

Zusammenfassung und Ausblick

Das vorgestellte Konzept von **MONAMOVE** mit seinem globalen Überwachungssystem ermöglicht eine vorausschauende Bahnplanung in dynamischen Umgebungen mit sich unbekannt bewegenden Hindernissen. Im Unterschied zu Systemen, die ausschließlich auf dem Fahrzeug montierte Sensoren einsetzen, steht bei **MONAMOVE** ein vollständig, ständig aktuelles Weltmodell zur Verfügung, so daß auf Veränderungen in der Umwelt reagiert werden kann, bevor diese Veränderungen von einem auf dem Fahrzeug montierten Sensor mit seiner begrenzten Reichweite wahrnehmbar sind. Bei der Verwendung von fest in der Halle montierten Sensoren zur flächendeckenden Beobachtung des für die Bahnplanung wichtigen Bereichs handelt es sich um einen neuen Ansatz, der in der mir bekannten Literatur noch nicht betrachtet wurde. In [Kay+92] wird zwar ein Verfahren beschrieben, um mit möglichst wenig an der Decke montierten Kameras ein flächendeckendes, globales Sichtsystem aufzubauen; es wird jedoch kein Konzept vorgeschlagen, um mit einem solchen Sensorsystem eine effiziente, vorausschauende Bahnplanung zu unterstützen.

Die Bahnplanung bei **MONAMOVE** wird in eine vom Navigator durchgeführte Vorausplanung und in eine vom Piloten durchgeführte Laufzeitplanung unterteilt. Die Kernidee des Navigators besteht darin, die im Weltmodell enthaltenen aktuellen Informationen in Verbindung mit zusätzlichen, langfristig gültigen Regeln zu verwenden, um eine in der dynamischen Welt gut ausführbare Bahn zu planen. Da die individuellen Bahnen der dynamischen Hindernisse im voraus nicht bekannt sind, berücksichtigt der Navigator bei seiner Vorausplanung nur ein wahrscheinliches Verhalten der dynamischen Hindernisse. Um diesen neuen Aspekt in die Planung zu integrieren, sind in dieser Arbeit zwei unterschiedliche Navigatoren vorgeschlagen worden. Der eine verwendet explizit vorgegebene Regeln wie die Rechtsorientierung, während der andere implizite, aus Beobachtungen abgeleitete Regeln benutzt, wie z.B. die Belegungshäufigkeit bestimmter Bereiche mit einem dynamischen Hindernis.

Der in Kapitel 4 vorgeschlagene Navigator verwendet einen bekannten Planungsansatz, bei dem der zur Verfügung stehende Freiraum zunächst in geometrische Grundobjekte, wie z.B. konvexe Polygone, zerlegt wird. Anschließend wird ein aus diesen Grundobjekten bestehender Schlauch gesucht, in dem eine Feinplanung erfolgt. Für den in Kapitel

4 beschriebenen Navigator wurde ein neues Zerlegungsverfahren entwickelt, so daß das Hinzufügen oder Löschen von Hindernissen mit einer lokalen Operation möglich wird. Diese Eigenschaft ist gerade für dynamische Umgebungen extrem wichtig. Da der Navigator vor dem Start des Fahrzeuges plant, werden bei der Fahrschlauchgenerierung nur die statischen und die teilweise dynamischen Hindernisse berücksichtigt. In dem bei Bedarf erweiterbaren Fahrschlauch werden mit Hilfe eines neuen, heuristischen Ansatzes rechtsorientierte Wege berechnet, so daß eine gute Integration in die dynamische Welt erreicht wird, wenn die dynamischen Hindernisse eine ähnliche Regel befolgen. Zusätzlich werden i.a. Wege mit stetiger Krümmungsänderung bestimmt, die mit tangentialer Orientierung abgefahren werden können. Dadurch werden plötzliche und unerwartete Positions- bzw. Orientierungsänderungen vermieden, so daß ein paralleler Betrieb von computergesteuerten und personengeführten Fahrzeugen unterstützt wird.

Der in Kapitel 5 beschriebene Navigator einen Navigator basiert auf einem neu entwickelten, statistischen Belegungs- bzw. Flußmodell. Für die Bahnplanung werden somit nicht nur die aktuellen statischen und teilweise dynamischen Hindernisse verwendet, sondern auch die Belegungshäufigkeit des aktuell zur Verfügung stehenden Freiraums und das statistische Bewegungsmuster innerhalb dieses Raums. Durch diesen neuartigen Ansatz wird eine gute Integration der im voraus geplanten Bahnen in die dynamische Welt möglich, wenn sich auf Basis der beobachteten Objekte ein signifikantes statistisches Bewegungsmuster erzeugen läßt. Die Leistungsfähigkeit und die Vorteile dieses Ansatzes wurden in Simulationsergebnissen bereits verifiziert. Nach Fertigstellung des in einer parallelen Arbeit entwickelten Überwachungssystems werden entsprechende Untersuchungen auch auf realen Messungen erfolgen. Mit den statistischen Daten werden Potentialfelder ($\mathcal{PW}$) erzeugt, die die Grundlage für die $\mathcal{C}^{\mathcal{PW}}$-Wegsuche bilden. Da die so erzeugten Bahnen einer Liniensequenz im Konfigurationsraum entsprechen, müssen anschließend Glättungsverfahren eingesetzt werden, um die Eigenschaften der berechneten Bahnen zu verbessern.

Auf Basis der vom Navigator vorbestimmten Bahn versucht der Pilot, den Auftrag in der dynamischen Welt auszuführen. In Abhängigkeit von seinen Planungsfähigkeiten wird dafür entweder ausschließlich das Geschwindigkeitsprofil entlang der vorgegebenen Bahn variiert oder eine Umplanung vorgenommen. Das für die Umplanung vorgestellte Konzept nutzt die vom Überwachungssystem gelieferten Daten, um lokale Ausweichbewegungen zu planen, die wieder auf die vorgegebene Bahn zurückführen.

Die vom Navigator durchgeführte Mehrfahrzeugkoordination basiert auf der Berechnung von geometrischen Kreuzungen, die sich bei der Überlagerung von den individuell geplanten Wegen ergeben. Auf eine zentralistische Vorausplanung, bei der die Konfiguration aller Fahrzeuge zu jedem Zeitpunkt im voraus festgelegt ist, wird verzichtet, damit jeder Pilot zumindest mit einem individuellen Geschwindigkeitsprofil auf dynamische Hindernisse reagieren kann, ohne die anderen Fahrzeuge zu beeinflussen. Eine enge Koppelung ist bei Transportsystemen i.d.R. nicht notwendig, da sie i.a. weit entfernt voneinander operieren. Da die Piloten auf Grund der vorberechneten Kreuzungen gezwungen sind, die vorberechneten Bahnen genau einzuhalten, wird ein weiteres, alternatives Konzept für den Mehrfahrzeugbetrieb vorgestellt. Dabei wird die Mehrfahrzeugkoordination vollständig auf den Piloten verlagert, der bei Bedarf während der Ausführungszeit der Aufträge eine zentralistische Planung durchgeführt. Auf Grund dieser Planung werden die Bahnen derjenigen Fahrzeuge neu berechnet, die an der aktuellen Kreuzung beteiligt sind.

Die Bahnplanung in **MONAMOVE** wurde konzipiert, um auf den vom globalen Überwachungssystem gelieferten Daten zu arbeiten. Obwohl der Navigator und der Pilot ein ständig aktuelles, globales Weltmodell für ihre Bahnplanung verwenden, sind die Grundideen der entwickelten Bahnplanungskonzepte nicht auf den Einsatz in **MONAMOVE** beschränkt; sie können auch in Verbindung mit anderen Sensorsystemen eingesetzt werden. Eine statistische Karte kann z.B. mit Hilfe von lokalen Sensoren inkrementell aufgebaut werden, um die Vorteile dieses neuen statistischen Ansatzes zu nutzen. Das vorgestellte Verfahren zur Erzeugung von rechtsorientierten Bahnen kann z.B. dazu verwendet werden, kollisionsfreie Wege zu erzeugen, die teilweise parallel zu Wänden verlaufen. Die parallel zu Wänden verlaufenden Wegstücke können dann sensorgestützt abgefahren werden, wenn das Fahrzeug eigenständig parallel zu einer Wand fahren kann. Zwischen diesen Wegelementen könnte ergänzend die Koppelnavigation benutzt werden. Werden die Punkte nicht parallel zu einer Wand berechnet, sondern an Stellen, die von der lokalen Sensorik gut wiederzuerkennen sind, können mit der für die Rechtsorientierung neu entwickelten Planungstechnik Bahnen erzeugt werden, die Stützstellen besitzen, die mit lokaler Sensorik verifiziert werden können.

Die in dieser Arbeit vorgestellten Navigatoren und Piloten können in unterschiedlicher Weise kombiniert werden, um in Abhängigkeit von ihrer Einsatzumgebung eine flexible Bahnplanung zu erreichen (s. Tabelle 8.1). Durch eine überlappende Planungshierarchie wird jedoch i.a. eine höhere Flexibilität erreicht, da der Pilot nicht bei jedem im Weg stehenden dynamischen Hindernis die Ausführung der Bahn abbricht und der Navigator anschließend einen u.U. sehr langen neuen Weg von der aktuellen Position zum alten Ziel planen muß. Statt dessen versucht der Pilot, mit einem lokalen Ausweichmanöver das Hindernis zu umgehen und auf die alte Bahn zurückzukehren, die aus der globalen Sicht des Navigators die günstigste Verbindung zum Ziel darstellt. Da auf Grund der überlappenden Planung der Weg der Fahrzeuge im voraus nicht mehr bekannt ist, muß die Mehrfahrzeugkoordination auf den Piloten verlagert werden. Um diese Koordination zur Laufzeit zu erleichtern, könnten die vom Piloten verwendeten Planungsfenster in Form und Größe so variiert werden, daß im Fenster immer genügend Freiraum für Ausweichmanöver zur Verfügung steht. Fährt ein Fahrzeug in einen engen Gang ein, wird das Planungsfenster bis zum Ende des Ganges vergrößert, so daß die Mehrfahrzeugkoordination schon angestoßen wird, sobald ein anderes Fahrzeug in den Gang einfährt und nicht erst, wenn sich beide Fahrzeuge auf der Hälfte des engen Ganges treffen.

Die Verwendung von statistischen Daten innerhalb der Bahnplanung ermöglicht eine gute Integration der geplanten Bahnen in die dynamische Umwelt. Diese statistischen Daten können dabei nicht nur, wie in dieser Arbeit gezeigt, zur Vorausplanung eingesetzt werden, sondern auch zur Laufzeitplanung. Nähert sich z.B. während der Ausführung einer Bahn ein Objekt einer bestimmten Kreuzung, kann das aktuelle Weltmodell in der Umgebung der Kreuzung mit einem wahrscheinlichen Bewegungsmuster überlagert werden.

Einfahrzeugsystem		
Navigator	Pilot	
	Bahntreue Wegausführung Abschnitt 7.3	Eigenständige Bahnplanung Abschnitt 7.4
Geometrisches Modell[1] Kapitel 4	+	+
Statistisches Modell[2] Kapitel 5	+	+

Mehrfahrzeugsystem		
Navigator	Pilot	
	Bahntreue Wegausführung Abschnitt 7.5	Eigenständige Bahnplanung Abschnitt 7.6
Geometrische Kreuzungen[1] Abschnitt 6.2	+	–
Geometrische Kreuzungen[2] Abschnitt 6.2	+	–
Keine Koordination[1] Abschnitt 6.3	–	+
Keine Koordination[2] Abschnitt 6.3	–	+

[1] Bahnplanung auf Basis eines geometrischen Modells (s. Kapitel 4)
[2] Bahnplanung auf Basis eines statistischen Modells (s. Kapitel 5)

Tabelle 8.1: Kombinationsmöglichkeiten zwischen den vorgeschlagenen Navigatoren und Piloten (+: Kombination möglich, –: Kombination nicht möglich)

Alle Bahnen der Fahrzeuge werden von diesem Muster beeinflußt, bis das Objekt an der Kreuzung einen Weg gewählt hat und das statistische Bewegungsmuster seine aktuelle Bedeutung verloren hat. Damit kann ein reaktives System aufgebaut werden, das auf wahrscheinliche Bewegungen reagiert, die zum aktuellen Zeitpunkt von keinem Sensor zu messen sind.

Die Bahnplanung von **MONAMOVE** könnte weiter flexibilisiert werden, indem bewegbare Objekte eingeführt werden, die bei Bedarf vom Fahrzeug wegtransportiert werden, um überhaupt einen Weg oder einen kürzeren Weg zum Ziel zu finden [Chen+91]. Dafür müßte jedoch zunächst das Problem gelöst werden, welche Objekte von einem Fahrzeug bewegt werden können und dürfen, ohne das übergeordnete Ziel der Auftragsplanung zu verletzen.

In das Konzept von **MONAMOVE** könnten zusätzlich lokal auf dem Fahrzeug montierte Sensoren integriert werden, um in der aktuellen Arbeitsumgebung genauere Relativmessungen zu erhalten und um bei Bedarf Bereiche zu untersuchen, die auf Grund von Sichtschatten nicht von der globalen Sensorik erfaßt werden können. Dadurch könnten die Vorteile der globalen Sensorik mit denen der lokalen Sensorik vereint werden. Zusätzlich könnte **MONAMOVE** mit anderen Transportsystemen kooperieren. In einem automatischen Lager, in dem sich nur die computergestützten Fahrzeuge bewegen, könnten die Fahrzeuge spurgeführt fahren, während sie in einer dynamischen Umgebung mit sich unbekannt bewegenden Hindernissen von einer flexiblen Bahnplanung gesteuert werden, die auf einem aktuellen Weltmodell arbeitet.

Mit den vorgestellten Konzepten wurden die Voraussetzungen geschaffen, ein vollständiges, hochflexibles FTS zu realisieren. Das hierfür notwendige Überwachungssystem wird z.Z. in einer parallelen Arbeit entworfen und realisiert. Bei Fertigstellung kann das Gesamtsystems in einer realen Umgebung auf seine Leistungsfähigkeit hin untersucht werden.

Anhang A

Algorithmen

A.1 Zerlegung eines einfachen Polygons in konvexe Teilpolygone

Ein *einfaches* Polygon (*engl.* simple polygon) darf laut Definition beliebige Innenwinkel aufweisen, aber sich nicht selbst überlappen [Preparata85]. Das einfache Polygon R ist durch eine Folge von n Punkten definiert ($R = (\mathbf{r}_0, \ldots, \mathbf{r}_{n-1})$, wobei jeweis links vom Vektor $\mathbf{r}_{i+1} - \mathbf{r}_i$ die Polygonfläche liegt (vgl. Abschnitt 4.3.1). Für die Rechenoperationen auf den Indizes wird modulo-n-Arithmetik verwendet.

Die Kernidee bei dem Zerlegungsalgorithmus (s. Abbildung A.1) besteht darin, iterativ konvexe Teilpolygone von R abzuspalten. Ist dieses Abspalten mit dem gewählten $\mathbf{r}_i$ nicht möglich, wird R in zwei Polygone R_1 und R_2 aufgeteilen.

Nachdem zwei benachbarte Punkte $\mathbf{r}_i$ und $\mathbf{r}_{i+1}$ gefunden wurden, wobei $\mathbf{r}_i$ einen konkaven Innenwinkel aufweist und $\mathbf{r}_{i+1}$ einen konvexen (*Zeile 4*), wird gepüft, ob das aus $(\mathbf{r}_i, \mathbf{r}_{i+1}, \mathbf{r}_{i+2})$ bestehende Dreieck in R enthalten ist (*Zeile 10*). Ist diese Bedingung erfüllt, wird das konvexe Polygon CP mit diesem Dreieck initialisiert (*Zeile 13*). Zu Polygon CP werden iterativ neue Punkt $\mathbf{r}_{new}$ hinzugefügt (*Zeile 15* bis *18*). Dieses Hinzufügen wird beendet, solbald durch den zusätzlichen Punkt $\mathbf{r}_{new}$ ein nicht konvexe CP entsteht oder sobald das neue CP nicht mehr innerhalb von R liegt (*Zeile 15*). Nachem das konvexe Teilpolygon CP von R abgespalten wurde, wird die Prozedur *make_convex* mit dem verbleibenden Rest von R aufgerufen (*Zeile 19*).

Liegt das aus $(\mathbf{r}_i, \mathbf{r}_{i+1}, \mathbf{r}_{i+2})$ bestehende Dreieck nicht im Polygon R (*Zeile 20*), wird R in zwei Polygone R_1 und R_2 aufgeteilt, die nicht konvex sein müssen. Dafür wird zunächst der Schnittpunkt $\mathbf{s}$ zwischen $\overline{\mathbf{r}_i\mathbf{r}_{i+2}}$ und R berechnet, der am dichtesten an $\mathbf{r}_i$ liegt(*Zeile 21*). Fällt $\mathbf{s}$ mit einer Polygonecke zusammen, wird R entlag der Kante $\overline{\mathbf{r}_i\mathbf{s}}$ in zwei Polygone R_1 und R_2 aufgeteilt (*Zeile 25*). Im anderen Fall wird eine *geeignete* (s. unten) Polygonecke $\mathbf{r}_j$ gesucht und das Polygon R entlang der Kante $\overline{\mathbf{r}_i\mathbf{r}_j}$ in zwei Polygone R_1 und R_2 aufgeteilt (*Zeile 27*). Abschließend wird die Prozedur *make_convex* mit beiden

```
 1: proceduremake_convex(P)
 2: /* Zerlegt das einfache Polygon R = (r_0, ..., r_{n-1}) in konvexe Teilpolygone.
    */
 3: /* Modulo-n-Arithmetik wird verwendet */
 4: Suche zwei Punkte r_i ∈ R und r_{i+1} ∈ R, wobei r_i einen konkaven und r_{i+1}
    einen konvexen Innewinkel aufweist.
 5: if r_i und r_{i+1} mit obigen Eigenschaften nicht existieren
 6: then
 7:     /* Polygon P ist konvex */
 8:     return (P)
 9: endif
10: if \overline{r_i r_{i+2}} ⊂ P
11: then
12:     /* Verbindunglinie zwischen r_i und r_{i+2} liegt im Polygon R */
13:     CP = (r_i, r_{i+1}, r_{i+2})
14:     new = 3
15:     while CP ∪ r_new konvexe Polygon and CP ∪ r_new ⊂ P
16:         CP = CP ∪ r_new
17:         new + +
18:     endwhile
19:     return union(CP, make_convex(P \ CP))
20: else
21:     Berechne den Schnittpunkt s zwischen \overline{r_i r_{i+2}} und P,
        der am dichtesten an r_i liegt.
22:     if s == r_j
23:     then
24:         /* Schnittpunkt s fällt mit einer Polygonecke zusammen */
25:         Teile das Polygon R entlang der Kante \overline{r_i r_j} in 2 Polygone R_1 und R_2
            auf.
26:     else
27:         Suche eine geeignete Polygonecke r_k ∈ P, so daß R auf Grund der
            der Kante \overline{r_i r_k} in 2 einfache Teipolygone R_1 und R_2 zerfällt (s. Text).
28:     endif
29:     return union(make_convex(R_1), make_convex(R_2))
30: endif
31: endprocedure
```

Abbildung A.1: Zerlegung eines einfachen Polygone in eine Liste von konvexen Polygonen

Teilpolygonen aufgerufen (*Zeile 29*).

Für die Aufteilung von R in R_1 und R_2 ist ein Punkt $\mathbf{r}_j$ *geeignet*, wenn das Polygon R mit Hilfe der Strecke $\overline{\mathbf{r}_i\mathbf{r}_j}$ (s. oben) in zwei einfache Polygone R_1 und R_2 zerfällt. Die Po-

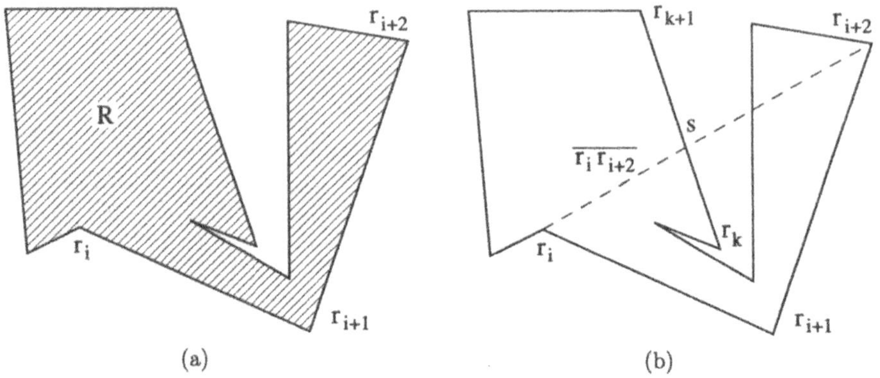

Abbildung A.2: (a) Einfaches Polygon R; (b) Suche nach einem *geeigneten* $\mathbf{r}_j$ für die Aufteilung von R in R_1 und R_2

lygonecke $\mathbf{r}_j$ kann somit durch ein einfaches, iteratives Verfahren gefunden werden, indem für alle in R enthaltenen Eckpunkte die aufgestellte Bedingung geprüft wird. Der erste gefundene Polygoneckpunkt, der die Bedingung erfüllt, wird für $\mathbf{r}_j$ genommen. Bei der Auswahl von einer geeigneten Ecke kann auch der Schnittpunkt $\mathbf{s}$ berücksichtigt werden. Liegt $\mathbf{s}$ z.B. auf der Strecke $\overline{\mathbf{r}_k\mathbf{r}_{k+1}}$, kann $\mathbf{r}_k$ als geeignet überprüft werden. Dabei kann jedoch nicht garantiert werden, daß der so gewählte Punkt $\mathbf{r}_k$ geeignet ist (s. Abbildung A.2). Aus diesem Grund muß ein Verfahren gewählt werden, das im schlechtesten Fall alle Ecken von R iterativ ausprobiert. Dieser ungünstige Fall taucht in praktischen Beispielen jedoch sehr selten auf.

A.2 A^*-Algorithmus

Der vorgestellte A^*-Algorithmus arbeitet auf einem gerichteten Graphen G, der aus einer Knotenmenge V und einer Kantenmenge E besteht ($G = (V, E)$). Die Kante $e_{i,j} \in E$ verbindet dabei die Knoten $v_i \in V$ und $v_j \in V$. Für jede Kante $e_{i,j} \in E$ legt die Funktion $weight(e_{i,j})$ die Kosten fest, die entstehen, wenn die Kante innerhalb eines Weges benutzt wird. Soll das vorgestellte Verfahren auf ungerichtete Graphen angewendet werden, muß jede ungerichtete Kante durch zwei gerichtete Kanten ersetzt werden.

Der A^*-Algorithmus liefert innerhalb des Graphen G die kostengünstigste Verbindung zwischen dem Startknoten v_{start} und dem Zielknoten v_{goal}, wenn die verwendete Gewichtsfunktion $f(v_i)$ eine einfach einzuhaltene Nebenbedingung erfüllt (s. unten) [Nilsson82, Latombe91].

Beginnend mit dem Startknoten v_{start} wird iterativ ein Baum T aufgebaut, der den aktuellen, bereits erforschten Teil des Graphen aufspannt. Jeder Knoten v_i des Baums T entspricht einem Knoten des Graphen G. Jedes Element $v_i \in T$ mit Ausnahme des Startknotens v_{start} zeigt auf einen Vorgänger v_j ($v_j = v_i.pre$), der zunächst angesteuert werden muß, um den Startknoten v_{start} zu erreichen. Während des iterativen Aufbaus des Baums T gelangt der Algorithmus entweder zu bereits vorher besuchten Knoten $v_i \in V$ (v_i als *visited* markiert) oder zu noch nicht besuchten Knoten (v_i nicht als *visited* markiert). Für jeden Knoten $v_i \in T$ wird im Baum T nur der günstigste Weg zum Zielknoten v_{start} gespeichert, der bis jetzt gefunden werden konnte. Gelangt der Algorithmus zu einem als *visited* markierten Knoten, wird der neu gefundene Weg im Baum T nur dann gespeichert, wenn der neue Weg günstiger ist als der bis jetzt gefundene, günstigste Weg.

Der A^*-Algorithmus verwendet eine Gewichtsfunktion $f(v_i)$, die für jeden Knoten v_i definiert ist, der im Baum T enthalten ist. $f(v_i)$ schätzt die Kosten für den kostengünstigsten Weg in G, der v_{start} mit v_{goal} verbindet und der durch den Knoten v_i verläuft. Die Gewichtsfunktion $f(v_i)$ gliedert sich in zwei Teile:

$$f(v_i) = g(v_i) + h(v_i)$$

- $g(v_i)$ entspricht den Kosten des Weges, der im aktuellen Baum T als kostengünstigster zwischen v_{start} und v_i gespeichert ist.
- $h(v_i)$ schätzt die Kosten für den kostengünstigsten Weg von v_i nach v_{goal}.

  Die Funktion $h^*(v_i)$, die während der Graphsuche natürlich nicht bekannt sein kann, liefert die Kosten für den kostengünstigsten Weg von v_i nach v_{goal}, der in G enthalten ist. Die heuristische Funktion $h(v_i)$ ist genau dann *zulässig*, wenn folgende Bedingung erfüllt ist:

  $$\forall v_i \in V : 0 \leq h(v_i) \leq h^*(v_i)$$

  Handelt es sich $h(v_i)$ um eine *zulässige* Kostenfunktion, liefert der A^*-Algorithmus den kostengünstigsten Weg zwischen dem Startknoten v_{start} und v_{goal}, wenn ein solcher Weg existiert. Im anderen Fall wird eine Fehlermeldung zurückgeliefert. Weiterführende Betrachtungen zur Funktion $h(v_i)$ sind in [Nilsson82, Latombe91] zu finden.

In Abbildung A.3 ist eine Version des A^*-Algorithmus angegeben. In der *OPEN*-Liste, die zu Beginn mit dem Startknoten v_{start} initialisiert wird, werden alle Knoten aus T gespeichert, von denen aus der kostengünstigste Weg zum Zielknoten v_{goal} gesucht wird. Solange die *OPEN*-Liste nicht leer ist und der Zielknoten nicht erreicht wurde (*Zeile 5*), wird das Element v_i mit den geringsten Kosten $f(v_i)$ aus der Liste entfernt (*Zeile 6*). Falls $v_i == v_{goal}$ gilt, wird die **while**-Schleife abgebrochen (*Zeile 7*) und der Weg kann aus dem Baum T ausgelesen werden (*Zeile 34*).

```
Erzeuge die leere Liste OPEN.
found = falsch;
Füge den Startknoten v_start in die Liste OPEN ein.
Markiere v_start als visited.
while not OPEN-Liste leer and found == falsch
    Suche das Element v_i mit den geringsten Kosten f(v_i) aus der OPEN-
    Liste und lösche v_i aus der Liste.
    if v_i == v_goal
    then
        found = wahr;
    else
        forall v_n mit e_i,n ∈ E
        /* Schleife über alle Nachfolger von v_i */
            if v_n nicht als visited markiert ist
            then
                /* Vorgänger von v_n eintragen */
                v_n.pre = v_i;
                Füge Knoten v_n in die Liste OPEN ein.
                Markiere Knoten v_n als visited.
            else
                if g(v_n) > g(v_i) + weight(e_i,n)
                then
                    v_n.pre = v_i
                    if v_n ∉ OPEN
                    then
                        Füge v_n in die OPEN-Liste ein.
                    endif
                endif
            endif
        endforall
    endif
endwhile
if found == wahr
then
    Der Weg von v_goal zu v_start über die Knoten v_i kann mit Hilfe der v_i.pre
    konstruiert werden.
else
    Zwischen v_start und v_goal existiert kein gültiger Weg im Graphen G.
endif
```

Abbildung A.3: A^*-Algorithmus (vgl. [Latombe91])

Handelt es sich bei v_i nicht um den Zielknoten v_{goal}, wird der Knoten v_i expandiert, d.h. es werden alle seine Nachfolger v_n bearbeitet (*Zeile 11*). Falls der Knoten v_n vorher noch nicht vom Algorithmus betrachtet wurde (v_n nicht als *visited* markiert), wird v_n in den Baum T und in die *OPEN*-Liste eingetragen (*Zeile 16* und *17*). Zusätzlich wird v_n als *visited* markiert. Ist v_n bereits als *visited* markiert, wird der neu gefundene Weg nur dann in den Baum T eingetragen ($v_n.pre = v_i$ (*Zeile 22*)), wenn der neue Weg kostengünstiger ist als der alte (*Zeile 20*). Befindet sich v_n nicht mehr in der *OPEN*-Liste, wird er erneut eingetragen (*Zeile 25*). Dadurch können u.U. bereits in T eingetragene Nachfolger von v_n, die v_n bis jetzt nicht als Vorgänger im Baum T verwenden, von der neue, kostengünstigeren Verbindung über v_n profitieren. Diese Verbindungen werden durch die erneute Aufnahme von v_n in die *OPEN*-Liste später erneut überprüft. Alternativ zu dieser Möglichkeit, könnte die u.U. notwendige Reorganisation von T auch explizit an dieser Stelle erfolgen. Durch die vorgestellte Wiederaufnahme von v_n in die *OPEN*-Liste kann nicht zu jedem Zeitpunkt garantiert werden, daß der Baum T für jeden in ihm enthaltenen Knoten den kürzesten Weg zum Startknoten enthält. Der kürzeste Weg zwischen v_{start} und v_{goal} wird jedoch gefunden [Latombe91].

A.2.1 Anwendungsbeispiel für den A^*-Algorithmus

In Abbildung A.4 ist die Lage von fünf Punkten in einer Ebene maßstabsgetreu skizziert (vgl. Abschnitt A.3.2). Die Zahlen an den Verbindungslinie zwischen zwei Punkten geben den Abstand zwischen diesen beiden Punkten an.

Die Knoten des in Abbildung A.5 dargestellten gerichteten Graphens ergeben sich aus den Punkten aus Abbildung A.4. Bei den Kanten $e_{i,j}$ sind nur Vorwärtsverbindungen ($j > i$) erlaubt. Die Kosten für eine Kante ergeben sich aus dem quadrierten Abstand zwischen entsprechenden Punkten.

Mit Hilfe des A^*-Algorithmus soll die kostengünstigste Verbindung zwischen dem Startknoten v_1 und dem Zielknoten v_5 gefunden werden. Als heuristische Kostenfunktion $h(v_i)$ wird der Abstand zwischen dem zu v_i gehörenden Punkt und dem zum Zielknoten gehörenden Punkt gewählt. Diese Funktion ist *zulässig*, da alle Abstände größer als 1 sind und die Kosten zwischen zwei Knoten dem Quadrat der Abstände entsprechen. Folglich ist die oben angegebene Ungleichung

$$\forall v_i \in V : 0 \leq h(v_i) \leq h^*(v_i)$$

erfüllt.

In den Abbildungen A.6 und A.7 ist die Initialisierung und der inkrementelle Aufbau des Baums T dargestellt, um mit Hilfe des A^*-Algorithmus den kostengünstigsten Weg vom Startknoten v_1 zum Zielknoten v_5 innerhalb des Graphen aus Abbildung A.5 zu finden. In den jeweiligen Tabellen steht v_i für den betrachteten Knoten und $v_i.pre$ für den Vorgänger von v_i innerhalb des Baums T. $f(v_i)$, $g(v_i)$ und $h(v_i)$ spiegeln die aktuellen Werte der Gewichtsfunktion wider. Das Symbol – bedeutet, daß der entsprechende Eintrag nicht definiert ist. Ist das Element v_i in der *OPEN*-Liste enthalten, wird dies in der Spalte

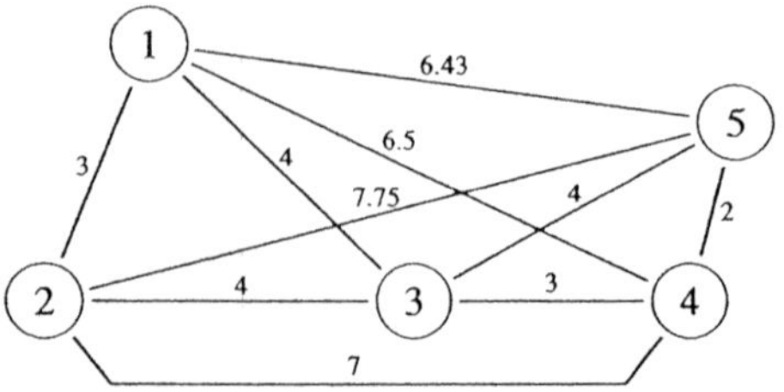

Abbildung A.4: Die Lage von fünf Punkten in einer Ebenen und der Abstand zwischen diesen Punkten

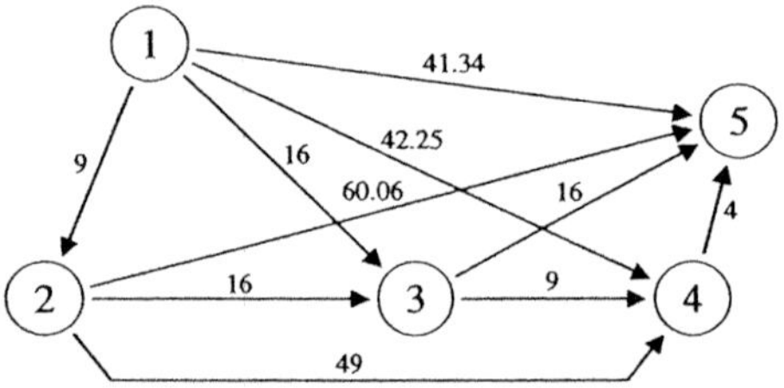

Abbildung A.5: Gerichteter Graph und die Kosten für die Benutzung der einzelnen Kanten

Initialisierung (*Zeile 3* und *4* aus Abbildung A.3)							
v_i	$v_i.pre$	$f(v_i)$	$g(v_i)$	$h(v_i)$	$Op(v_i)$	$Vi(v_i)$	
1	–	6,43	0,00	6,43	j	j	
2	–	–	–	–	n	n	
3	–	–	–	–	n	n	
4	–	–	–	–	n	n	
5	–	–	–	–	n	n	

Abbildung A.6: Initialisierung des Baums T

$OP(v_i)$ durch ein j (ja) angezeigt. Im anderen Fall steht ein n (nein) in der entsprechenden Spalte. Für die Spalte $Vi(v_i)$, die anzeigt, ob ein Element als *visited* markiert ist, gelten die gleichen Abkürzungen j bzw. n. In der rechten Spalte der Tabelle ist die aktuelle Struktur des Baums T skizziert, der durch die $v_i.pre$-Einträge definiert ist.

Nach der Initialisierung (s. Abbildung A.6) wird Knoten v_1 expandiert, der als einziges Element in der *OPEN*-Liste enthalten ist und somit die geringsten Kosten besitzt (oberste Tabelle aus Abbildung A.7). Die Expansion von v_2, der mit 16,75 die geringsten Kosten innerhalb der aktuellen *OPEN*-Liste besitzt, verursacht keine Veränderung des Graphens, da alle Nachbarn von v_2 bereits in der *OPEN*-Liste enthalten sind und der Weg über v_2

Expansion von Knoten v_1 (*Zeile 6* bis *30* aus Abbildung A.3)

v_i	$v_i.pre$	$f(v_i)$	$g(v_i)$	$h(v_i)$	$Op(v_i)$	$Vi(v_i)$
1	–	6,43	0,00	6,43	n	j
2	1	16,75	9,00	7,75	j	j
3	1	20,00	16,00	4,00	j	j
4	1	44,25	42,25	2,00	j	j
5	1	41,34	41,34	0,00	j	j

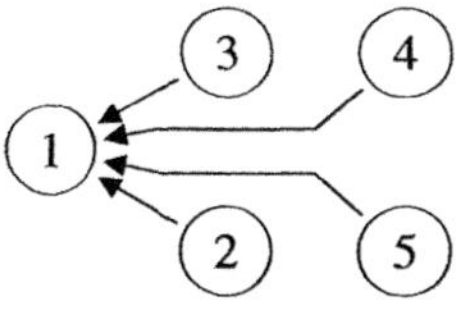

Expansion von Knoten v_2 (*Zeile 6* bis *30* aus Abbildung A.3)

v_i	$v_i.pre$	$f(v_i)$	$g(v_i)$	$h(v_i)$	$Op(v_i)$	$Vi(v_i)$
1	–	6,43	0,00	6,43	n	j
2	1	16,75	9,00	7,75	n	j
3	1	20,00	16,00	4,00	j	j
4	1	44,25	42,25	2,00	j	j
5	1	41,34	41,34	0,00	j	j

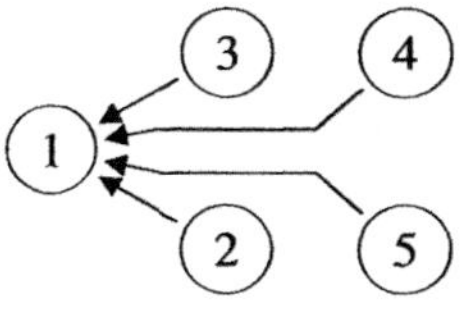

Expansion von Knoten v_3 (*Zeile 6* bis *30* aus Abbildung A.3)

v_i	$v_i.pre$	$f(v_i)$	$g(v_i)$	$h(v_i)$	$Op(v_i)$	$Vi(v_i)$
1	–	6,43	0,00	6,43	n	j
2	1	16,75	9,00	7,75	n	j
3	1	20,00	16,00	4,00	n	j
4	3	27,00	25,00	2,00	j	j
5	3	32,00	32,00	0,00	j	j

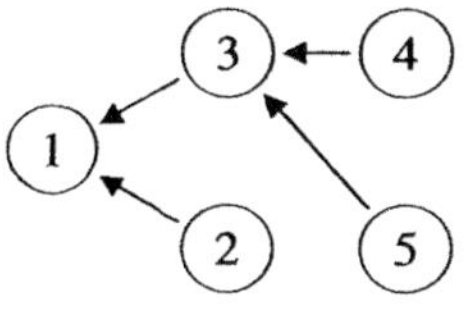

Expansion von Knoten v_4 (*Zeile 6* bis *30* aus Abbildung A.3)

v_i	$v_i.pre$	$f(v_i)$	$g(v_i)$	$h(v_i)$	$Op(v_i)$	$Vi(v_i)$
1	–	6,43	0,00	6,43	n	j
2	1	16,75	9,00	7,75	n	j
3	1	20,00	16,00	4,00	n	j
4	3	27,00	25,00	2,00	n	j
5	4	29,00	29,00	0,00	j	j

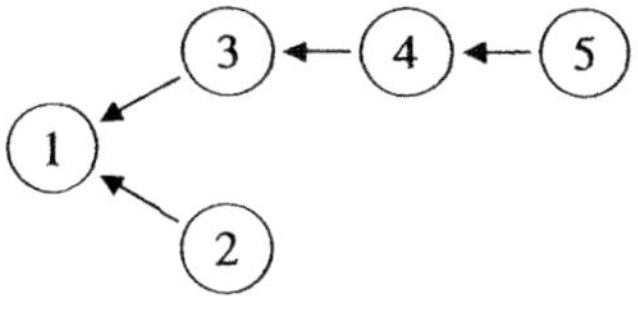

Abbildung A.7: Inkrementeller Aufbau des Baums T

zum Zielknoten v_5 teurer ist als der bis jetzt im Baum T abgespeicherte. Die Expansion von v_3 und v_4 verändern die Struktur des Baums T (s. Abbildung A.7), da die entstehende Wege günstiger sind als die bis jetzt im Baum T eingetragenen.

Nachdem v_4 expandiert wurde, befindet sich nur noch der Knoten v_5 in der *OPEN*-Liste, der im nächsten Schritt der Iteration (*Zeile 6* in Abbildung A.3) als Knoten mit den geringsten Kosten aus der Liste entfernt wird. Da es sich bei v_5 um den Zielknoten handelt, wird die **while**-Schleife beendet. Der gefundene Weg innerhalb des Graphen lautet: (v_1, v_3, v_4, v_5). Die Kosten für diesen Weg betragen 29 Einheiten.

A.3 Floyd Algorithmus

Der Floyd Algorithmus liefert innerhalb eines gerichteten Graphens G die günstigste Verbindung zwischen zwei beliebigen Knoten. Der Graph $G = (V, E)$ ist durch die Knotenmenge V und die Kantenmenge E definiert, wobei die Kante $e_{i,j} \in E$ die Knoten $v_i \in V$ und $v_j \in V$ verbindet. Für jede Kante $e_{i,j}$ ist eine Funktion $weight(e_{i,j})$ definiert, die die Kosten widerspiegelt, die bei der Benutzung der Kante entstehen. Soll der Algorithmus auf ungerichtete Graphen angewendet werden, muß jede ungerichtete Kante durch zwei gerichtete Kanten ersetzt werden.

In [Floyd62] wird ausschließlich eine Aufwandsmatrix **W** verwendet, um die Verbindungskosten zwischen zwei Knoten zu bestimmen, ohne gleichzeitig den zurückzulegenden Weg zu protokollieren. Mit Hilfe einer zusätzlichen Routenmatrix **R** können die kürzesten Wege zwischen allen Knoten in G kompakt gespeichert werden. Nach Anwendung des Floyd Algorithmus entspricht das Element $r_{i,j} \in \mathbf{R}$ dem Knoten v_k der als nächstes ausgewählt werden muß, um auf dem günstigsten Weg von v_i nach v_j zu gelangen. Das Element $w_{i,j} \in \mathbf{W}$ spiegelt die Kosten wider, um von v_i zu v_j zu gelangen.

Bei der Initialisierung der beiden Matrizen werden die Kanten $e_{i,j}$ als direkte Verbindungen in die Matrix **R** eingetragen und die entsprechenden Kosten $weight(e_{i,j})$ in die Matrix **W**:

- $r_{i,j} = \begin{cases} v_j & \text{wenn } e_{i,j} \in E \\ v_j & \text{wenn } i == j \\ \emptyset & \text{sonst} \end{cases}$

- $w_{i,j} = \begin{cases} weight(e_{i,j}) & \text{wenn } e_{i,j} \in E \\ 0 & \text{wenn } i == j \\ \infty & \text{sonst} \end{cases}$

Unter Verwendung der beiden Matrizen **R** und **W** werden mit dem Algorithmus aus Abbildung A.8 die günstigsten Verbindungen zwischen allen Konten erzeugt.

Mit einem iterativen Verfahren kann der günstigste Weg $path(v_i, v_j)$ zwischen dem Knoten v_i und dem Knoten v_j aus der Routenmatrix **R** ausgelesen werden. Existiert kein Weg zwischen den Knoten, gilt $path(v_i, v_j) = \emptyset$.

- $path(v_i, v_j) = \begin{cases} \emptyset & \text{wenn } r_{i,j} = \emptyset \\ (h\_path(v_i, v_j)) & \text{sonst} \end{cases}$

$$h\_path(v_i, v_j) = \begin{cases} v_j & \text{wenn } i == j \\ v_i, h\_path(r_{i,j}, v_j) & \text{sonst} \end{cases}$$

```
for i = 1 to n
/* Schleife über alle Zwischenknoten v_i */
    for j = 1 to n
    /* Schleife über alle Startknoten v_j */
        if i ≠ j and r_{j,i} ≠ ∅
        then
            /* Abkürzung eventuell möglich */
            for k = 1 to n
            /* Schleife über alle Endknoten v_k */
                if k ≠ i and k ≠ j and r_{i,k} ≠ ∅ and w_{j,i} + w_{i,k} < w_{j,k}
                then
                    /* Der Weg über den Zwischenknoten v_i ist kürzer als
                    die direkte Verbindung zwischen v_j und v_k */
                    w_{j,k} = w_{j,i} + w_{i,k}
                    r_{j,k} = r_{j,i}
                endif
            endfor
        endif
    endfor
endfor
```

Abbildung A.8: Floyd Algorithmus (vgl. [Floyd62])

A.3.1 Anwendungsbeispiel für den Floyd Algorithmus

In dem ungerichteten Graphen aus Abbildung A.9 sind die Knoten als Kreise dargestellt und die Kanten als Linien zwischen den Kreisen. Die Zahlen an den Linien entsprechen den Kosten die entstehen, wenn diese Kante im Weg genutzt wird. Die Kosten für die Kante $e_{2,4}$, die die Konten v_2 und v_4 verbindet, betragen somit 3 Einheiten. Die sich daraus ergebende Initialisierung der Routenmatrix $\mathbf{R}$ und der Gewichtsmatrix $\mathbf{W}$ sind in Abbildung A.9 angegeben.

Nach Anwendung des Floyd Algorithmus ergeben sich die Matrizen aus Abbildung A.10. Für die Verbindung zwischen dem Knoten v_1 und dem Knoten v_5 ergibt sich der Weg (v_1, v_2, v_4, v_5). Die Kosten für diesen Weg betragen 5 Einheiten.

A.3.2 Erzeugung von rechtorientierten Wegen mit dem Floyd Algorithmus

Für die Berechnung von rechtsorientierten Wegen werden entlang des rechten Fahrschlauchrandes Punkte erzeugt, die in die rechtsorientierte Basislinie eingeflochten werden sollen, wenn der entstehende Umweg nicht zu lang wird (s. Abschnitt 4.5).

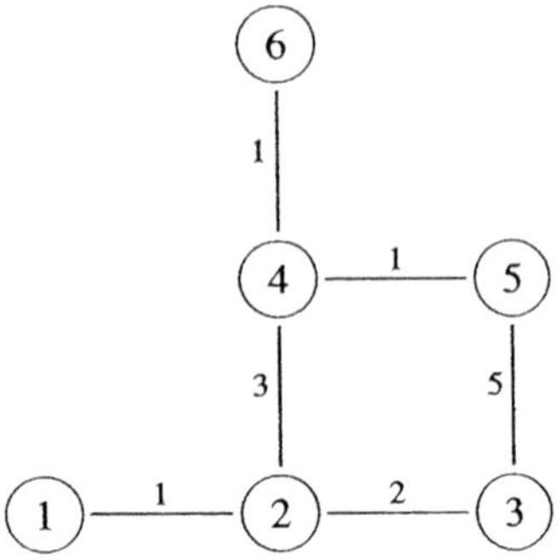

R	1	2	3	4	5	6
1	1	2	∅	∅	∅	∅
2	1	2	3	4	∅	∅
3	∅	2	3	∅	5	∅
4	∅	2	∅	4	5	6
5	∅	∅	3	4	5	∅
6	∅	∅	∅	4	∅	6

W	1	2	3	4	5	6
1	0	1	∞	∞	∞	∞
2	1	0	2	3	∞	∞
3	∞	2	0	∞	5	∞
4	∞	3	∞	0	1	1
5	∞	∞	5	1	0	∞
6	∞	∞	∞	1	∞	0

Abbildung A.9: Initialisierung der Routen- und der Gewichtsmatrix

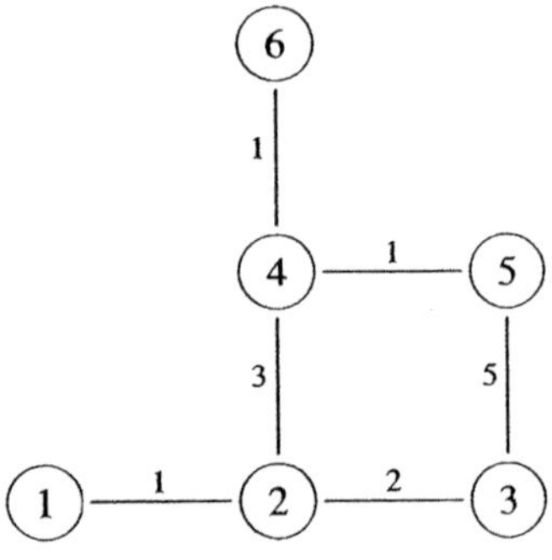

R	1	2	3	4	5	6
1	1	2	2	2	2	2
2	1	2	3	4	4	4
3	2	2	3	2	5	2
4	2	2	2	4	5	6
5	4	4	3	4	5	4
6	4	4	4	4	4	6

W	1	2	3	4	5	6
1	0	2	3	4	5	5
2	1	0	2	3	4	4
3	3	2	0	5	5	6
4	4	3	5	0	1	1
5	5	4	5	1	0	2
6	5	4	6	1	2	0

Abbildung A.10: Ergebnismatrizen nach Anwendung des Floyd Algorithmus

In Abbildung A.11 ist die geometrische Lage von fünf Punkten eingezeichnet, die für die Erzeugung der *besten* rechtsorientierten Basislinie verwendet werden sollen, die bei v_1 startet und bei v_5 endet (vgl. Abschnitt A.2.1). Alle direkten Verbindungen ($dcon(,)$ aus Abschnitt 4.5.1.2) zwischen den Punkten sind kollisionsfrei. Die Länge der jeweiligen Verbindung zwischen zwei Punkten ist durch die Zahl an der Verbindungslinie zwischen diesen Punkten angegeben. Die Länge der Verbindung zwischen den Punkten v_1 und v_3 beträgt z.B. 4 Einheiten.

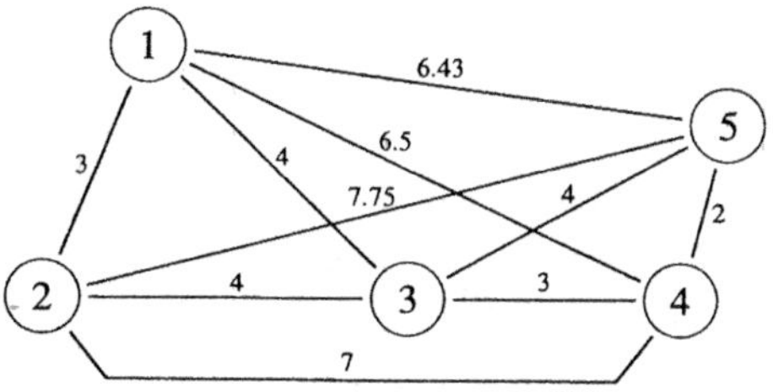

Abbildung A.11: Die geometrische Lage der rechtsorientierten Punkte und der Abstand zwischen diesen Punkten

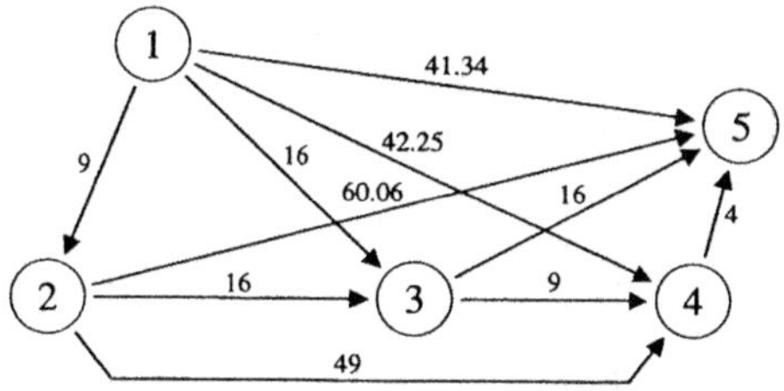

R	1	2	3	4	5
1	1	2	3	4	5
2	∅	2	3	4	5
3	∅	∅	3	4	5
4	∅	∅	∅	4	5
5	∅	∅	∅	∅	5

W	1	2	3	4	5
1	0	9	16	42,25	41,34
2	∞	0	16	49	60,06
3	∞	∞	0	9	16
4	∞	∞	∞	0	4
5	∞	∞	∞	∞	0

Abbildung A.12: Initialisierung der Routen- und der Gewichtsmatrix

Die in Abbildung A.11 skizzierte Punktmenge wird in einen gerichteten Graphen überführt (s. Abschnitt 4.5.1.2), in dem nur Vorwärtsverbindungen erlaubt sind. Dabei wird die in Gleichung 4.1 angegebene Gewichtsfunktion verwendet. Mit $dist = 1$ entsteht der in Abbildung A.12 skizzierte Graph. Dabei werden die in Abbildung A.11 angegebenen Entfernungen quadriert, um die Gewichte für den gerichteten Graphen zu erhalten.

Nach Anwendung des Floyd Algorithmus auf Basis der in Abbildung A.12 angegebenen Initialmatrizen ergeben sich die Matrizen aus Abbildung A.13. Für die Verbindung zwischen dem Knoten v_1 und dem Knoten v_5 ergibt sich der Weg (v_1, v_3, v_4, v_5). Die Kosten für diesen Weg betragen 29 Einheiten. Die direkte geometrisch Verbindung zwischen v_1 und v_5 kostet dagegen 41,34 Einheiten. Folglich werden rechtsorientierte Punte eingefügt, um die Kosten zu reduzieren. Somit entsteht eine rechtsorientierte Basislinie, die jedoch nicht jeden Umweg in Kauf nimmt. Das zusätzliche Einfügen von v_2 würde z.B. die Gesamtkosten bis zum Zielpunkt v_5 erhöhen.

Die Funktionsweise des Floyd Algorithmus soll an zwei Beispielen verdeutlicht werden. Da sich die Matrizen **R** und **W** während der Schleifendurchläufe ändern, wird für die beiden

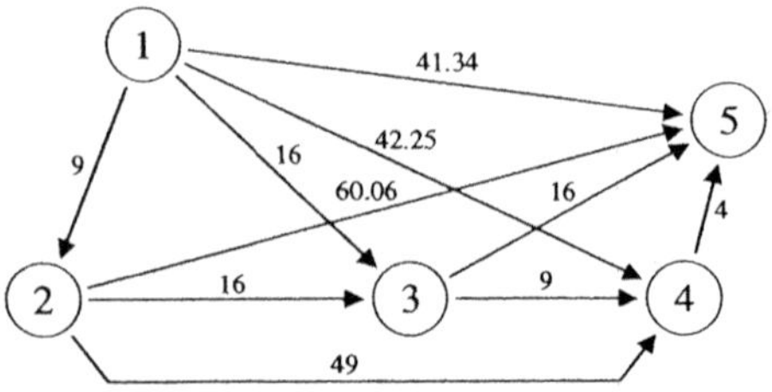

R	1	2	3	4	5
1	1	2	3	3	3
2	∅	2	3	3	3
3	∅	∅	3	4	4
4	∅	∅	∅	4	5
5	∅	∅	∅	∅	5

W	1	2	3	4	5
1	0	9	16	25	29
2	∞	0	16	25	29
3	∞	∞	0	9	13
4	∞	∞	∞	0	4
5	∞	∞	∞	∞	0

Abbildung A.13: Ergebnismatrizen nach Anwendung des Floyd Algorithmus

Beispiele angenommen, daß zum Zeitpunkt der Betrachtung die Initialisierungsmatrizen aus Abbildung A.12 gültig sind. Bei einem kompletten Durchlauf des Algorithmus werden immer die gerade aktuellen Matrizen verwendet.

Gilt $i = 2$ (Zwischenknoten v_2), $j = 1$ (Startknoten v_1) und $k = 3$ (Endknoten v_3) wird in *Zeile 10* des Algorithmus (s. Abschnitt A.3) geprüft, ob unter Verwendung des Zwischenknotens v_2 eine kostengünstigere Verbindung zwischen den beiden Knoten v_1 und v_3 gefunden werden kann ($w_{1,2} + w_{2,3} < w_{1,3}$). Unter der oben erwähnten Annahme, daß die Initialmatrizen zum Zeitpunkt der Betrachtung gültig sind, ergibt sich die Ungleichung $9+16 < 16$, die nicht erfüllt ist. Somit würden die Kosten durch Hinzunahme von Knoten v_2 erhöht. Übertragen auf Abbildung 4.15 bedeuted dies, daß v_2 nicht in dem von v_1 und v_3 definierten, schraffierten Bereich liegt.

Gilt $i = 3$, $j = 1$ und $k = 5$, wird in *Zeile 10* des Algorithmus die Ungleichung $16 + 16 < 41{,}34$ aufgestellt, die erfüllt ist. Aus diesem Grund wird die Routenmatrix ($r_{1,5} = v_2$) und die Gewichtsmatrix ($w_{1,5} = 32$) modifiziert (*Zeile 13* und *14*). Der Zwischenknoten v_3 liegt somit in dem schraffierten Bereich, der von v_1 und v_5 aufgespannt wird (s. Abbildung 4.15).

Literaturverzeichnis

[Anderson+90] Tracy L. Anderson und Max Donath: Autonomous robots and emergency behavior: A set of primitive behaviors for mobile robot control. In: *IEEE International Workshop on Intelligent Robots and Systems (IROS'90)*, Seiten 723–730, 1990.

[Arkin89a] Ronald C. Arkin: Dynamic replanning for a mobile robot based on internal sensing. In: *IEEE International Conference on Robotics and Automation*, Seiten 1416–1421, 1989.

[Arkin89b] Ronald C. Arkin: Motor schema – based mobile robot navigation. *The International Journal of Robotics Research*, 8(4):92–112, 1989.

[Arkin89c] Ronald C. Arkin: Navigational path planning for a vision-based mobile robot. *Robotica*, 7:49–63, 1989.

[Arkin92] Ronald C. Arkin: Cooperation without communication: Multiagent schema-based robot navigation. *Journal of Robotic Systems*, 9(3):351–364, 1992.

[Aurenhammer91] Franz Aurenhammer: Voronoi diagramms – a survey of a fundamental geometric data structure. *ACM Computing Surveys*, 23(3):345–405, 1991.

[Badcock+93] J. M. Badcock, J. A. Dun, K. Ajay, L. Kleemann und R. A Jarvis: An autonomous robot navigation system – integrating environmental mapping, path planning, localisation and motion control. *Robotica*, 11:97–103, 1993.

[Barraquand+90] Jérôme Barraquand und Jean-Claude Latombe: A monte-carlo algorithm for path planning with many degrees of freedom. In: *IEEE International Conference on Robotics and Automation*, Seiten 1712–1717, 1990.

[Barraquand+91] Jérôme Barraquand und Jean-Claude Latombe: Robot motion planning: A distributed representation approach. *The International Journal of Robotics Research*, 10(6):628–649, 1991.

[Barraquand+92] Jérôme Barraquand, Bruno Langlois und Jean-Claude Latombe: Numerical potential field techniques for robot path planning. *IEEE Transactions on System, Man, and Cybernectics*, 22(2):224–241, 1992.

[Bobrow+85] J. E. Bobrow, S. Dubowsky und J. S. Gibson: Time-optimal control of robotic manipulators along specified paths. *The International Journal of Robotics Research*, 3(4):3–17, 1985.

[Branicky+90] Michael S. Branicky und Wyatt S. Newmann: Rapid computation of configuration space obstacles. In: *IEEE International Conference on Robotics and Automation*, Seiten 304–310, 1990.

[Bro91] Brockhaus–Enzyklopädie: in 24 Bänden, 19. völlig neubearbeitete Auflage. F.A. Brockhaus GmbH, Mannheim (ISBN 3-7653-1100-6), 1991.

[Brooks83] Rodney A. Brooks: Solving the find-path problem by good representation of free space. *IEEE Transactions on Systems, Man, and Cybernetics*, SMC-13(3):190–215, 1983.

[Brooks86] Rodney A. Brooks: A robust layered control system for a mobile robot. *IEEE Journal of Robotics and Automation*, RA-2(1):14–23, 1986.

[Caloud+90] Philippe Caloud, Wonyun Choi, Jean-Claude Latombe, Claude Le Pape und Mark Yim: Indoor automation with many mobile robots. In: *IEEE International Workshop on Intelligent Robots and Systems (IROS'90)*, Seiten 67–72, 1990.

[Canny87] John Canny: *The complexity of robot motion planning.* MIT Press (ISBN 0-262-03136-1), 1987.

[Chen+91] Pang C. Chen und Yong K. Hwang: Practical path planning among movable obstacles. In: *IEEE International Conference on Robotics and Automation*, Seiten 444–449, 1991.

[Cho90] Dong Woo Cho: Certainty grid representation for robot navigation by a bayesian method. *Robotica*, 8:159–165, 1990.

[Cox89] Ingemar J. Cox: Blanche:Position estimation for an autonomous robot vehicle. In: *IEEE/RSJ International Workshop on Intelligent Robots and Systems*, Seiten 432–439, 1989.

[Cox+90a] Ingemar Cox und Gordon T. Wilfong, Hrsg. : *Autonomous Robot Vehicles.* Springer-Verlag (ISBN 0-387-97240-4), 1990.

[Cox+90b] Ingemar Cox und Gordon T. Wilfong: Introduction. In: Ingemar Cox und Gordon T. Wilfong, Hrsg. , *Autonomous Robot Vehicles*, Seiten xix–xxi. Springer-Verlag (ISBN 0-387-97240-4), 1990.

[Crowley85] James L. Crowley: Navigation for an intelligent mobile robot. *IEEE Journal of Robotics and Automation*, RA-1(1):31–41, 1985.

[Drunk88] G. Drunk: Sensors for mobile robots. In: Paolo Dario, Hrsg. , *Sensors and Sensory Systems for Advanced Robots*, Seiten 463–492. Springer-Verlag (ISBN 0-387-19089-9), 1988.

[Elfes87] Alberto Elfes: Sonar-based real-world mapping and navigation. *Journal of Robotics and Automation*, RA-3(3):249–265, 1987.

[Elfes91a] Alberto Elfes: A distributed control architekture for an autonomous mobile robot. In: S. Sitharama Iyengar und Alberto Elfes, Hrsg. , *Autonomous Mobile Robots: Control, Planning, and Architecture*, Band 2, Seiten 135–144. IEEE Computer Society Press (ISBN 0-8186-9018-6), 1991.

[Elfes91b] Alberto Elfes: Occupancy grids: A stochastic spatial representation for active robot perception. In: S. Sitharama Iyengar und Alberto Elfes, Hrsg. , *Autonomous Mobile Robots: Perception, Mapping, and Navigation*, Band 1, Seiten 60–70. IEEE Computer Society Press (ISBN 0-8186-9018-6), 1991.

[Erdmann+87] Michael Erdmann und Tomás Lozano-Pérez: On multiple moving objects. *Algorithmica*, 2:477–521, 1987.

[Feinberg89] Ellen B. Feinberg: Characterizing the shortest path of an object among obstacles. *Information Processing Letters*, 31:257–264, 1989.

[Floyd62] Robert W. Floyd: Algorithm 97: Shortest path. *Communications of the ACM*, 5:345, 1962.

[Fok+92] Kun-Chee Henry Fok und Mansur R. Kabuka: A flexible multiple mobile robots system. *IEEE Transactions on Robotics and Automation*, 8(5):607–623, 1992.

[Fournier+84] Alain Fournier und Delfin Y. Montuno: Triangulating simple polygons and equivalent problems. *ACM Transactions on Graphics*, 3:153–174, 1984.

[Freyberger+90] Franz Freyberger, Peter Kampmann und Günther K. Schmidt: Constructing maps for indoor navigation of a mobile robot by using an active 3d range image device. In: *IEEE International Workshop on Intelligent Robots and Systems (IROS'90)*, Seiten 143–148, 1990.

[Fröhlich+89] C. Fröhlich, G. Karl und G. Schmidt: Wandfolgen als Grundlage autonom mobiler Roboter. In: *Autonome Mobile Systeme, 5. Fachgespräch, Karlsruhe*, Seiten 1–10, 1989.

[Fujimura+89a] Kikuo Fujimura und Hanan Samet: A hierarchical strategy for path planning among moving obstacles. *IEEE Transactions on Robotics and Automation*, 5(1):61–69, 1989.

[Fujimura+89b] Kikuo Fujimura und Hanan Samet: Time-minimal paths among moving obstacles. In: *IEEE International Conference on Robotics and Automation*, Seiten 1110–1115, 1989.

[Fujimura91] Kikuo Fujimura: *Motion Planning in Dynamic Environments*. Springer-Verlag (ISBN 0-387-70083-8), 1991.

[Gould88] Ronald Gould: *Graph Theory*. The Benjamin/Cummings Publishing Compaby, Inc. (ISBN 0-8053-6030-1), 1988.

[Grossmann88] David D. Grossmann: Traffic control of multiple robot vehicles. *Journal of Robotics and Automation*, 4(5):491–497, 1988.

[Gupta90] Kamal Kant Gupta: Fast collision avoidance for manipulator arms: A sequential search strategy. *IEEE Transactions on Robotics and Automation*, 6(5):522–532, 1990.

[Gutsche+92a] R. Gutsche, C. Laloni und F. M. Wahl: MONAMOVE – Ein Navigations- und Überwachungssystem für fahrerlose Transportfahrzeuge in Fabrikationsumgebungen. *Robotersysteme 8*, Seiten 182–190, 1992.

[Gutsche+92b] R. Gutsche und F. M. Wahl: A new navigation concept for mobile vehicles. In: *IEEE International Conference on Robotics and Automation*, Seiten 215–220, 1992.

[Hague+90] Tony Hague, Mike Brady und Stephen Cameron: Using moments to plan paths for the oxford AGV. In: *IEEE International Conference on Robotics and Automation*, Seiten 210–215, 1990.

[Hirukawa+90] Hirohisa Hirukawa und Shinzo Kitmamura: A collision avoidance method for robot manipulators based on the safety first algorithm and the potential function. *Advanced Robotics*, 4(1):43–57, 1990.

[Hoppen+90] Peter Hoppen, Thomas Knieriemen und Ewald Puttkamer: Laserradar based mapping and navigation for an autonomous mobile robot. In: *IEEE International Conference on Robotics and Automation*, Seiten 948–953, 1990.

[Hwang+92a] Yong K. Hwang und Narendra Ahuja: Gross motion planning – a survey. *ACM Computing Surveys*, 24(3):220–291, 1992.

[Hwang+92b] Yong K. Hwang und Narendra Ahuja: A potential field approach to path planning. *IEEE Transactions on Robotics and Automation*, 8(1):23–32, 1992.

[Ilari+90] Joan Ilari und Carme Torras: 2d path planning: A configuration space heuristic approach. *The International Journal of Robotics Research*, 9(1):75–91, 1990.

[Iyengar+91a] S. Sitharama Iyengar und Alberto Elfes, Hrsg. : *Autonomous Mobile Robots: Control, Planning, and Architecture*, Band 2, Kapitel Introduction, Seiten 1–4. IEEE Computer Society Press (ISBN 0-8186-9018-6), 1991.

[Iyengar+91b] S. Sitharama Iyengar und Alberto Elfes, Hrsg. : *Autonomous Mobile Robots: Control, Planning, and Architecture*, Band 2. IEEE Computer Society Press (ISBN 0-8186-9018-6), 1991.

[Iyengar+91c] S. Sitharama Iyengar und Alberto Elfes, Hrsg. : *Autonomous Mobile Robots: Perception, Mapping, and Navigation*, Band 1. IEEE Computer Society Press (ISBN 0-8186-9018-6), 1991.

[Jacobs+92] Paul Jacobs und John Canny: Planning smooth paths for mobile robots. In: Zexiang Li und J. F. Canny, Hrsg. , *Nonholonomic Motion Planning*. Kluwer Academic Publishers Group (ISBN 0-7923-9275-2), 1992.

[Kamada+91] Hiroshi Kamada und Masumi Yoshida: A visual control system using image processing and fuzzy theory. In: Ichiro Masaki, Hrsg. , *Vision-based Vehicle Guidance*. Springer-Verlag (ISBN 0-387-97553-5), 1991.

[Kampmann+89] P. Kampmann und G. Schmidt: Topologisch strukturierte Geometriewissensbasis und globale Bewegungsplanung für den autonomen, mobilen Roboter MAKROBE. *Robotersysteme*, 5:149–160, 1989.

[Kanayama+89] Yutaka Kanayama und Bruce I. Hartman: Smooth local path planning for autonomous vehicles. In: *IEEE International Conference on Robotics and Automation*, Seiten 1265–1270, 1989.

[Kant+86] Kamal Kant und Steven W. Zucker: Toward efficient trajectory planning: The path-velocity decomposition. *International Journal of Robotics Research*, 5(1):72–89, 1986.

[Kato+92] Shin Kato, Sakae Nishiyama und Jun'ichi Takeno: Coordinating mobile robots by applying traffic rules. In: *IEEE/RSJ International Conference on Intelligent Robots and Systems (IROS'92)*, Seiten 1535–1541, 1992.

[Kay+92] Michael G. Kay und Ren C.Luo: Camera placement for global vision. In: *IEEE/RSJ International Conference on Intelligent Robots and Systems (IROS'92)*, Seiten 917–924, 1992.

[Khatib86] Oussama Khatib: Real-time obstacle avoidance for manipulators and mobile robots. *The International Journal of Robotics Research*, 5(1):90–98, 1986.

[Khosla+88] P. Khosla und R. Volpe: Superquadratic artificial potentials for obstacle avoidance and approach. In: *IEEE International Conference on Robotics and Automation*, Seiten 1778–1784, 1988.

[Klafter88] Richard D. Klafter: Mobile robots, research and development. In: Richard C. Dorf, Hrsg. , *International Encyclopedia of Robotics*, Seiten 920–943. John Wiley & Sons, Inc. (ISBN 0-471-63513-8), 1988.

[Knieriemen91] T. Knieriemen: *Autonome Mobile Roboter: Sensordateninterpretation und Weltmodellierung zur Navigation in unbekannter Umgebung*. BI-Wissenschaftsverleg (ISBN 3-411-15031-9), 1991.

[Koditschek87] Daniel E. Koditschek: Exact robot navgation by means of potential functions: Some topological considerations. In: *IEEE International Conference on Robotics and Automation*, Seiten 1–6, 1987.

[Kuan+85] Darwin T. Kuan, James C. Zaminska und Rodney A. Brooks: Natural decomposition of free space for path planning. In: *IEEE International Conference on Robotics and Automation*, Seiten 168–173, 1985.

[Laloni+92a] C. Laloni, R. Gutsche und F. M. Wahl: A factory-floor monitoring system for mobile robot guidance. In: *Second International Conference on Automation, Robotics and Computer Vision (ICARV'92), Singapore*, Seiten RO–12.6.1–RO–12.6.5, 1992.

[Laloni+92b] C. Laloni, R. Gutsche und F. M. Wahl: Monitoring system with logical reasoning for mobile robot guidance. In: *Mobile Robots VII (Volume 1831), Boston, Massachusetts, USA*, Seiten 361–372. SPIE – The International Society for Optical Engineering, 1992.

[Latombe91] Jean-Claude Latombe: *Robot motion planning*. Kluwer Academic Publishers Group (ISBN 0-7923-9129-2), 1991.

[Laumond+89] J. P. Laumond, T. Simeon, R. Chatila und G. Giralt: Trajectory planning and motion control for mobile robots. In: J. D. Boissonnat und J. P. Laumond, Hrsg. , *Lectures Notes in Computer Science 391, Geometry and Robotics, Workshop May 1988 (Proceedings)*, Seiten 133–149. Springer-Verlag (ISBN 3-540-51683-2), 1989.

[Li+92] Zexiang Li und J. F. Canny, Hrsg. : *Nonholonomic Motion Planning.* Kluwer Academic Publishers Group (ISBN 0-7923-9275-2), 1992.

[Lin+91] Chi-Fang Lin und Wen-Hsiang Tsai: Motion planning for multiple robots with multi-mode operations via disjunctive graphs. *Robotica,* 9:393–408, 1991.

[Liu+89] Yun-Hui Liu, Shigeo Kuroda, Tomohide Naniwa und Suguru Arimoto Hiroshi Noborio: A practical algorithm for planning collision-free coordinated motion of multiple mobile robots. In: *IEEE International Conference on Robotics and Automation,* Seiten 1427–1431, 1989.

[Lozano-Pérez+79] Tomás Lozano-Pérez und Michael A. Wesley: An algorithm for planning collision-free paths among polyhedral obstacles. *Communications of the ACM,* 22(10):560–570, 1979.

[Lozano-Pérez81] Tomás Lozano-Pérez: Automatic planning of manipulator transfer movements. *IEEE Transactions on Systems, Man and Cybernatics,* SMC-11(10):681–689, 1981.

[Lozano-Pérez87] Tomás Lozano-Pérez: A simple motion-plannig algorithm for general robot manipulators. *IEEE Journal of Robotics and Automation,* RA-3(3):224–238, 1987.

[Lozano-Pérez90] Tomás Lozano-Pérez: Foreword. In: Ingemar Cox und Gordon T. Wilfong, Hrsg. , *Autonomous Robot Vehicles,* Seiten xix–xxi. Springer-Verlag (ISBN 0-387-97240-4), 1990.

[Mäntylä88] Martti Mäntylä: *An introduction to solid modelling.* Computer Science Press, Rockville, Maryland (ISBN 0-88175-108-1), 1988.

[Matthies+88] Larry Matthies und Alberto Elfes: Integration of sonar and stereo range data using a grid-based representation. In: *IEEE International Conference on Robotics and Automation,* Seiten 727–733, 1988.

[Meystel88] A. Meystel: Mobile robots, autonomous. In: Richard C. Dorf, Hrsg. , *International Encyclopedia of Robotics,* Seiten 902–920. John Wiley & Sons, Inc. (ISBN 0-471-63513-8), 1988.

[Meystel91] A. Meystel: *Autonomous Mobile Robots.* World Scientific Publishing Co. Pte. Ltd. (ISBN 9971-50-088-4), 1991.

[Mitchell88] Joseph S. B. Mitchell: An algorithmic approach to some problems in terrain navigation. *Artificial Intelligence,* 37:171–201, 1988.

[Mitchell91] Joseph S. B. Mitchell: The weighted region problem: Finding shortest paths through a weighted planar subdivision. *Journal of the Association for Computing Machinery,* 38(1):18–73, 1991.

[Moravec+85] Hans P. Moravec und Alberto Elfes: High resolution maps from wide angle sonar. In: *IEEE International Conference on Robotics and Automation*, Seiten 116–121, 1985.

[Muir+90] Patrick F. Muir und Chares P. Neumann: Kinematic modelling for feedback control of an omnidirectional wheeled mobile robot. In: Ingemar Cox und Gordon T. Wilfong, Hrsg. , *Autonomous Robot Vehicles*, Seiten 25–31. Springer-Verlag (ISBN 0-387-97240-4), 1990.

[Nelson89] Winston Nelson: Continuous-curvature paths for autonomous vehicles. In: *IEEE International Conference on Robotics and Automation*, Seiten 1260–1265, 1989.

[Newmann+91] Wyatt S. Newmann und Michael S. Branicky: Real-time configuration space transforms for obstacle avoidance. *The International Journal of Robotics Research*, 10(6):650–667, 1991.

[Nilsson82] Nils J. Nilsson: *Artificial Intelligence*. Springer-Verlag (ISBN 0-387-11340-1), 1982.

[Noborio+89] Hiroshi Noborio, Tomohide Naniwa und Suguru Arimoto: A feasible motion-planning algoritm for a mobile robot on a quadtree representation. In: *IEEE International Conference on Robotics and Automation*, Seiten 327–332, 1989.

[Noreils+91] Fabrice R. Noreils und Roland Prajoux: From planning to execution monitoring control for for indoor mobile robots. In: *IEEE International Conference on Robotics and Automation*, Seiten 1510–1517, 1991.

[O'Donnell+89] Patrick A. O'Donnell und Tomás Lozano-Pérez: Deadlock-free and collision-free coordination of two robot manipulators. In: *IEEE International Conference on Robotics and Automation*, Seiten 484–489, 1989.

[Oommen+91] B. John Oommen, S. Sitharama Iyengar, Nageswara S. V. Rao und R. L. Kashyap: Robot navigation in unknown terrains using learned visibility graphs, part I: The disjoint convex obtacle case. *IEEE Journal of Robotics and Automation*, RA-3(6):672–681, 1991.

[Pao+88] Yoh-Han Pao und Mariann Jelinek: Flexible manufacturing cells and systems. In: Richard C. Dorf, Hrsg. , *International Encyclopedia of Robotics*, Seiten 530–551. John Wiley & Sons, Inc. (ISBN 0-471-63513-8), 1988.

[Pape90] Claude Le Pape: A combination of centralized and distributed methods for multiple-agent planning and scheduling. In: *IEEE International Conference on Robotics and Automation*, Seiten 488–493, 1990.

[Praßler91] Erwin Praßler: Robot navigation in unknown terrains - a massively parallel approach. In: *Autonome Mobile Systeme, Karlsruhe*, Seiten 187–200, 1991.

[Premvuti+90] Suparerk Premvuti und Shin'ichi Yuta: Consideration on the cooperation of multiple autonomous mobile robots. In: *IEEE International Workshop on Intelligent Robots and Systems (IROS'90)*, Seiten 59–63, 1990.

[Preparata85] Franco P. Preparata: *Computational geometry.* Springer-Verlag (ISBN 0-387-96131-3), 1985.

[Rajaram88] N. S. Rajaram: Automated guided vehicle systems. In: Richard C. Dorf, Hrsg. , *International Encyclopedia of Robotics*, Seiten 130–136. John Wiley & Sons, Inc. (ISBN 0-471-63513-8), 1988.

[Rao+87] Nageswara S. V. Rao, B. John Oommen und R. L. Kashyap: Terrain acquisition by point robot amidst polyhedral obstacles. In: *Third International Conference on Artificial Intelligence Apllications*, Seiten 170–175, 1987.

[Rueb+87] Kurt D. Rueb und Andrew K. C. Wong: Structuring free space as a hypergraph for roving robot path planning and navigation. *IEEE Transactions on Pattern Analysis and Machine Intelligence*, PAMI-9(2):263–273, 1987.

[Schmidt+92] Günther K. Schmidt und Kianoush Azarm: Mobile robot navigation in a dynamic world using an unsteady diffusion equation strategy. In: *IEEE/RSJ International Conference on Intelligent Robots and Systems (IROS'92)*, Seiten 642–647, 1992.

[Schwartz+83] Jacob T. Schwartz und Micha Sharir: On the "piano movers" problem: I. The case of a two-dimensional rigid polygonal body moving amidst polygonal barriers. *Communications on Pure and Applied Mathematics*, 36:345–398, 1983.

[Singh+87] J. Sanjiv Singh und Meghanad D. Wagh: Robot path planning using intersecting convex shapes: Analysis and simulation. *IEEE Journal of Robotics and Automation*, RA-3(2):101–108, 1987.

[Steels90] Luc Steels: Cooperation between distributed agents through self-organisation. In: *IEEE International Workshop on Intelligent Robots and Systems (IROS'90)*, 1990. Paperno. 2311.

[Tokuta+90] Alade Tokuta und Ken Hughes: Scanline algorithms in robot path planning. In: *IEEE International Conference on Robotics and Automation*, Seiten 192–197, 1990.

[Tsubouchi+92] Taskashi Tsubouchi, Kazuyuki Hiraoka, Tomohide Naniwa und Suguru Arimoto: A mobile robot navigation scheme for an environment with multiple moving obstacles. In: *IEEE/RSJ International Conference on Intelligent Robots and Systems (IROS'92)*, Seiten 1791–1798, 1992.

[Tsumura86] T. Tsumura: Recent development of automated guided vehicles in japan. *Robotersysteme*, 2:91–97, 1986.

[VDI90] Fahrerlose Transportsysteme (FTS), VDI 2510 (Entwurf). Verein Deutscher Ingenieure, VDI-Gesellschaft Fördertechnik Materialfluß Logistik, Düsseldorf, März 1990.

[Wagner92] Jürgen Wagner: Planung von rechtsorientierten, stoß- und kollisionsfreien Trajektorien für fahrerlose Flurförderzeuge. Diplomarbeit, Technische Universität Braunschweig, 1992.

[Watanabe+92] M. Watanabe, K. Onoguchi, I. Kweon und Y. Kuno: Architecture of behavior-based mobile robot in dynamic environment. In: *IEEE International Conference on Robotics and Automation*, Seiten 2711–2718, 1992.

[Welzl85] Emo Welzl: Constructing the visibility graph for n-line segments in $o(n^2)$ time. *Information Processing Letters*, 20:167–171, 1985.

[Wilfong88] Gordon Wilfong: Motion planning for an autonomous vehicle. In: *IEEE International Conference on Robotics and Automation*, Seiten 529–533, 1988.

[Wilfong89] Gordon Wilfong: Shortest paths for autonomous vehicles. In: *IEEE International Conference on Robotics and Automation*, Seiten 15–20, 1989.

[Yeung+87] Dit-Yan Yeung und Gearge A. Bekey: A decentralized approach to the motion planning problem for multiple mobile robots. In: *IEEE International Conference on Robotics and Automation*, Seiten 1779–1784, 1987.

[Yuta+92] Shin'ichi Yuta und Suparerk Premvuti: Coordinating autonomous and centralized decision making to achieve cooperative behaviors between multiple mobile robots. In: *IEEE/RSJ International Conference on Intelligent Robots and Systems (IROS'92)*, Seiten 1566–1574, 1992.

[Zhu+91] David Zhu und Jean-Claude Latombe: New heuristic algorithms for efficient hierarchical path planning. *IEEE Transactions on Robotics and Automation*, 7(1):9–20, 1991.

Eigene Veröffentlichungen

- R. Gutsche, T. Stahs und F. M. Wahl: Path generation with a universal 3d sensor. In: *IEEE International Conference on Robotics and Automation, Sacramento, USA*, Seiten 838–843, 1991.

- R. Gutsche und F. M. Wahl: The integration of a 3d sensor into a robot work cell. In: *1991 Robotics and Automation Conference Video Proceedings Sacramento, USA*, Seite 13. IEEE Education Activities Board and IEEE Robotics and Automation Society, 1991.

- R. Gutsche und F. M. Wahl: A new navigation concept for mobile vehicles. In: *IEEE International Conference on Robotics and Automation, Nizza, Frankreich*, Seiten 215–220, 1992.

- R. Gutsche, C. Laloni und F. M. Wahl: Navigation und Überwachung fahrerloser Transportsysteme durch ein Hallen-Sensorsystem. In: *Autonome Mobile Systeme, 7. Fachgespräch, Karlsruhe*, Seiten 3–12, 1991.

- R. Gutsche, C. Laloni und F. M. Wahl: MONAMOVE – Ein Navigations- und Überwachungssystem für fahrerlose Transportfahrzeuge in Fabrikationsumgebungen. *Robotersysteme 8*, Seiten 182–190, 1992.

- R. Gutsche, C. Laloni und F. M. Wahl: New free-space decomposition technique for path planning in dynamic worlds. In: *IASTED International Conference on Control and Robotics, Vancouver, Canada*, Seiten 305–308, 1992.

- C. Laloni, R. Gutsche und F. M. Wahl: A factory-floor monitoring system for mobile robot guidance. In: *Second International Conference on Automation, Robotics and Computer Vision (ICARV'92), Singapore*, Seiten RO–12.6.1–RO–12.6.5, 1992.

- C. Laloni, R. Gutsche und F. M. Wahl: Monitoring system with logical reasoning for mobile robot guidance. In: *Mobile Robots VII (Volume 1831), Boston, Massachusetts, USA*, Seiten 361–372. SPIE – The International Society for Optical Engineering, 1992.

- C. Laloni, R. Gutsche und F. M. Wahl: Factory floor monitoring system with intelligent control for mobile robot guidance. In: *International Conference on Advanced Mechatronics (ICAM'93), Tokyo, Japan*, 1993.

- R. Gutsche, C. Laloni und F. M. Wahl: Fine motion planning in self overlapping driving channels and multiple mobile vehicle coordination. In: *IEEE/RSJ International Conference on Intelligent Robots and Systems (IROS'93), Yokohama, Japan*, 1993.

Stichwortverzeichnis